Heft 645

DEUTSCHER AUSSCHUSS FÜR STAHLBETON

Modellhafte Beschreibung des Ermüdungswiderstands von druckschwellbeanspruchtem Beton unter Berücksichtigung von energetischen und frequenzbedingten Materialeffekten

von

Sebastian Schneider
Matthias Bode
Steffen Marx

1. Auflage 2024

Herausgeber:
Deutscher Ausschuss für Stahlbeton e.V. – DAfStb

DIN Media GmbH

Vorwort

Durch den Ausbau der Windenergie in Deutschland wurde in den vergangenen Jahrzehnten der Bau von zyklisch beanspruchten Windkrafttürmen stetig vorangetrieben. Für solche Tragstrukturen ist die zutreffende Bestimmung des Ermüdungswiderstandes entscheidend für die Standsicherheit, aber auch für einen wirtschaftlichen Materialeinsatz. Gleichzeitig unterstreicht der zunehmende Instandsetzungsbedarf von Brückenbauwerken im Bundesfernstraßennetz den Bedarf an aktuellen Erkenntnissen für die Beschreibung des Ermüdungswiderstandes von Stahlbeton- und Spannbetonkonstruktionen. Einige der derzeit in Anwendung befindlichen Bemessungskonzepte stammen aus den 1990er Jahren und bedürfen einer umfassenden Weiterentwicklung. Dies trifft insbesondere für die Verwendung von hochfesten Betonen zu, da deren Ermüdungswiderstand in den derzeitigen Nachweisformaten überproportional abgemindert werden muss. Die für eine Normenfortschreibung notwendigen Ermüdungsuntersuchungen an Beton, Betonstahl und deren Verbund sind allerdings mit einem enormen Zeit- sowie Kostenaufwand verbunden und können in einem überschaubaren Zeitraum nur im Verbund von mehreren Forschungsinstituten erfolgen. Aus diesem Grund wurde das Verbundforschungsvorhaben „WinConFat – Materialermüdung von On- und Offshore Windenergieanlagen aus Stahlbeton und Spannbeton unter hochzyklischer Beanspruchung" initiiert. Durch den Zusammenschluss der folgenden acht Forschungseinrichtungen und drei Industriepartner wurden wichtige Fragestellungen zum grundlegenden Materialverhalten von Beton, Betonstahl und deren Verbund unter Ermüdungsbeanspruchungen koordiniert untersucht.

Forschungseinrichtungen:

- Institut für Massivbau, Leibniz Universität Hannover
- Institut für Baustoffe, Leibniz Universität Hannover
- Lehrstuhl für Baustofftechnik, Ruhr-Universität Bochum
- Institut für Massivbau und Baustofftechnologie / Materialprüfungs- und Forschungsanstalt des Karlsruher Instituts für Technologie
- Lehrstuhl und Institut für Massivbau, RWTH Aachen University
- Institut für Massivbau, Technische Universität Dresden
- Lehrstuhl für Werkstoffe und Werkstoffprüfung im Bauwesen, Technische Universität München
- Bundesanstalt für Materialforschung und -prüfung, Berlin

Partner:

- Deutscher Ausschuss für Stahlbeton e. V. (DAfStb)
- Deutscher Beton- und Bautechnik-Verein E.V. (DBV)
- Max Bögl Bauservice GmbH & Co. KG

Gefördert wurde das Verbundforschungsvorhaben innerhalb des Zeitraums von 2016 bis 2021 überwiegend mit Mitteln des Bundesministeriums für Wirtschaft und Energie (BMWi), des DBV und von Max Bögl. Die wichtigsten Erkenntnisse aus diesem Vorhaben wurden in mehreren Titeln der „Grünen Hefte" des DAfStb veröffentlicht, siehe Tabelle 0. Eine übergreifende Zusammenfassung des Vorhabens wurde als DBV-Heft Nr. 52 veröffentlicht. Insbesondere diese Veröffentlichungen sollen zur praktischen Erkenntnisverwertung beitragen, die beabsichtigten Normenfortschreibungen ermöglichen sowie der weiteren Forschung und Anwendung als detaillierte Informationsgrundlage dienen.

Tabelle 0: Aus WinConFat hervorgegangene „Grüne Hefte“ des DAfStb

DAfStb-Heft	Titel	Autoren
644	Ermüdungsverhalten von Beton für unterschiedliche Probekörpergeometrien	Vivian Frei, Marc Thiele, Stephan Pirskawetz, Andreas Rogge
645	Modellhafte Beschreibung des Ermüdungswiderstands von druckschwellbeanspruchtem Beton unter Berücksichtigung von energetischen und frequenzbedingten Materialeffekten	Sebastian Schneider, Matthias Bode, Steffen Marx
646	Wasserinduzierte Ermüdungsschädigung von Beton	Christoph Tomann, Ludger Lohaus
647	Untersuchungen zum Ermüdungswiderstand von Beton im Bereich sehr hoher Lastwechselzahlen	Kerstin Willers, Lutz Gerlach, Nico Herrmann, Frank Dehn
648	Zum festigkeitsabhängigen Ermüdungswiderstand von Beton	Sebastian Schneider, Boso Schmidt, Steffen Marx, Marco Basaldella, Bianca Kern, Nadja Oneschkow, Ludger Lohaus
649	Numerische Modellierung des Ermüdungsverhaltens von normal- und hochfestem Beton	Dennis Birkner, Steffen Marx, Abedulgader Baktheer, Josef Hegger, Rostislav Chudoba
650	Ermüdung von biegebeanspruchten Betonbauteilen aus normal- und hochfesten Betonen	Dennis Birkner, Steffen Marx, David Ov, Rolf Breitenbücher
651	Ultraschallprüfungen zur Erfassung der Schädigungsentwicklung unter verschiedenen Umweltbedingungen und unter zyklischer Druckschwellbelastung	Raúl Beltrán, Vivian Frei, Steffen Marx
652	Ermüdungsverhalten von Betonstahl im Langzeitfestigkeitsbereich, bei Variation der Prüfmethodik sowie unter kombinierter Einwirkung von Korrosion	Stefan Rappl, Kai Osterminski, Christoph Gehlen
653	Verbundverhalten unter Druck- und Zugschwellbeanspruchung von normal- und hochfesten Betonen	Marc Koschemann, Manfred Curbach, Homam Spartali, Abedulgader Baktheer, Josef Hegger, Rostislav Chudoba

Kurzfassung

Dieses Heft thematisiert den Ermüdungswiderstand von druckschwellbeanspruchtem Beton. Es soll einen neuen Beitrag zur Interpretation des Ermüdungsverhaltens von Beton unter Laborbedingungen liefern, unter denen es aufgrund der verwendeten Belastungsfrequenzen zu erhöhten Probekörpertemperaturen und Belastungsgeschwindigkeiten kommt. Die Erkenntnisse tragen ferner zur Einordnung von Laborergebnissen in den Kontext realer Beanspruchungssituationen bei.
Der überwiegende Teil der in diesem Heft präsentierten Informationen und Ergebnisse wurde durch Herrn Matthias Bode im Rahmen des DFG-Forschungsprojekts „Ursachen und Modellierung der Erwärmung von ermüdungsbeanspruchtem Beton“ (MA 5296/8-1) sowie durch Herrn Sebastian Schneider im Rahmen des BMWi geförderten WinConFat-Teilvorhabens „Betriebsbedingte Effekte auf die Betonermüdung“ (0324016A) erarbeitet. Für die Förderung dieser Forschungsvorhaben sei den Fördermittelgebern herzlichst gedankt. Beide Wissenschaftler haben auf dieser Grundlage ihre Dissertationen erstellt und veröffentlicht [Bod-20], [Sch-21]. Ein Großteil der nachfolgenden Ausarbeitungen wurde diesen Quellen entnommen und in den Kontext dieses Heftes gesetzt.

Inhaltsverzeichnis

1 Einleitung

Bei schlanken Betonbauwerken, die während ihrer Nutzungsdauer einer hohen Anzahl von Belastungszyklen ausgesetzt sind, sind die Ermüdungsbeanspruchungen häufig maßgebend bei der Tragwerksbemessung. Neben Maschinenfundamenten und Brückenbauwerken zählen dazu auch Windenergieanlagen, die während ihrer Nutzungsdauer bis zu 10^9 Lastwechseln ausgesetzt sind [GrGö-13]. Unter anderem aufgrund des spröden Materialverhaltens von hoch- sowie ultrahochfesten Betonen schreiben die Zulassungen und Bemessungsnormen umfassende Sicherheitsbeiwerte vor. Grundlegendes Ziel von Forschungsarbeiten bezüglich der Materialermüdung von Beton ist es daher, dessen Degradationsverhalten infolge der zyklisch-mechanischen Beanspruchungen besser beschreiben zu können. Dadurch soll mittelfristig eine weniger konservative Bemessung der entsprechenden Bauteile und Bauwerke ermöglicht werden. Aus Gründen der Versuchszeit- und Kostenoptimierung bei der versuchstechnischen Umsetzung von Ermüdungsuntersuchungen werden die Probekörper mit Belastungsfrequenzen und -größen beansprucht, die von den realen Beanspruchungssituationen abweichen. Daraus resultieren jedoch prüftechnische Einflüsse, die gesondert zu berücksichtigen sind. Insbesondere durch die erhöhte Prüffrequenz ergibt sich ein Einfluss auf das Ermüdungsverhalten von Beton [ScVö-12]. So ergeben sich nennenswerte Temperaturerhöhungen der Betonprobekörper infolge einer hochfrequenten Druckschwellbeanspruchung [BoMa-19] [vdHWe-16] [Els-15]. Der qualitative Einfluss der Probekörtemperatur auf den Ermüdungswiderstand konnte bereits in mehreren Untersuchungen festgestellt werden [Els-15] [OtLo-18] [DeTr-19]. Die Ergebnisse deuten darauf hin, dass durch eine starke Temperaturerhöhung der Ermüdungswiderstand verringert wird. Es ist bisher jedoch nicht gelungen, den Einfluss der Temperaturerhöhung auf die Schädigungsentwicklung zu quantifizieren. In diesem Heft werden daher zwei Konzepte vorgestellt. Während das erste Konzept den Einfluss der erhöhten Probekörpertemperatur und der Belastungsgeschwindigkeit auf den Ermüdungswiderstand aufgezeigt und berücksichtigt, bildet im zweiten Konzept die für die Probekörpererwärmung verantwortliche Dissipationsenergie die Grundlage für einen neuen Schädigungsparameter und ein entsprechendes Schädigungsmodell.

In Kapitel 2 werden zunächst die relevanten Begrifflichkeiten im Zusammenhang mit der Probekörpererwärmung erläutert und anschließend verschiedene Temperaturverläufe von druckschwelbeanspruchten Betonprobekörpern aufgezeigt. Dabei werden insbesondere die Einflüsse von verschiedenen Material- und Versuchsparametern auf die Temperaturentwicklung beschrieben. Auch die Temperaturverteilungen auf der Probekörperfläche sowie im Innern des Probekörpers werden dargestellt. Weitergehende Analysen in diesem Kapitel zeigen verschiedene Korrelationen zwischen der Temperaturentwicklung und dem Degradationsverhalten der Probekörper während der Ermüdungsversuche.

Anschließend wird in Kapitel 3 mit der modellhaften Beschreibung des Ermüdungswiderstands unter Berücksichtigung frequenzbedingter Materialeffekte das erste Konzept vorgestellt. Es zeigt sich, dass der Einfluss der Belastungsfrequenz maßgeblich aus den beiden Teileinflüssen der Probekörpertemperatur und der Belastungsgeschwindigkeit resultiert. Beide Parameter beeinflussen die individuelle Druckfestigkeit und somit die effektiven Spannungsniveaus der Probekörper unter den jeweiligen Versuchsrandbedingungen. Unter Berücksichtigung dieser effektiven Spannungsniveaus werden frequenzabhängige Wöhlerlinien konstruiert. Die Inhalte dieses Konzepts wurden im Rahmen einer Dissertation entwickelt und bereits in [Sch-21] veröffentlicht.

Das zweite Konzept, bei dem die energetischen Grundlagen der Probekörpererwärmung berücksichtigt und mit der Schädigungsentwicklung in Zusammenhang gesetzt werden, wird in Kapitel 4 vorgestellt. Zunächst wird gezeigt, dass es sich bei der mit jedem Lastwechsel dissipierten Energie um die für die Probekörpererwärmung verantwortliche thermische Energie handelt. Ferner wird ein funktionaler Zusammenhang zwischen der kumulierten Dissipationsenergie und der Bruchlastwechselzahl aufgezeigt. Auf dieser Grundlage wird ein neuer Schädigungsparameter eingeführt und ein Schädigungsmodell vorgestellt. Die Inhalte des in diesem Kapitel beschriebenen Konzepts wurden im Rahmen einer weiteren Dissertation entwickelt und bereits in [Bod-20] veröffentlicht.

Abschließend werden die in diesem Heft beschriebenen Methoden und deren Ergebnisse zusammengefasst.

2 Probekörpererwärmung

2.1 Begrifflichkeiten

Im Rahmen von Ermüdungsuntersuchungen kommt es zu Temperaturerhöhungen der jeweiligen Probekörper infolge der zyklisch-mechanischen Beanspruchungen. In Kapitel 2.2 werden die verschiedenen Zusammenhänge zwischen den verschiedenen Versuchsparametern und der Entwicklung der Temperatur an druckschwellbeanspruchten Betonprobekörpern zusammengefasst. Zunächst werden dafür die im Folgenden verwendeten physikalischen Begrifflichkeiten definiert. Als Messgrößen dienen während der Ermüdungsversuche die Temperaturen an verschiedenen Punkten an und im Probekörper sowie in dessen Umgebung. Bei der Temperatur T handelt es sich um eine physikalische Zustandsgröße. In Abhängigkeit von der Temperatur T lässt sich wiederum die thermische Energie E_{th} eines Probekörpers beschreiben. Bei der thermischen Energie E_{th} handelt es sich ebenfalls um eine Zustandsgröße, die sich für einen Probekörper nach Gleichung 2.1 beschreiben lässt.

$$E_{th} = m \cdot c \cdot T \qquad (2.1)$$

mit:
m ≙ Masse
c ≙ spezifische Wärmekapazität
T ≙ absolute Temperatur

Bei der Wärme W_{th} handelt es sich hingegen um eine Prozessgröße. Sie beschreibt die Veränderung der thermischen Energie E_{th} entsprechend Gleichung 2.2.

$$W_{th} = \Delta E_{th} = m \cdot c \cdot \Delta T \qquad (2.2)$$

In der Regel wird im Zusammenhang mit Ermüdungsuntersuchungen der Begriff Probekörpererwärmung verwendet. Bei der Probekörpererwärmung handelt es sich um eine Vergrößerung der thermischen Energie E_{th} des Probekörpers, welche sich durch die Zunahme der Temperatur T messtechnisch erfassen lässt.

2.2 Temperaturverläufe unter verschiedenen Versuchsrandbedingungen und Materialzusammensetzungen

Infolge der zyklisch-mechanischen Beanspruchung kommt es bei Druckschwellversuchen zu deutlichen Temperaturerhöhungen der Probekörper. In diesem Kapitel werden einerseits die qualitativen Verläufe der Probekörpertemperatur analysiert und andererseits die Einflüsse verschiedener Material- sowie Versuchsparameter auf die Entwicklung der Probekörpertemperatur beschrieben.

Unterschiedliche qualitative Temperaturverläufe resultieren aus den Untersuchungsergebnissen von *von der Haar* und *Wedel* [vdHWe-16] in Bild 1 und Bild 2. Bei Probekörpern, die mit einem hohen Oberspannungsniveau beansprucht werden und entsprechend schnell versagen, steigt die Temperatur annähernd linear bis zum Versagen an. Bei anderen Probekörpern ergeben sich in Abhängigkeit von den Versuchsrandbedingungen Temperaturverläufe, die über die Versuchslaufzeit abflachen. Dies lässt sich mit der zunehmenden Wärmeabgabe erklären. Je größer die Probekörpertemperatur wird, desto größer wird auch die Temperaturdifferenz zur umgebenden Luft und somit nimmt auch die Wärmeabgabe zu. Geht man davon aus, dass die zur Probekörpererwärmung zur Verfügung stehende thermische Energie für jeden Lastwechsel annähernd gleich groß ist, ergibt sich aus der zunehmenden Temperaturdifferenz zur Probekörperumgebung und der dadurch zunehmenden Abgabe an thermischer Energie eine abflachende Temperaturkurve (vgl. Bild 1: S_O = 0,60, f_p = 10 Hz). Bei lang andauernden Versuchen kann es auch zu einem stationären Zustand mit konstant verlaufender Probekörpertemperatur kommen (vgl. Bild 1: S_O = 0,70, f_p = 1 Hz; S_O = 0,60, f_p = 1 Hz). Hier steht die dem Probekörper zugeführte bzw. die in thermische Energie umgewandelte mechanische Arbeit (siehe Kapitel 4.1) im Gleichgewicht mit der vom Probekörper an die Umgebung abgegebene thermische Energie je Zeiteinheit. Ferner ist bei Probekörpern, bei denen es zu einem annähernd stationären Zustand kommt, ein nicht-linearer Temperaturanstieg unmittelbar vor dem Versagen festzustellen (vgl. Bild 1: S_O = 0,70, f_p = 1 Hz). Die Verläufe in Bild 1 und Bild 2 zeigen ebenfalls, dass bei gleicher Prüffrequenz f_p und gleichem Unterspannungsniveau S_U die Probekörpertemperaturen mit größer werdenden Oberspannungsniveau S_O schneller ansteigen. Da die mechanisch stärker beanspruchten Probekörper jedoch früher versagen, kann es dennoch sein, dass die maximal erreichte Temperaturerhöhung ΔT bei diesen Probekörpern geringer ist als bei Probekörpern, die auf einem geringeren Oberspannungsniveau S_O beansprucht wurden. Betrachtet man die Temperaturverläufe bezogen auf die Versuchszeit t in Bild 2, zeigt sich, dass für gleiche Beanspruchungsniveaus die Temperaturen der mit höherer Belastungsfrequenz f_p getesteten Probekörper schneller ansteigen als bei Probekörpern, die mit einer geringeren Belastungsfrequenz f_p getestet wurden. Auch die maximale Temperaturerhöhung ΔT ist bei den Probekörpern mit einer größeren Belastungsfrequenz f_p größer. Darüber hinaus stellt sich bei den mit einer geringeren Belastungsfrequenz f_p beanspruchten Probekörpern eher ein stationärer Zustand ein. Dies lässt sich wiederum mit dem unterschiedlichen Verhältnis zwischen der Wärmezufuhr und der Wärmeabgabe in Abhängigkeit von der Belastungsfrequenz erklären. Entsprechend der Erläuterungen in Kapitel 4 wird mit jedem Lastwechsel aus der mechanischen Arbeit Energie in Form von thermischer Energie dissipiert. Entsprechend wird bei den Probekörpern, die mit einer größeren Belastungsfrequenz beansprucht werden, mehr Energie je Zeiteinheit dissipiert. Die Abgabe thermischer Energie an die Umgebung ist jedoch unabhängig von der Anzahl der Lastwechsel je Zeiteinheit. Entsprechend kommt es bei den Versuchen mit geringeren Belastungsfrequenzen zeitiger zu einem Gleichgewicht zwischen dissipierter und an die Umgebung abgegebener thermischer Energie je Zeiteinheit.

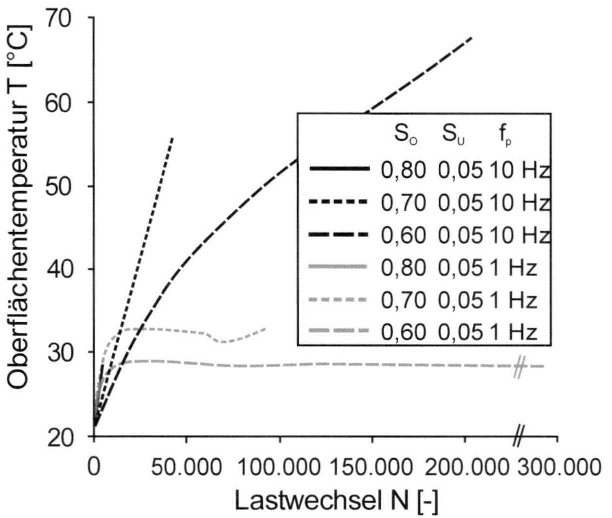

Bild 1: Auf die Lastwechselzahl bezogene Temperaturverläufe in Abhängigkeit von der Oberspannung und der Belastungsfrequenz, nach [vdHWe-16]

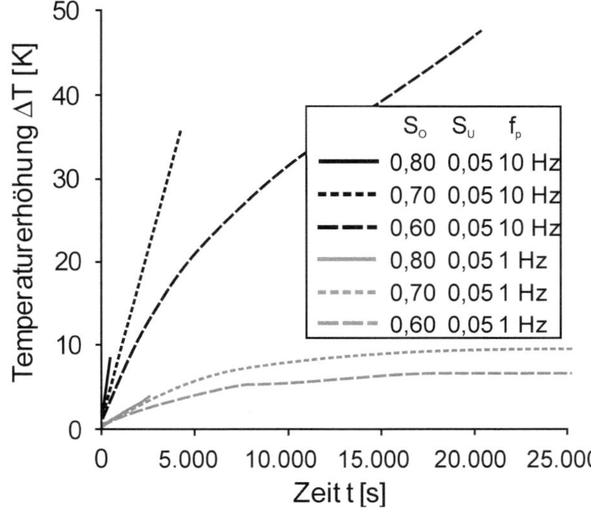

Bild 2: Auf die Versuchsdauer bezogene Temperaturverläufe in Abhängigkeit von der Oberspannung und der Belastungsfrequenz, nach [vdHWe-16]

Eigene Untersuchungen an einem Beton der Druckfestigkeitsklasse C80/95 deuten darauf hin, dass die Temperaturentwicklung neben der Oberspannung auch von der Unterspannung abhängt. In Bild 3 sind die entsprechenden Temperaturverläufe für drei verschiedene Beanspruchungsniveaus bis zu ihrem jeweiligen Versagen dargestellt. Für den Verlauf mit dem größten Unterspannungsniveau (S_U/S_O = 0,40/0,90) ist die Steigung der Temperaturerhöhung ΔT am geringsten. Die Schädigungsentwicklung ist aufgrund des früheren Versagens hingegen am stärksten. Die beiden anderen Probekörper (S_U/S_O = 0,05/0,80 und S_U/S_O = 0,20/0,80) versagten hingegen nach einer vergleichbaren Anzahl an Lastwechseln. Auch hier zeigt sich, dass der Probekörper, der mit einem höheren Unterspannungsniveau S_U beansprucht wurde, eine langsamere Temperaturerhöhung aufweist. Die beschriebene Abhängigkeit vom Unterspannungsniveau S_U lässt sich wiederum mit der unterschiedlichen Spannungsschwingbreite $\Delta\sigma$ erklären. Durch die größere Unterspannung ist auch die Spannungsschwingbreite $\Delta\sigma$ bei Versuchen mit vergleichbaren Bruchlastwechselzahlen N_f geringer, da diese insbesondere vom Oberspannungsniveau S_O abhängen. Unter Berücksichtigung der Hypothesen aus [Wha-71] [Els-19] [Bod-20], nach denen die thermische Energie ihre Ursache in inneren Reibprozessen in Folge der zyklisch mechanischen Beanspruchung hat, ergeben sich aus der geringeren Spannungsschwingbreite $\Delta\sigma$ geringere innere Reibprozesse und somit eine langsamere Temperaturentwicklung. Insgesamt lässt sich somit feststellen, dass die Temperaturentwicklungen bei einer Versuchsserie mit einem geringen Unterspannungsniveau S_U stärker ausgeprägt sind als bei Versuchsserien mit größeren Unterspannungsniveaus S_U.

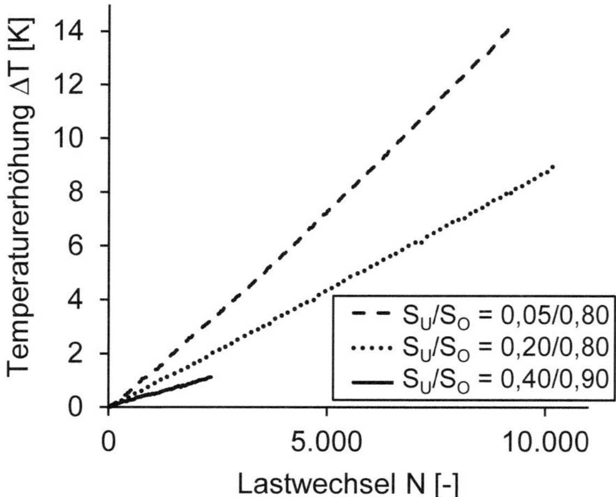

Bild 3: Verläufe der Temperaturerhöhung auf der Oberfläche von Betonprobekörpern der Druckfestigkeitsklasse C80/95 für unterschiedliche Spannungsniveaus bei einer Belastungsfrequenz von f_p = 5 Hz

Neben den beschriebenen Versuchsparametern beeinflusst die Betonzusammensetzung ebenfalls die Temperaturentwicklung. Wie die Verläufe in Bild 4 und Bild 5 zeigen, besitzt der Größtkorndurchmesser einen deutlichen Einfluss. Je kleiner das Größtkorn des verwendeten (Verguss-)Betons, desto schneller steigt die Probekörpertemperatur. *Elsmeier* [Els-19] begründet dies mit dem dichteren Materialgefüge und der damit verbundenen höheren Anzahl an inneren Reibprozessen bei (Verguss-)betonen mit kleinerem Größtkorndurchmesser d_G.

Temperaturmessungen an verschiedenen Messpunkten an und im Probekörper (Bild 6 und Bild 7) zeigen, dass es zu einer ungleichmäßigen Temperaturverteilung zwischen dem Innern und der Oberfläche kommt. Zur stärksten Temperaturerhöhung ΔT kommt es demnach im Innern der Probekörper. Aufgrund der Wärmeabgabe an die umgebende Luft kommt es horizontal zu einem Temperaturgefälle von innen nach außen. Außerdem kommt es vertikal zu einem Temperaturgefälle zwischen der mittleren Höhe und dem unteren beziehungsweise dem oberen Bereich des Probekörpers. Dies wird in [VoVö-20] mit dem deutlich geringen Wärmeübergangswiderstand zwischen der unteren beziehungsweise der oberen Druckplatte der Prüfmaschine aus Stahl und dem Probekörper im Vergleich zum Wärmeübergangswiderstand zwischen dem Probekörper und der umgebenden Luft erklärt. Ein weiterer Grund wird in der erhöhten Energiedissipation im Bereich der stärksten Rissentwicklung vermutet [Bod-20]. Da die Probekörper in der Regel im Bereich der mittleren Probenhöhe versagen, ist dort entsprechend die schnellste Risszunahme und somit die größte Energiedissipation vorhanden, vgl. Abschnitt 2.3. Im folgenden Kapitel wird die Korrelation zwischen der Temperaturverteilung und dem Ort der Schädigung bestätigt.

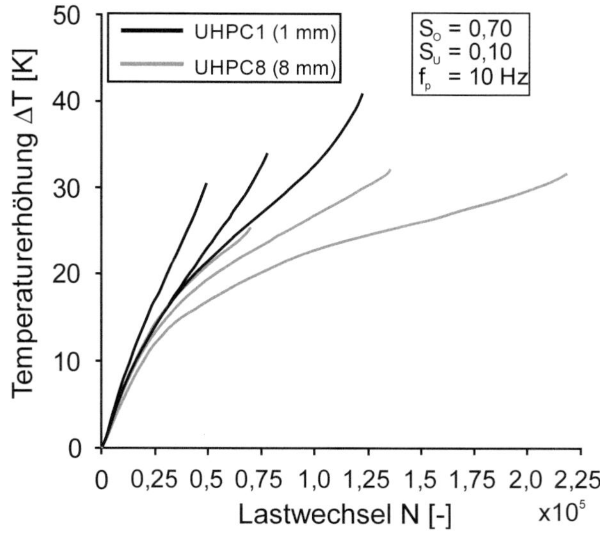

GC1
GC3
HPC
S_O = 0,75
S_U = 0,05
f_p = 10 Hz
Temperaturerhöhung ΔT [K]
Lastwechsel N [-]
0 4.000 8.000 12.000 16.000 20.000
0 10 20 30 40 50

Bild 4: Verläufe der Temperaturerhöhung von Probekörpern von zwei ultrahochfesten Betonen mit unterschiedlichem Größtkorn, nach [DeTr-19]

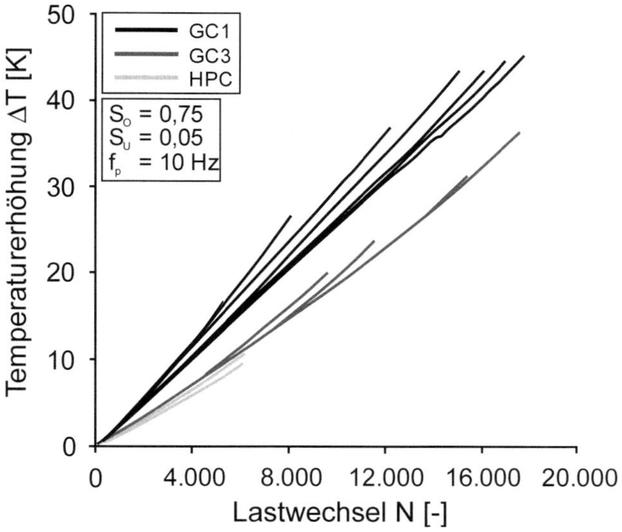

Bild 5: Verläufe der Temperaturerhöhung von Probekörpern von zwei Vergussbetonen ($d_{G,GC1}$ = 1 mm, $d_{G,GC3}$ = 3 mm) mit unterschiedlichem Größtkorn und einem hochfesten Beton ($d_{G,HPC}$ = 8 mm), nach [OtOn-19]

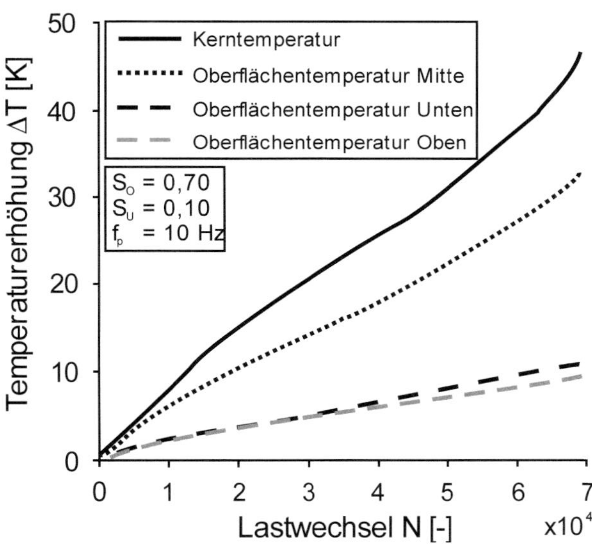

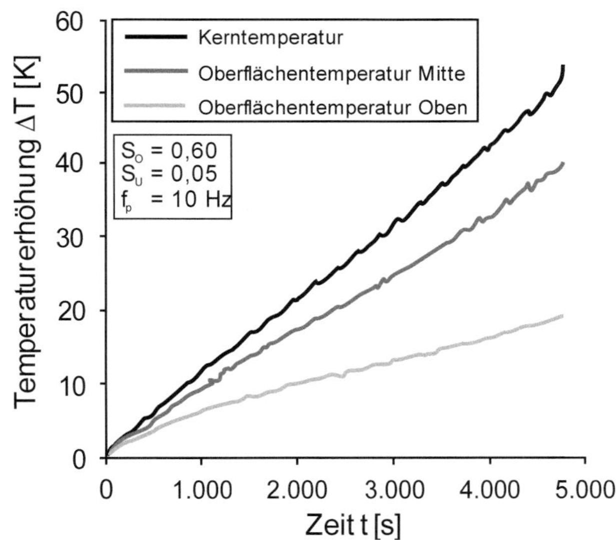

Bild 6: Verläufe der Temperaturerhöhung eines Probekörpers an unterschiedlichen Messpunkten, nach [DeTr-19]

Bild 7: Verläufe der Temperaturerhöhung eines Probekörpers an unterschiedlichen Messpunkten, nach [Els-15]

Auch die Probekörpergeometrie bzw. das Verhältnis zwischen der Oberfläche und dem Volumen (A/V) beeinflusst die Temperaturentwicklung. *Schneider et al.* [ScHü-18] zeigen, dass hochfeste, kleine Probekörper (d/h = 60/180 mm) einen höheren Ermüdungswiderstand als große Probekörper (d/h = 100/300 mm) aufweisen. Sie führen dies auch auf die unterschiedlichen A/V-Verhältnisse zurück. Vor diesem Hintergrund bestätigt *Hümme* [Hüm-18] in Bild 8, dass sich die kleinen Probekörper weniger stark erwärmen als die großen.

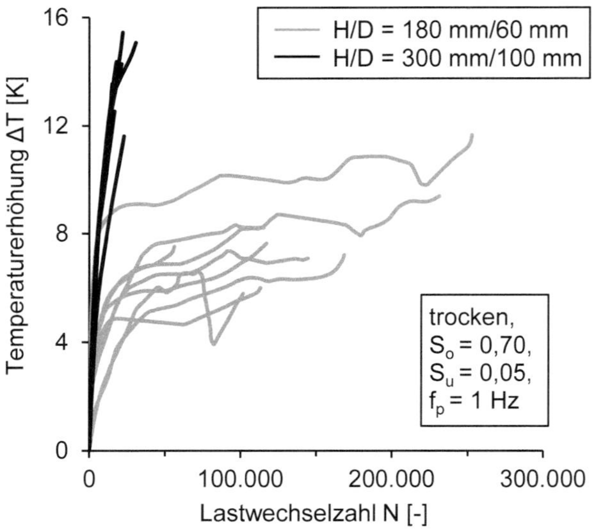

Bild 8: Verläufe der Temperaturerhöhung von Probekörpern mit unterschiedlichen Zylindergrößen [Hüm-18]

Hinsichtlich des Einflusses der Betondruckfestigkeit liegen bislang nur wenige Untersuchungen vor. *Markert und Laschweski* [MaLa-20] zeigen, dass höherfestere Betone unter Ermüdungsbeanspruchungen eine schnellere Temperaturzunahme erfahren und gleichzeitig höhere Temperaturen erreichen, siehe Bild 9. Sie sehen darin einen Grund für den geringeren Ermüdungswiderstand höherfester Betone. Eigene Ermüdungsuntersuchungen an drei Betonen unterschiedlicher Festigkeitsklassen zeigen hingegen, dass höherfestere Betone nicht zwangsläufig zu höheren Temperaturen führen, siehe Bild 10. Für eine genauere Untersuchung dieser Beobachtungen sollten zukünftig der Einfluss der Zementeigenschaften, des W/Z-Werts, des Größtkorndurchmessers, der Art der Gesteinskörnung und der verwendeten Betonzusatzstoffe erforscht werden.

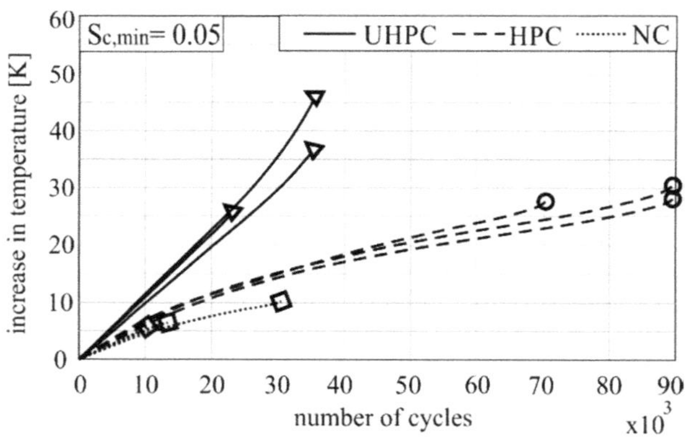

Bild 9: Verläufe der Temperaturerhöhung von drei unterschiedlich festen Betonen [MaLa-20] aus [DeMa-20]

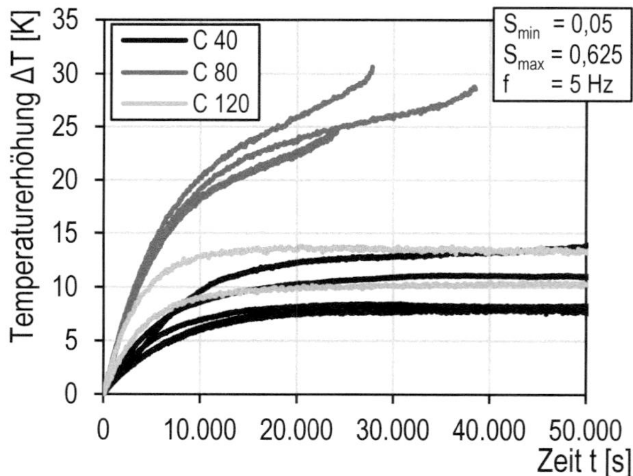

Bild 10: Verläufe der Temperaturerhöhung von drei unterschiedlichen Betonfestigkeitsklassen

2.3 Korrelation zwischen der Probekörpertemperatur und dem Degradationsverhalten

Die Untersuchungen in [BoMa-19] haben eine Korrelation zwischen der Probekörpererwärmung und dem Degradationsprozess bei zyklischen Druckschwellersuchen aufgezeigt. Es konnten sowohl bei der Dehnung als auch bei der Temperaturerhöhung der Probekörper dreiphasige Verläufe festgestellt werden. Bild 11 zeigt die Verläufe der maximalen Probekörperdehnung ε_O sowie der Temperaturerhöhung ΔT im Kern eines Probekörpers über die Lastwechselzahl N. Beide Verläufe weisen eindeutig den beschriebenen dreiphasigen Verlauf auf. Lediglich die erste Phase der Temperaturerhöhung ΔT erstreckt sich über einen längeren Zeitraum im Vergleich zur Dehnung ε_O. Der Beginn der Phase 3, die für das instabile Risswachstum sowie für die Vereinigung von Rissen vor dem Bruch steht, stimmt für beide Verläufe überein. Dass die Temperaturerhöhung ΔT erst später die Phase 2 und somit einen nahezu konstanten Wert erreicht, beruht auf dem zusätzlichen Einfluss der Wärmeabgabe vom Probekörper an die Umgebung. Die Wärmeabgabe ist linear abhängig von der Temperaturdifferenz zwischen dem Probekörper und seiner Umgebung. Selbst wenn die Wärmeerzeugung je Lastwechsel bereits zuvor konstant ist, erwärmt sich der Probekörper bis der stationäre Zustand und somit ein Gleichgewicht zwischen Wärmeerzeugung und Wärmeabgabe erreicht ist.

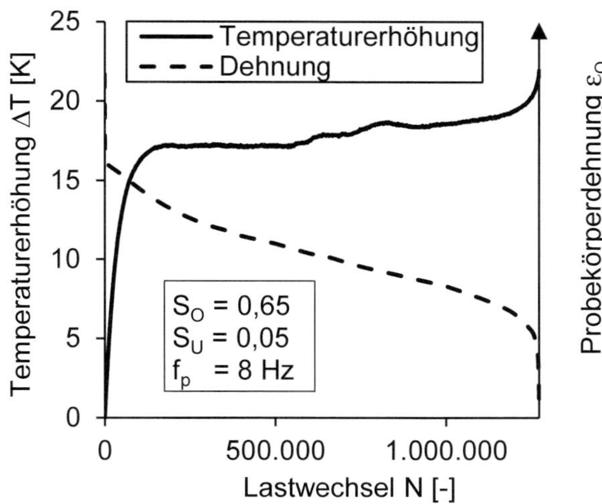

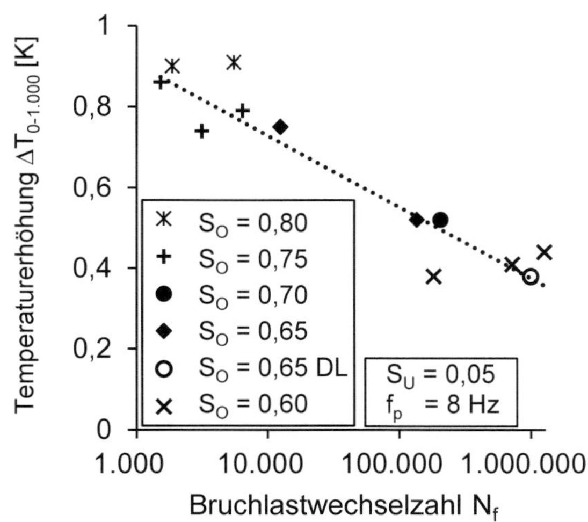

Bild 11: Vergleich des Dehnungsverlaufs mit dem Verlauf der Temperaturerhöhung ΔT im Kern eines Probekörpers; f_p = 8 Hz, S_O = 0,60, S_U = 0,05, N_f = 1.272.861, nach [BoMa-19]

Bild 12: Korrelation zwischen der Probekörpererwärmung während der ersten N = 1.000 Lastwechsel und der Bruchlastwechselzahl N_f für Versuche mit S_U = 0,05, f_p = 8 Hz, nach [BoMa-19]

Eine weitere Korrelation zeigt sich beim Vergleich der Probekörpererwärmung zu Versuchsbeginn mit der jeweiligen Bruchlastwechselzahl N_f des Probekörpers. Ein entsprechender Vergleich ist für Versuche mit einer Prüffrequenz von f_p = 8 Hz, einem Unterspannungsniveau von S_U = 0,05 und unterschiedlichen Oberspannungsniveaus S_O in Bild 12 dargestellt. Es ist jeweils die Temperaturerhöhung $\Delta T_{0\text{-}1000}$ während der ersten 1.000 Lastwechsel in Bezug zur Bruchlastwechselzahl N_f des jeweiligen Probekörpers dargestellt. Es zeigt sich eindeutig, dass Probekörper, die sich zu Versuchsbeginn stärker erwärmen, eine geringere Bruchlastwechselzahl N_f aufweisen und entsprechend einen schnelleren Schädigungsverlauf besitzen.

Als dritter Punkt zur Untersuchung der Korrelation zwischen dem Schädigungsprozess und der Probekörpererwärmung dient der Vergleich zwischen den Temperaturverteilungen und den Bruchbildern für drei ausgewählte Probekörper in Bild 13. Aufgrund von Vorschädigungen infolge der Probekörpertrocknung, kam es bei dieser Versuchsserie nicht ausschließlich zum Versagen der Probekörper auf mittlerer Probekörperhöhe [BoMa-19]. In Bild 13 sind die mithilfe einer Thermografiekamera aufgezeichneten Temperaturverteilungen unmittelbar vor und unmittelbar nach dem Versagen sowie die Bruchbilder für drei Probekörper dargestellt. Dabei ist zu erkennen, dass das Versagen in der Regel an dem Ort mit der größten Oberflächentemperatur eintritt. Auch bei allen weiteren Probekörpern ist die beschriebene Tendenz signifikant.

Aus den Verläufen der in Bild 14 dargestellten Kerntemperaturerhöhungen ΔT_O (5 cm oberhalb der mittleren Höhe), ΔT_M (mittlere Höhe) und ΔT_U (5 cm unterhalb der mittleren Höhe) des Probekörpers ZA1.2 ist der Zusammenhang zwischen der Probekörpererwärmung und der Schädigung bestätigt. Es zeigt sich, dass die Temperaturerhöhung an der oberen Messstelle bereits kurz nach Beginn des Versuchs am größten ist. Verglichen mit dem Bruchbild aus Bild 13 zeigt sich, dass sich der Probekörper bereits frühzeitig an dem Ort des späteren Versagens stärker erwärmt als in den anderen Probekörperbereichen. Auch die deutliche Temperaturerhöhung unmittelbar vor dem Versagen ist an der oberen Messstelle deutlich stärker ausgeprägt als an den anderen beiden Messstellen. Die überproportionale Schädigungszunahme am Ort des späteren Versagens korreliert mit einer überproportionalen Probekörpererwärmung.

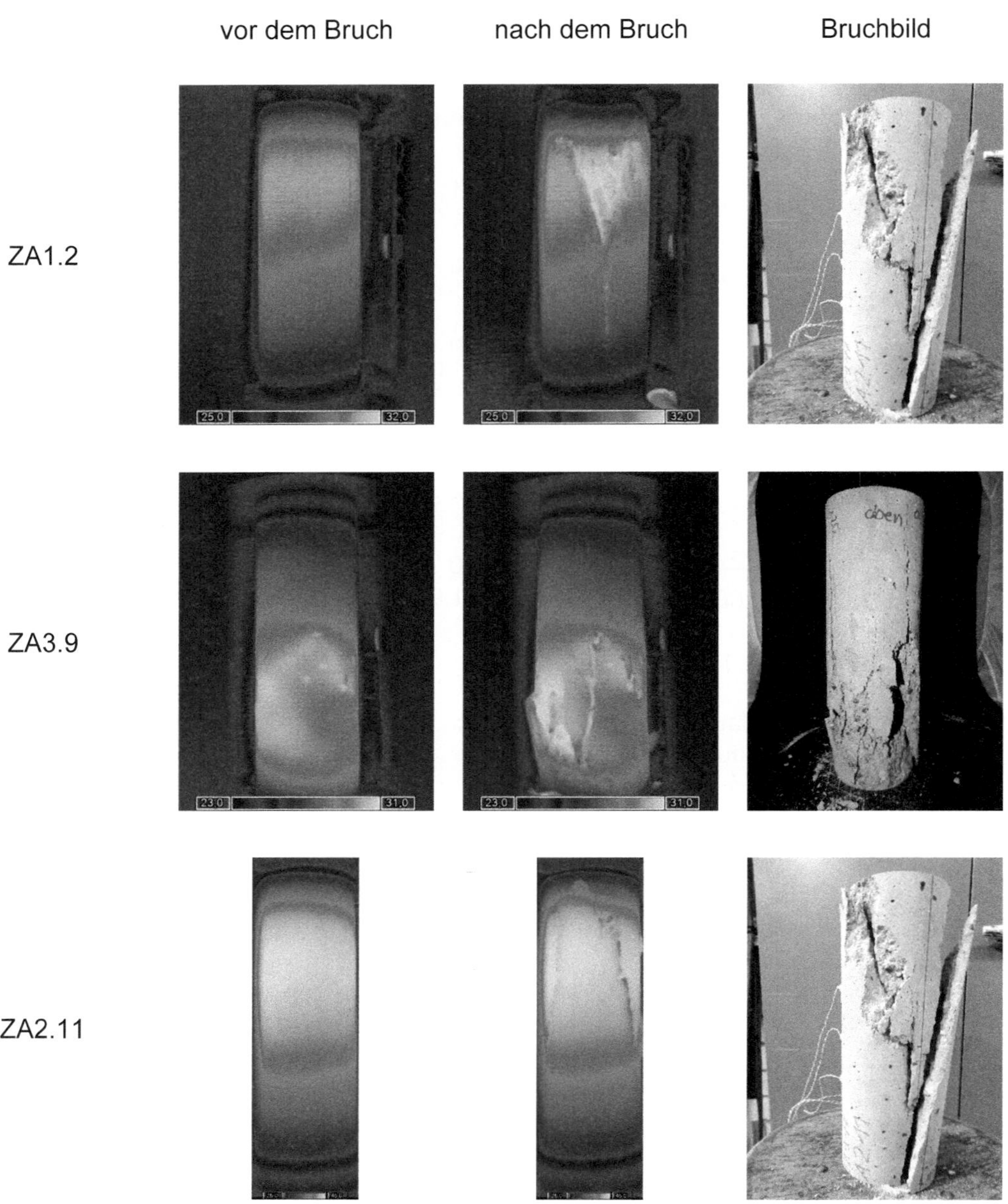

Bild 13: Vergleich zwischen den Temperaturverteilungen und den Bruchbildern für drei Probekörper, nach [BoMa-19]

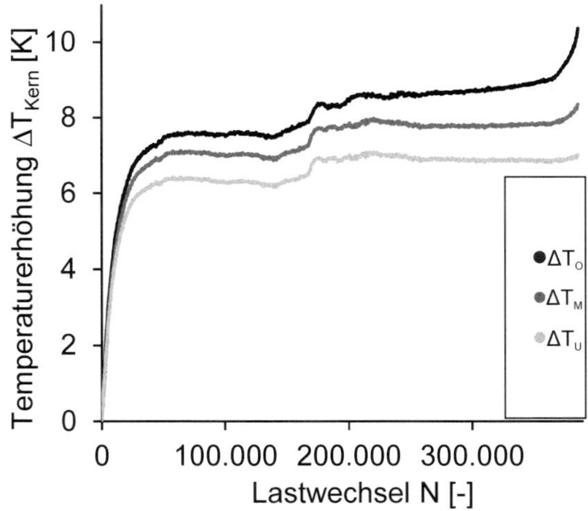

Bild 14: Temperaturänderung ΔT_{Kern} im Kern des Probekörpers ZA1.2; f_p = 2 Hz, S_U = 0,05, S_O = 0,65, N_f = 385.614

Durch die gezeigten Vergleiche kann eindeutig die Korrelation zwischen der Probekörpererwärmung und dem Schädigungsprozess aufgezeigt werden. Unklar ist jedoch, ob der Schädigungsverlauf die Temperaturentwicklung oder die Temperaturentwicklung den Schädigungsverlauf beeinflusst. Beide Beeinflussungsrichtungen sind denkbar. Eine starke Erwärmung führt zu Eigenspannungen im Probekörper, die wiederum Rissbildungen und damit zusätzliche Schädigungen bewirken. Andersherum bedeutet ein schneller Schädigungsverlauf, dass die Anzahl der Risse zunimmt und durch die Reibung dieser Risse während der Be- und Entlastungszyklen zusätzliche Wärme entstehen kann. Während bei den Modellüberlegungen in Kapitel 3 der Einfluss der Probekörpertemperatur auf den Ermüdungswiderstand berücksichtigt wird, beruhen die Modellvorstellungen in Kapitel 4 insbesondere auf der für die Probekörpererwärmung verantwortlichen Dissipationsenergie.

3 Modellhafte Beschreibung des Ermüdungswiderstandes unter Berücksichtigung frequenzbedingter Materialeffekte

3.1 Allgemein

Das Ermüdungsverhalten von hochfesten Betonen wird in experimentellen Ermüdungsversuchen an üblicherweise kleinformatigen, zylindrischen Materialproben untersucht. Die zyklische Belastung entspricht in der Regel einer Sinusfunktion mit einer konstanten Belastungsfrequenz, welche zwischen 1 Hz und 10 Hz liegt. Vereinzelt werden mithilfe von Resonanzprüfmaschinen oder Hochfrequenzpulsatoren höhere Belastungsfrequenzen bis ca. 100 Hz erreicht. Um die Versuchsdauer der Ermüdungsversuche zu reduzieren, welche stets als Zeitrafferversuche in Bezug auf die realen Beanspruchungssituationen zu interpretieren sind, wird vielmals ein Einsatz der prüftechnisch höchstmöglichen Belastungsfrequenzen angestrebt. Dabei ist allerdings zu bedenken, dass das Ermüdungsverhalten von hochfestem Beton eine ausgeprägte Abhängigkeit von der Belastungsfrequenz zeigt.

Dass ein Einfluss der Belastungsfrequenz auf den Ermüdungswiderstand von Beton existiert, ist schon seit längerem bekannt. Bis vor einigen Jahren galt die Meinung, dass in Versuchen mit einem Oberspannungsniveau, das über dem 0,75-fachen der Betondruckfestigkeit liegt, höhere Belastungsfrequenzen zu höheren Bruchlastwechselzahlen führen. Auf Oberspannungsniveaus, die unterhalb dem 0,75-fachen der Betondruckfestigkeit liegen, bestünde hingegen kein Belastungsfrequenzeinfluss mehr. Aktuellere Untersuchungen an höherfesten und hochfesten Betonen zeigen jedoch, dass sich insbesondere auf diesen geringeren Oberspannungsniveaus der Effekt der Belastungsfrequenz auf die Bruchlastwechselzahlen umkehrt, vgl. Abschnitt 3.3.1. Wider Erwarten führen in diesem Fall höhere Belastungsfrequenzen zu geringeren Bruchlastwechselzahlen. Gleichzeitig werden teils starke Temperaturunterschiede zwischen den verschiedenfrequent geprüften Probekörpern registriert.

Die Ursache des alternierenden Einflusses der Belastungsfrequenz auf den Ermüdungswiderstand ist derzeit noch nicht geklärt. Bislang existieren lediglich Schädigungstheorien und Materialmodelle, die den ermüdungswiderstandssteigernden Effekt höherer Belastungsfrequenzen beschreiben. Um insbesondere den alternierenden Einfluss der Belastungsfrequenz beschreiben zu können, wird nachfolgend davon ausgegangen, dass die Belastungsfrequenz den allgemeinen mechanischen Schädigungsprozess sowie einen thermisch-induzierten Schädigungsprozess beeinflusst. Der mechanische Schädigungsprozess, welcher durch progressives Risswachstum zur Materialschädigung führt, ist dabei von der einwirkenden Spannungsgeschwindigkeit abhängig. Hingegen sind die durch den thermischen Schädigungsprozess auf Mikro- und Mesoebene wirkenden Mechanismen komplex, initiieren und fördern letztlich aber mechanische Gefügespannungen und ein zusätzliches bzw. beschleunigtes Risswachstum.

Für unter Normklima gelagerte und getestete Probekörper aus hochfestem Beton scheinen sowohl der mechanische als auch der thermisch induzierte Schädigungsprozess von der Belastungsfrequenz abhängig zu sein. Mit steigender Frequenz wird zum einen die Spannungsgeschwindigkeit erhöht, was zu einer Reduktion der mechanischen Schädigungsprogression im Ermüdungsversuch führt. Diese Vermutung wird mit dem in Abschnitt 3.2.1 beschriebenen Einfluss der Beanspruchungsgeschwindigkeit auf das Materialverhalten unter monoton steigender Belastung begründet. Dementsprechend treten in Ermüdungsversuchen auf hohen Oberspannungsniveaus höhere Bruchlastwechselzahlen infolge höherer Belastungsfrequenzen auf. Gleichzeitig beschleunigt eine zunehmende Belastungsfrequenz den durch die Hysterese erzeugten zeitlichen Anstieg der Probekörpertemperatur, welche wiederum durch die in Abschnitt 3.2.2 beschriebenen Ursachen die Schädigungsprogression unter zyklischer Beanspruchung erhöht. Auf hohen Oberspannungsniveaus sind Temperaturunterschiede infolge verschiedener Belastungsfrequenzen zwar grundsätzlich vorhanden, allerdings sind sie aufgrund der kurzen Versuchslaufzeiten nicht sehr ausgeprägt. Auf geringeren Oberspannungsniveaus erwärmen sich die niederfrequent geprüften Betonproben infolge der längeren Versuchsdauern bis zu einer stationären Temperatur, die deutlich unterhalb der Temperaturentwicklung der höherfrequent geprüften Betonproben liegen kann, vgl. Abschnitt 2.2. In diesen Fällen können bedeutende Temperaturunterschiede zwischen Versuchen mit unterschiedlichen Belastungsfrequenzen auftreten. Somit gewinnt auf diesen Beanspruchungsniveaus der thermisch induzierte Schädigungsprozess zunehmend an Bedeutung und reduziert letztlich stärker die ertragbaren Lastwechselzahlen der wärmeren Probekörper.

Um die oben beschriebenen Hypothesen zu untersuchen, wird nachfolgend der aktuelle Kenntnisstand über den Einfluss der Spannungsgeschwindigkeit und der Temperatur auf die Druckfestigkeit von Beton zusammengestellt. Anschließend folgt eine Betrachtung des Ermüdungswiderstandes von Beton und dessen Abhängigkeit von der Belastungsfrequenz sowie von der Belastungsfunktion und Belastungspausen. Darauffolgend wird mithilfe eines geeigneten Versuchsprogramms der frequenzabgängige Ermüdungswiderstand eines hochfesten Betons experimentell untersucht. Die Ergebnisse dienen der darauffolgenden Modellbildung, mit welcher der alternierende Einfluss der Belastungsfrequenz beschrieben wird. Daraus werden Schlussfolgerungen hinsichtlich der in Ermüdungsuntersuchungen einzuhaltenden Probekörpertemperaturen bzw. –frequenzen sowie über anzuwendende Sicherheitsbeiwerte getroffen. Insbesondere für die Übertragbarkeit der Ermüdungswiderstände aus Laboruntersuchungen auf die Beanspruchungssituationen realer Tragstrukturen sowie für eine zukünftige Weiterentwicklung der derzeitigen Bemessungskonzepte hinsichtlich Ermüdung sind die beschriebenen Erkenntnisse von besonderer Bedeutung.

3.2 Druckfestigkeit

3.2.1 Abhängigkeit von der Spannungsgeschwindigkeit

3.2.1.1 Allgemein

Da Bauwerke je nach Nutzung und Nutzungsdauer durch Lasten beansprucht werden, die mit unterschiedlichen Beanspruchungsgeschwindigkeiten auftreten, wurden in der Vergangenheit auch die Betoneigenschaften unter verschiedenen Beanspruchungsgeschwindigkeiten untersucht, siehe Bild 15. Im Wesentlichen wurde aus den Untersuchungen deutlich, dass das mechanische Verhalten von Beton von der Geschwindigkeit abhängt, mit der die Dehnung bzw. Spannung einwirkt.

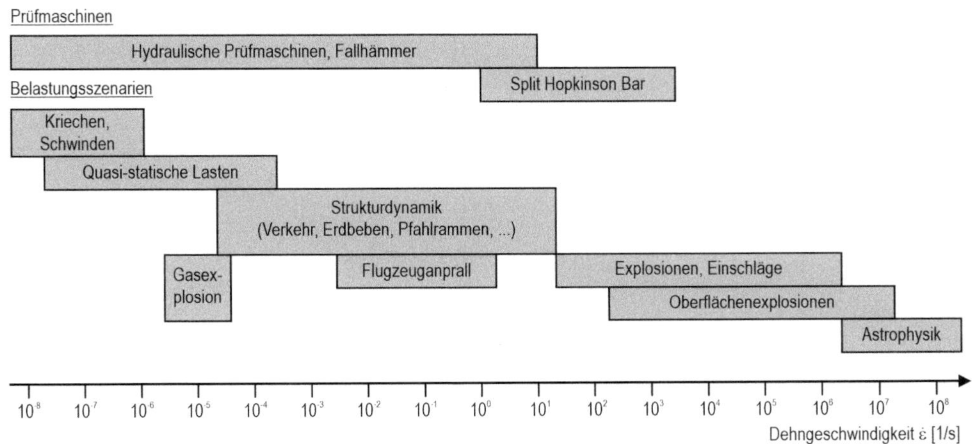

Bild 15: Aufbringbare Dehngeschwindigkeiten verschiedener Prüfmaschinen nach [Paj-11] sowie für verschiedene Belastungsszenarien nach [CEB-88] und [Fib-10]

Die Dehngeschwindigkeit $\dot{\varepsilon}$ beschreibt die Ableitung der Materialdehnung ε nach der Zeit t, siehe Gleichung (3-1). Häufig findet sich in der Literatur der Begriff der Dehnrate als Synonym für die Dehngeschwindigkeit.

$$\dot{\varepsilon} = \frac{\mathrm{d}\varepsilon}{\mathrm{d}t} \tag{3-1}$$

Üblicherweise wird das geschwindigkeitsabhängige Materialverhalten von Beton in Abhängigkeit von der Dehngeschwindigkeit untersucht. Daneben besteht aber auch die Möglichkeit, die Materialeigenschaften in Abhängigkeit von der Spannungsgeschwindigkeit $\dot{\sigma}$ darzustellen bzw. zu untersuchen. Analog zur Betrachtungsweise in Gleichung (3-1) ist die Spannungsgeschwindigkeit $\dot{\sigma}$ die Ableitung der Materialspannung σ nach der Zeit t, siehe Gleichung (3-2).

$$\dot{\sigma} = \frac{\mathrm{d}\sigma}{\mathrm{d}t} \tag{3-2}$$

3.2.1.2 Mechanische Eigenschaften

Spannungs–Dehnungsverhalten

Auf Grundlage zahlreicher Forschungsergebnisse der letzten Jahrzehnte wurde die Abhängigkeit des mechanischen Betonverhaltens von der Beanspruchungsgeschwindigkeit nachgewiesen [BiPe-91],. Dies betrifft neben der Druck- und Zugfestigkeit auch die Steifigkeit und die Bruchdehnung. Dabei steigt der Sekantenmodul mit steigender Dehngeschwindigkeit an. Für den Tangentenmodul hat sich überwiegend die Meinung durchgesetzt, dass dieser von der Dehngeschwindigkeit unbeeinflusst bleibt [Lin-05]. Die Dehnungen bei Erreichen der Druckfestigkeit nehmen im Bereich zwischen $10^{-9} \leq \dot{\varepsilon} \leq 10^{-5}$ 1/s bei zunehmender Beanspruchungsgeschwindigkeit ab, siehe Bild 16. Dies ist überwiegend auf die Abnahme des Betonkriechens zurückzuführen. Für höhere Dehngeschwindigkeiten finden sich in der Literatur divergierende Aussagen. *Bischoff & Perry* [BiPe-91] zeigen in ihrer Literaturauswertung, dass die Bruchdehnungen im Dehngeschwindigkeitsbereich zwischen $10^{-4} \leq \dot{\varepsilon} \leq 10$ 1/s bis zu 30 % abnehmen, aber auch bis zu 40 % größer sein können als die Bruchdehnung bei $\dot{\varepsilon} = 10^{-5}$ 1/s. In aktueller Literatur überwiegt die Meinung, dass die Bruchdehnung im beschriebenen Dehngeschwindigkeitsbereich zunimmt [Lin-05]. Dies spiegelt sich auch im Verlauf des in Bild 17 dargestellten Prognosemodells nach Model Code 2010 [Fib-10] wider.

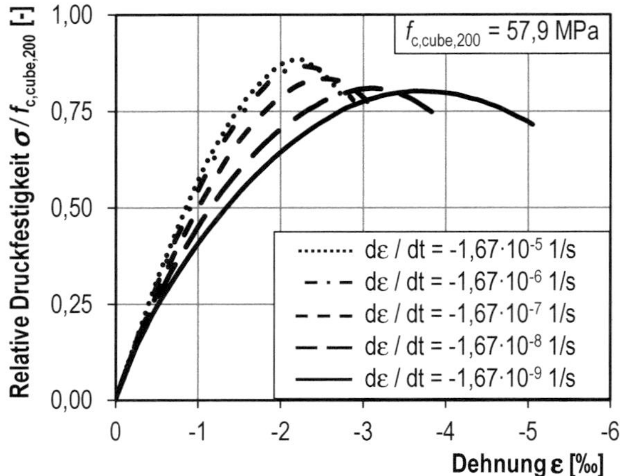

Bild 16: Spannungs–Dehnungslinien für unterschiedliche Dehngeschwindigkeiten [Ras-62]

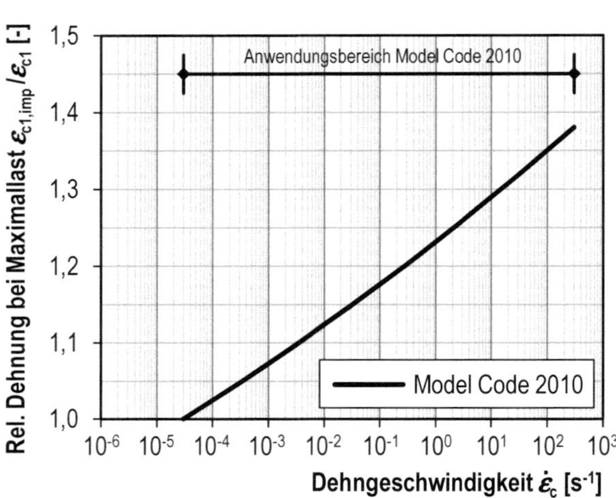

Bild 17: Dehnung bei Maximallast für unterschiedliche Dehngeschwindigkeiten [Fib-10]

Druckfestigkeit

Eine infolge ansteigender Dehngeschwindigkeit ebenfalls ansteigende Druckfestigkeit ist allgemeinhin wissenschaftlich akzeptiert. Diese Beobachtung wird exemplarisch durch die umfangreiche Zusammenstellung von experimentellen Versuchsergebnissen durch *Bischoff & Perry* [BiPe-91] untermauert, siehe Bild 18. Neben der in Bild 18 verwendeten Ordinatenbezeichnung wird das Verhältnis zwischen statischer und dynamischer Druckfestigkeit häufig auch als „dynamic increase factor“ (DIF) bezeichnet. Auffällig an den dargestellten Ergebnissen ist die mit größer werdender Dehnungsgeschwindigkeit ebenfalls anwachsende Streuung der Versuchsergebnisse. Diesbezüglich weisen *Bischoff & Perry* auf die in dieser Zusammenstellung vorhandene große Variation der Versuchsmethoden und -randbedingungen sowie der Betonzusammensetzungen und -eigenschaften hin. *Pająk* [Paj-11] kommt in seiner Literaturauswertung zu dem Schluss, dass die Unterschiede zwischen den verwendeten Prüfmaschinen wie z. B. hydraulischen Prüfmaschinen, Fallhämmern und Splitt-Hopkinson-Bar sowie die prüfmaschinenbedingten unterschiedlichen Probekörperschlankheiten hauptursächlich für die großen Druckfestigkeitsstreuungen bei Dehngeschwindigkeiten $\dot{\varepsilon} > 10^{0}$ 1/s sind.

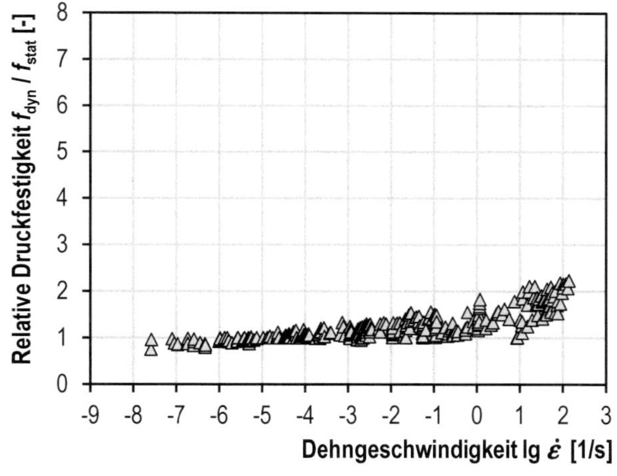

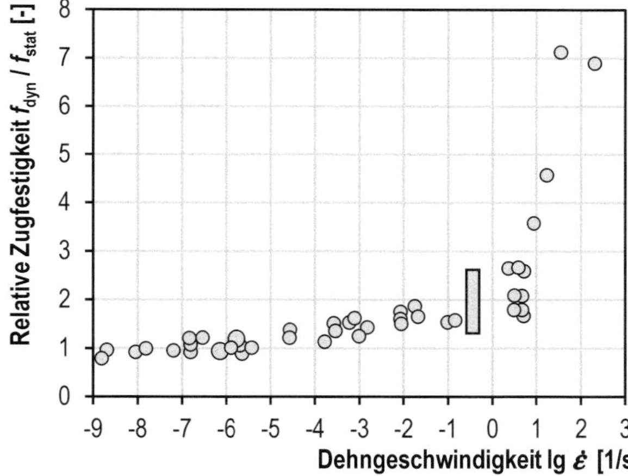

Bild 18: Einfluss der Dehngeschwindigkeit auf die Betondruckfestigkeit [BiPe-91]

Bild 19: Einfluss der Dehngeschwindigkeit auf die Betonzugfestigkeit [Bac-93]

Bei normalfesten Betonen wird für Dehngeschwindigkeiten $\dot{\varepsilon} > 10^{-4}$ 1/s eine Druck- und Zugfestigkeitssteigerung gegenüber den „statischen" Werten beobachtet, siehe Bild 18 und Bild 19. Der zunächst allmähliche Festigkeitsanstieg nimmt ab einem Übergangsbereich, der zwischen ca. $\dot{\varepsilon} = 10^0$ und $\dot{\varepsilon} = 10^1$ 1/s liegt, deutlich schneller zu. So konnten bislang Druckfestigkeitserhöhungen von bis zu DIF_{Druck} = 3,5 bei etwa $\dot{\varepsilon} = 10^3$ 1/s und Zugfestigkeitserhöhungen von bis zu DIF_{Zug} = 13 bei etwa $\dot{\varepsilon} = 2 \cdot 10^2$ 1/s experimentell ermittelt werden [Paj-11]. Zusätzlich zeigen diese Werte, dass die Zugfestigkeit sensitiver auf erhöhte Dehngeschwindigkeiten reagiert als die Druckfestigkeit. Dieses sensitivere Verhalten tritt allerdings erst bei Dehngeschwindigkeiten oberhalb $\dot{\varepsilon} = 10^{-1}$ 1/s ein, siehe Bild 20.

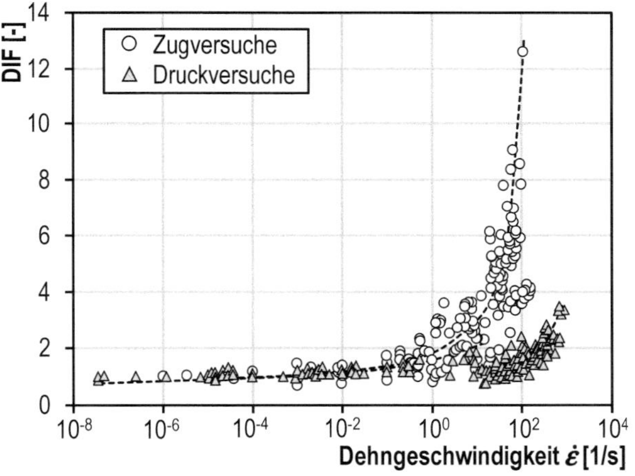

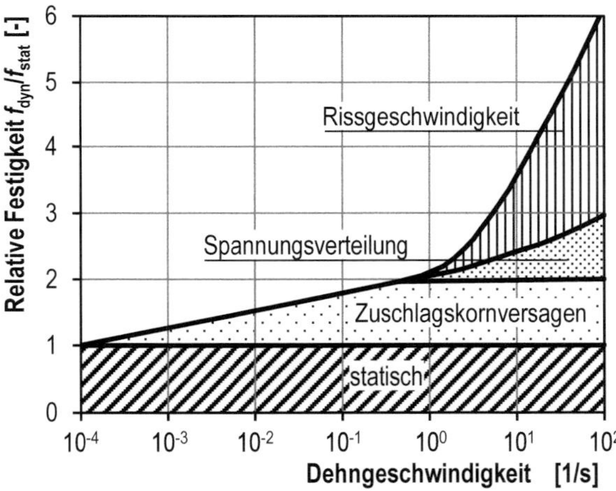

Bild 20: Vergleich der Festigkeitssteigerung zwischen zug- und druckbeanspruchten Betonproben [Paj-11]

Bild 21: Ursachen der Festigkeitssteigerung in Abhängigkeit von der Dehngeschwindigkeit [Cur-87]

Ursachen der Festigkeitssteigerung

Curbach [Cur-87] führt die Festigkeitssteigerungen auf drei Ursachen zurück, siehe Bild 21. Die erste Ursache, das Gesteinskornversagen, stützt sich auf die Beobachtung von *Zielinski* [Zie-82], dass es unter dynamischer Zugbeanspruchung zu Rissen kam, die auf kürzestem Wege durch die Gesteinskörner hindurch verliefen anstatt in der Verbundzone zwischen der Gesteinskörnung und dem Zementstein. Dieser Effekt liegt in der mechanischen Inkompatibilität zwischen der Gesteinskörnung und dem Zementstein begründet. Durch den höheren E-Modul der Gesteinskörnung kommt es in ihr zu Spannungskonzentrationen. Mit steigender Belastungsgeschwindigkeit werden die Spannungen in den Körnern schneller weitergeleitet als im Zementstein, wodurch sich die Spannungskonzentration in den Gesteinskörnern weiter erhöht. Gleichzeitig besitzt die Gesteinskörnung eine höhere Materialfestigkeit als der umgebende Zementstein, was zum Anstieg der Gesamtfestigkeit führt. Dieser Festigkeitsanstieg wird durch die möglichen Festigkeits- und Flächenverhältnisse zwischen der Gesteinskörnung und dem Zementstein bestimmt und bleibt daher auf etwa 1,5 bis 2,0 begrenzt [Cur-87]. Bei hochfesten Betonen tritt aufgrund der geringeren mechanischen Inkompatibilitäten die eben beschriebene Rissausbreitung durch die Gesteinskörnung schon bei „normalen“ bzw. deutlich geringeren Dehngeschwindigkeiten auf. Aus diesem Grund ist die Festigkeitssteigerung bei hochfesten und ultrahochfesten Betonen nicht so stark ausgeprägt wie bei normalfesten Betonen [Nöl-10].

Neben dem vermehrten Gesteinskornversagen tritt für untere und mittlere Dehngeschwindigkeiten von $\dot{\varepsilon} < 10^0$ 1/s bei Zug und $\dot{\varepsilon} < 10^1$ 1/s bei Druck auch ein Feuchtigkeitseinfluss auf [Lin-05]. Dieser Effekt wirkt auch bei höheren Dehngeschwindigkeiten, nimmt dort aber an Bedeutung ab. *Rossi* [Ros-91] zeigte für einen Dehngeschwindigkeitsbereich von $5 \cdot 10^{-1} < \dot{\varepsilon} < 1{,}5 \cdot 10^0$ 1/s experimentell, dass die Zugfestigkeit von wassergesättigtem Beton mit zunehmender Dehngeschwindigkeit ansteigt. Demgegenüber konnte bei trockenen Proben keine Zugfestigkeitserhöhung festgestellt werden. Diese Beobachtung wird durch *Rossi* mit dem sogenannten „Stefan-Effekt“ erklärt. Dieser beschreibt die Kapillarwirkung von Wasser, welches sich zwischen zwei parallelen Platten befindet, die durch eine Zugkraft auseinandergezogen werden, siehe Bild 22. Dabei ist die erzeugte Gegenkraft umso größer, je höher die Dehngeschwindigkeit ist. Unter Druckbeanspruchungen wirkt indes ein erhöhter Porenwasserdruck der Belastung entgegen. Beide Effekte erzielen letztlich durch die Beteiligung des Wassers am Lastabtrag eine über bestehende Gefügeporen hinweg homogenere Spannungsverteilung im Gesamtquerschnitt und somit eine erhöhte Festigkeit. Laut *Rossi* [Ros-91] führt dieser Effekt auch dazu, dass hochfeste Betone auf die Erhöhung der Dehngeschwindigkeit mit geringeren Festigkeitszuwächsen reagieren, da in ihnen weniger freies Wasser zur Verfügung steht.

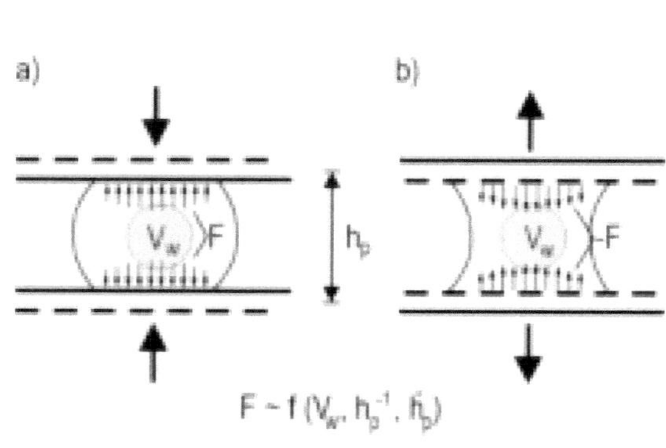

Bild 22: Einfluss der Feuchte: a) Porenwasserdruck und b) Stefan-Effekt [Sch-01]

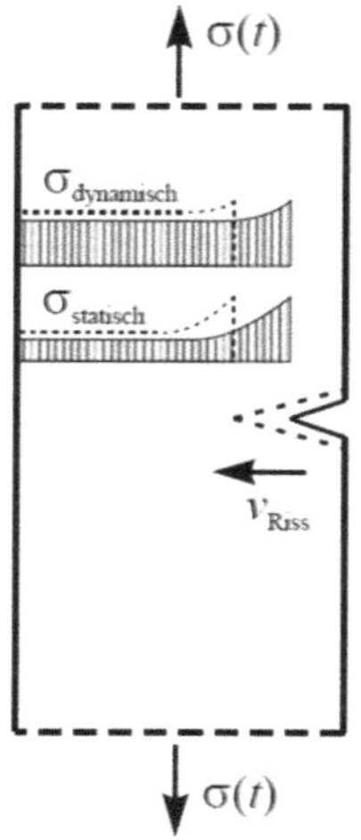

Bild 23: Homogenisierung der dynamischen Spannungsverteilung nach [Cur-87] aus [Ort-06]

Für hohe Dehngeschwindigkeiten ($\dot{\varepsilon} > 10^0$ 1/s bei Zug- und $\dot{\varepsilon} > 10^1$ 1/s bei Druckbelastung) ist ein überproportionaler Festigkeitsanstieg zu beobachten, welcher auf eine Homogenisierung der inneren Spannungsverteilung sowie auf Trägheitseffekte bei der Mikrorissbildung zurückgeführt wird, siehe Bild 21. So stellte *Curbach* [Cur-87] anhand von numerischen Simulationen einer eingekerbten Betonscheibe eine homogenisiertere Spannungsverteilung unter schneller Zugbelastung fest als unter einer quasi-statischen Zugbelastung, siehe Bild 23. Unter schneller Belastung verringerte sich in den Simulationen der Spannungsunterschied zwischen dem Restquerschnitt und der Rissspitze, wodurch die letztlich ertragbare Gesamtbelastung anstieg.

Trägheitseffekte bei der Rissausbreitung treten als letzte Ursache (Rissgeschwindigkeit) auf und sind neben der Spannungsgeschwindigkeit auch von der Rissausbreitungsgeschwindigkeit und der sich im Material entwickelnden Risslänge abhängig. *Curbach* [Cur-87] ermittelte für den in seinen experimentellen Versuchen verwendeten Beton eine maximale Rissausbreitungsgeschwindigkeit von 500 m/s. Diese lag deutlich unterhalb der im Beton möglichen Wellenausbreitungsgeschwindigkeiten von elastischen Longitudinal- und Scherwellen (P-Wellen bzw. S-Wellen) oder gar Schockwellen. Alle diese Wellenarten können Geschwindigkeiten im groben Bereich zwischen 2.500 m/s und 5.000 m/s aufweisen [StLa-06]. Für einen Rissfortschritt müssen die Massen an den Rissufern z. B. eines bestehenden Schwindrisses, beschleunigt werden. Bei sehr hohen Spannungsgeschwindigkeiten können die Trägheitskräfte der sich entfernenden Rissufer der Rissausbreitung entgegenwirken und somit zu einer erheblichen Festigkeitssteigerung beitragen.

Memory Effekt

Das Materialverhalten von Beton wird nicht nur von der momentanen Dehngeschwindigkeit beeinflusst, sondern auch von deren Verlaufsgeschichte. Dies ist in Bild 24 beispielhaft an einem dynamisch belasteten Balken dargestellt, der eine stoßartige Beanspruchung ohne Versagen übersteht. Zum Zeitpunkt der Maximalbeanspruchung besitzt die Dehngeschwindigkeit einen Wert von $\dot{\varepsilon} = 0$. Bestünde eine alleinige Abhängigkeit der Festigkeit von der aktuellen Dehngeschwindigkeit, so betrüge die Festigkeitssteigerung unter der Maximaldehnung ebenfalls Null. Demnach würde unter dieser Beanspruchungssituation derselbe Beton stets dieselbe Druck- bzw. Zugfestigkeit besitzen wie unter statischer Belastung, unabhängig davon, wie hoch oder niedrig die vorangegangene Dehngeschwindigkeit war. Eine die statische Festigkeit übersteigende Beanspruchung könnte somit vom Balken nicht aufgenommen werden. Experimentelle Beobachtungen stehen dieser Annahme jedoch entgegen. Die tatsächlichen Materialeigenschaften werden vom gesamten Verlauf der Dehngeschwindigkeit bestimmt. Laut *Curbach* [Cur-87] „erinnert" sich der Werkstoff an den vorhergegangenen Dehngeschwindigkeitsverlauf. Würde eine über die stationäre Festigkeit schnell aufgebrachte Beanspruchung ab einem bestimmten Punkt konstant gehalten werden, würde der Träger erst nach einer gewissen Zeit versagen. Diese durch Trägheitseffekte hervorgerufene zeitliche Schädigungsverzögerung wird von *Curbach* [Cur-87] als „Memoryeffekt" bezeichnet. Vor diesem Hintergrund sind Materialmodelle mit einer alleinigen Abhängigkeit von der aktuellen Dehngeschwindigkeit lediglich für die Wirkung einer konstanten Dehngeschwindigkeit $\sigma = f(\varepsilon, \dot{\varepsilon} = \text{konst})$ zutreffend. Realistische dynamische Materialmodelle sollten aus den erwähnten Gründen auch von der Beanspruchungsgeschichte $\sigma = f(\varepsilon, \dot{\varepsilon}(t))$ abhängen. Entsprechende Ansätze werden z. B. von *Schmidt-Hurtienne* [Sch-01] präsentiert.

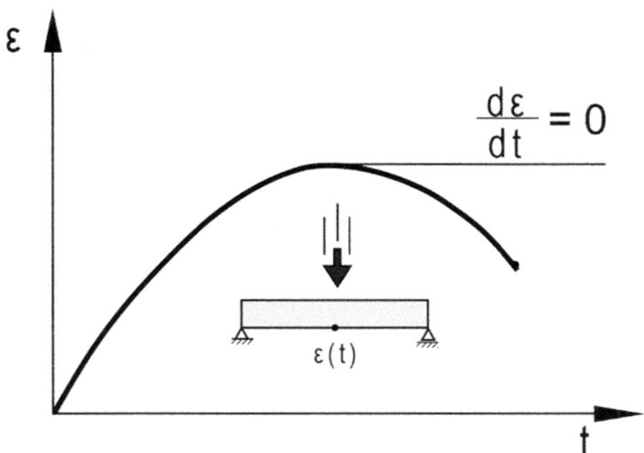

Bild 24: Dehnungs-Zeit-Verlauf am Zugrand eines dynamisch beanspruchten Balkens [Cur-87]

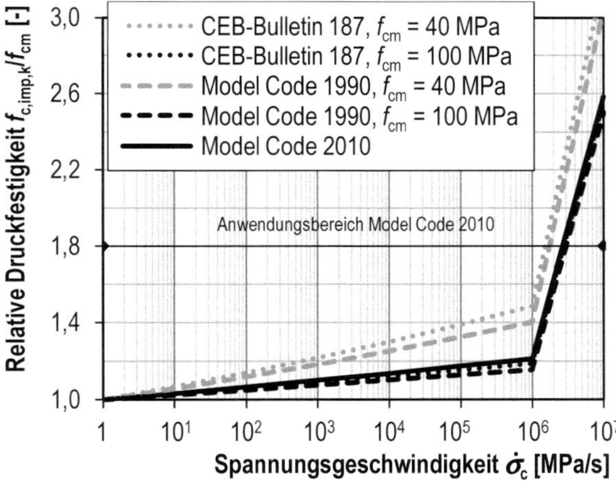

Bild 25: Druckfestigkeitserhöhung in Abhängigkeit von der Spannungsgeschwindigkeit nach [CEB-88], [CEB-93] und [Fib-10]

Mathematische Formulierungen

Materialmodelle, welche die Beziehungen zwischen der Druckfestigkeitssteigerung und der Dehn- bzw. Spannungsgeschwindigkeit beschreiben, lassen sich u. a. in [CEB-88], [CEB-93] und [Fib-10] finden, siehe Bild 25. [CEB-88] und [CEB-93] beschreiben Kurvenscharen mit einer Abhängigkeit von der Druckfestigkeit, wobei höherfeste Betone eine geringere Druckfestigkeitssteigerung aufweisen. In [Fib-10] wird auf diese Abhängigkeit gänzlich verzichtet und eine konservative untere Umhüllende der Druckfestigkeitssteigerung beschrieben [Ili-15].

Beispielhaft sind nachfolgend die Gleichungen zur Berechnung der Druckfestigkeitssteigerung in Abhängigkeit von der Spannungsgeschwindigkeit nach [Fib-10] dargestellt.

$$\frac{f_{c,imp,k}}{f_{cm}} = \left(\frac{\dot{\sigma}_c}{\dot{\sigma}_{c0}}\right)^{0,014} \qquad \text{für } \dot{\sigma}_c \leq 10^6 \text{ MPa/s} \qquad (3\text{-}3)$$

$$\frac{f_{c,imp,k}}{f_{cm}} = 0{,}0012 \cdot \left(\frac{\dot{\sigma}_c}{\dot{\sigma}_{c0}}\right)^{1/3} \qquad \text{für } \dot{\sigma}_c > 10^6 \text{ MPa/s} \qquad (3\text{-}4)$$

mit: $\dot{\sigma}_{c0}$ = 1 MPa/s

$\dot{\sigma}_c$ Spannungsgeschwindigkeit in MPa/s

$f_{c,imp,k}$ Dynamische Druckfestigkeit in MPa

f_{cm} Mittlere Druckfestigkeit in MPa bei 1 MPa/s

3.2.2 Abhängigkeit von der Temperatur

3.2.2.1 Allgemein

Neben der Dehn- bzw. Spannungsgeschwindigkeit beeinflusst auch die einwirkende Temperatur das mechanische Betonverhalten. Unter erhöhten Temperaturen finden innerhalb des Betons physikalische und chemische Reaktionen statt, welche mikrostrukturelle Änderungen des Betongefüges hervorrufen. Diese Änderungen sollen nachfolgend gezielt mit den Änderungen der mechanischen Betoneigenschaften verknüpft werden. Diesbezüglich wird besonderes Augenmerk auf das Verhalten der Betondruckfestigkeit im Temperaturbereich von 20 °C bis etwa 100 °C gelegt. Dieser Temperaturbereich ist für Brandszenarien von untergeordneter Relevanz und ist daher in geringerem Maße wissenschaftlich untersucht worden als die höheren Temperaturbereiche. Dennoch existieren Forschungsarbeiten, die vor dem Hintergrund der Verwendung von Beton für Bauwerke der Kraftwerkstechnik wie z. B. Reaktor-Druckbehälter, Kühltürme, Schornsteine oder Wärmespeicherbecken, die Temperaturbereiche bis 100 °C bzw. 250 °C ausführlich beleuchten [SeKr-85], [Bud-89], [Urr-18]. Trotz dieser Forschungsarbeiten stellt sich die Versuchsdatenlage stellenweise als eingeschränkt dar, weshalb in den nachfolgenden Erläuterungen, nicht zuletzt auch für das grundsätzliche Verständnis, partiell höhere Temperaturbereiche miteinbezogen werden.

Temperaturerhöhungen von 20 °C bis 1.200 °C führen Änderungen in der Betonmikrostruktur herbei, woraus sich wiederum Änderungen in den physikalischen Betoneigenschaften (z. B. Dichte, spezifische Wärmekapazität, Wärmeleitfähigkeit, Temperaturleitfähigkeit, Wärmeausdehnung) sowie in den mechanischen Betoneigenschaften (z. B. Spannungs–Dehnungsverhalten, Druckfestigkeit, Zugfestigkeit, Verbundfestigkeit, E-Modul, Kriechen, Schwinden, Relaxation) ergeben [Sch-82], [Hin-87], [Thi-93], [Fib-07]. Aufgrund der Komplexität der dabei stattfindenden physikalisch–chemischen Reaktionen, der häufig unterschiedlichen Versuchsrandbedingungen sowie der Vielzahl an möglichen Betonzusammensetzungen ist das Treffen einer quantitativen, und teilweise sogar einer qualitativen Aussage über die Änderungen der benannten Eigenschaften nicht trivial. Grundsätzlich lässt sich jedoch feststellen, dass die temperaturbedingten Strukturänderungen überwiegend im Zementstein stattfinden. Erst bei höheren Temperaturen von über 550 °C treten Strukturänderungen in der Gesteinskörnung auf. Hinzu kommen physikalische und chemische Reaktionen zwischen der Gesteinskörnung und dem Zementstein. Die nachfolgenden Abschnitte sollen die angesprochenen temperaturbedingten Strukturänderungen auf der Mikro- und Mesoebene mit zusätzlichem Augenmerk auf deren Einfluss auf die Betondruckfestigkeit erläutern.

3.2.2.1.1 Mikrostrukturänderungen im Zementstein

Zementhydratation

Erhöhte Temperaturen führen zu einer beschleunigten Zementhydratation. Insbesondere junge Betone erfahren durch erhöhte Temperaturen einen schnelleren Hydratationsfortschritt und Druckfestigkeitsanstieg. Im Gegensatz zu jungen Betonen zeigen Betone ab einem Alter von ca. 90 Tagen unter erhöhten Temperaturen keine signifikante hydratationsbedingte Druckfestigkeitsentwicklung [Bud-89].

Porosität

Die temperaturbedingten physikalischen und chemischen Reaktionen bewirken eine Veränderung der Porenstruktur. Die Porenstruktur eines Betons setzt sich grundsätzlich aus den Porositäten des Zementsteins, der Verbundzone zwischen Zementstein und Gesteinskörnung sowie der Gesteinskörnung selbst zusammen. Dabei kann die Porosität von Normalzuschlägen im Vergleich zu den anderen beiden Anteilen vernachlässigt werden [Thi-93]. Untersuchungen von *Diederichs et al.* [DiJu-89] an zwei hochfesten Betonen zeigen eine messbare Zunahme der Porosität bei einer von 20 °C auf 105 °C steigenden thermischen Beanspruchung. Dies wird auf das Verdampfen des physikalisch gebundenen Wassers zurückgeführt. Sowohl das Porenvolumen als auch der mittlere Porenradius nehmen dabei zu, wobei die größten Veränderungen im Zementstein auftreten. Die erhöhten Porenradien werden durch Rissbildung hervorgerufen. In der Verbundzone zwischen Zementstein und Gesteinskörnung kann dies durch deren thermische Inkompatibilitäten begünstigt werden. Die Erhöhung der Porosität sowie die Vergrößerung der Porenradien reduzieren letztlich die Druckfestigkeit des Betons [Pih-74], [Fib-07].

Wassergehalt

Laut *Wittmann* [Wit-77] wirken zwischen den Gefügeelementen des Zementsteins primäre, also chemische Bindungen und sekundäre Bindungen in Form von Van-der-Waals-Kräften. Im Vergleich zu den primären Bindungskräften ist die Wirkung der Van-der-Waals-Kräfte gering, und sie reduziert sich außerdem mit zunehmendem Teilchenabstand. Dennoch besitzen sie für Teilchenabstände bis etwa 2 nm, was den Gelporendurchmessern des Zements entspricht, eine nicht zu vernachlässigende Größe. Gleiches gilt für die Summe der Van-der-Waals-Kräfte innerhalb des Gesamtgefüges. Dies ist insbesondere durch die Gefügeelemente bedingt, die in der porösen Zementmikrostruktur nur an wenigen Stellen in direktem Kontakt zueinander stehen und durch die Gelporen, die trotz ihrer geringen Durchmesser einen beträchtlichen Anteil am Gesamtvolumen des Zementsteins einnehmen. Im trockenen Zustand sind die einzelnen Gefügeelemente zunächst durch eine hohe Oberflächenenergie komprimiert. Durch die Adsorption von Wasser infolge eines Luftfeuchtigkeitsanstiegs werden die Grenzflächenspannungen an den Gefügeelementen reduziert. Folglich dehnt sich der Zement aus. Bei hohen relativen Luftfeuchtigkeiten entwickelt sich ein Spaltdruck des Wassers, der bei zunehmender Wasseradsorption die Van-der-Waals-Kräfte übersteigt und benachbarte Gefügeelemente auseinandertreibt. Die Kontaktstellen mit primären Bindungen bleiben auch bei hohem Feuchtigkeitsgehalt vorhanden, wobei der Spaltdruck des Wassers die Bindungskraft geringfügig schwächt. An den Stellen, an denen die Gefügeelemente durch sekundäre Bindungen zusammengehalten werden, kann der Spaltdruck des Wassers bei hohen Feuchtigkeiten zu einer Trennung der gesamten Kontaktstelle führen. Somit reduziert ein hoher Wassergehalt letztlich die Betonfestigkeit. Im Gegensatz dazu führt eine Reduktion des Wassergehaltes durch den Abbau des Spaltdruckes des Wassers zu einer Erhöhung der sekundären Bindungskräfte und somit zu einem Anstieg der Festigkeit.

Wird Beton erhöhten Temperaturen ausgesetzt, ist zudem die gleichzeitige Entstehung eines Wasserdampfdruckes zu bedenken. Dieser kann die Gefügeelemente auseinandertreiben und somit die sekundären Bindungskräfte reduzieren. Wird der Dampfdruck größer, können sogar primäre Bindungen gelöst werden und Mikrorisse in der Zementsteinstruktur entstehen. Je höher der Wassergehalt in den Poren und je geringer die Permeabilität ist, desto höher ist der entstehende Dampfdruck. Dieser kann insbesondere bei hochfesten Betonen, bei denen die dichte Gefügestruktur und deren geringe Permeabilität das Austrocknen behindert, bei hohen Aufheizraten zu starken Rissbildungen bis hin zu Betonabplatzungen führen [Fib-07]. Ob bei einer Temperaturerhöhung bis zu 100 °C der festigkeitssteigernde Effekt durch die Wassergehaltsreduktion oder der festigkeitsmindernde Effekt durch einen erhöhten Wasserdampfdruck überwiegt, ist sicherlich vom Feuchtegehalt, der Zementfestigkeit und -permeabilität (Möglichkeit des Ausdampfens), der Trocknungstemperatur und der Aufheizrate abhängig.

3.2.2.1.2 Mikrostrukturänderungen in der Gesteinskörnung

Aufgrund des hohen Anteils der Gesteinskörnung am Gesamtvolumen von Beton (etwa 70 %) beeinflusst diese entscheidend die physikalischen und mechanischen Betoneigenschaften. Bis zu einer Temperatur von 100 °C sind alle üblichen, für Beton verwendeten Gesteine physikalisch und chemisch temperaturstabil [Fib-07]. Erst deutlich oberhalb von 100 °C treten temperaturbedingte Reaktionen in der Gesteinskörnung auf. Gesteinskörnung aus Quarz erfährt dabei mehrere physikalische Strukturänderungen, wobei die erste α–β-Quarzumwandlung bei einer Temperatur von etwa 575 °C beginnt. Durch diese Reaktion tritt eine Volumenvergrößerung ein, welche Schädigungen in der Zementmatrix hervorrufen kann. Kalzitische Gesteinskörnungen sind bis zu der bei 550 °C bis 700 °C eintretenden Kalksteinentsäuerung, bei der aus dem Calciumcarbonat $CaCO_3$ Kohlendioxid CO_2 ausgetrieben wird und Calciumoxid CaO entsteht, ebenfalls temperaturstabil. Gleichwohl kann in den Gesteinsporen gebundenes Wasser ausdampfen und somit zur Erhöhung von Porendrücken im Beton beitragen [Fib-07].

3.2.2.1.3 Interaktionen zwischen Gesteinskörnung und Zementstein

Thermische Inkompatibilitäten

Ändert sich die Temperatur eines zwängungsfrei gelagerten Betonkörpers, so führt dies zu einer Änderung seiner geometrischen Abmessungen in allen drei Raumrichtungen. Dieser Effekt wird durch die Wärmeausdehnung der verwendeten Betonkomponenten hervorgerufen. Eine differenzierte Betrachtung des thermischen Ausdehnungsverhaltens der Zementsteinmatrix und der Gesteinskörnung von Beton zeigt deren thermische Inkompatibilität [Det-62], [ZiKl-79]. Beide Komponenten besitzen unterschiedliche Ausdehnungskoeffizienten, die von der Gesteinskörnungs- und Zementart, sowie beim Zementstein zusätzlich von dessen Alter und Feuchtigkeitsgehalt abhängen. Der Längenausdehnungskoeffizient der verschiedenen für Beton verwendeten Gesteinskörnungen α_G kann stark variieren [Det-62]. Dabei ist der deutlich höhere Längenausdehnungskoeffizient der quarzitischen Gesteinskörnung (α_G = (10 bis 12,5) · 10^{-6}/K) gegenüber der kalzitischen Gesteinskörnung (α_G = (3,5 bis 6,5) · 10^{-6}/K) hervorzuheben. Im Gegensatz zur Gesteinskörnung ist der Längenausdehnungskoeffizient von Zementstein größer und stellt sich durch seine Abhängigkeit von mehreren Faktoren als komplexer dar. Zusätzlich zur wahren Wärmedehnung tritt eine scheinbare Wärmedehnung auf, deren Größe von der Porenstruktur und dem Feuchtigkeitsgehalt abhängt, siehe Bild 26.

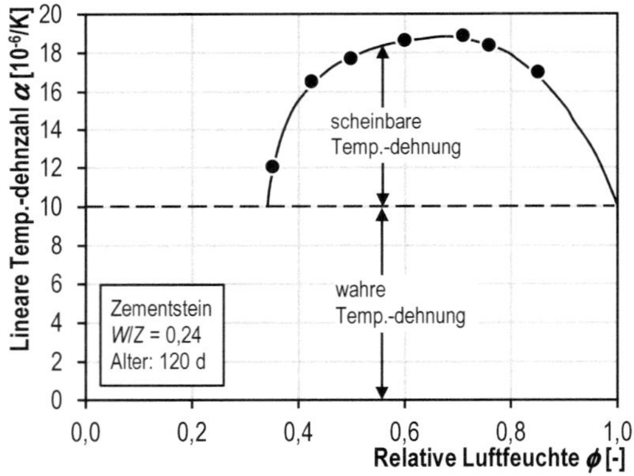

Bild 26: Einfluss des Feuchtegehalts auf die Temperaturdehnung von Zementstein [Bud-89]

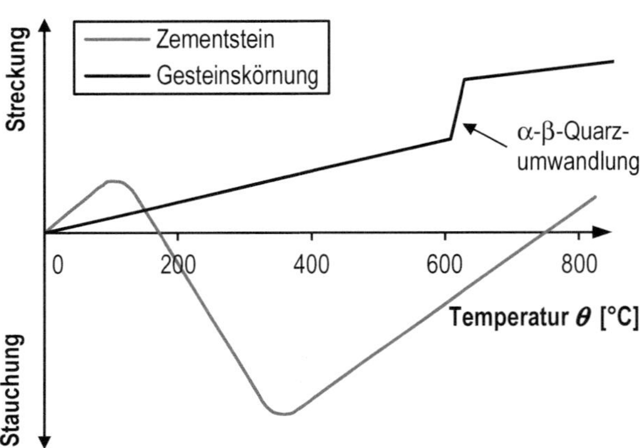

Bild 27: Auswirkungen der thermischen und hygrischen Inkompatibilitäten auf die Längsverformung [Fib-07]

Durch die thermische Inkompatibilität zwischen Gesteinskörnung und Zementstein führen Temperaturerhöhungen zu inneren Gefügespannungen, die insbesondere von den E-Moduln und Querdehnzahlen beider Bestandteile abhängen. Da der E-Modul der Gesteinskörnung üblicherweise über dem des Zementsteins liegt, wird die freie Ausdehnung des Zementsteins behindert [ZiKl-79]. Überschreiten die Gefügespannungen die Verbundfestigkeit zwischen der Gesteinskörnung und dem Zementstein, kommt es darüber hinaus zu Rissbildungen und Gefügeauflockerungen. Die Orientierung dieser Gefügespannungen und die mögliche Anordnung von Rissen zeigen Bild 28 und Bild 29. Infolge einer Erwärmung treten an den Gesteinskornoberflächen senkrecht gerichtete Zugspannungen in Verbindung mit tangentialen Druckspannungen auf. In der Zementmatrix entstehen Druckspannungen, welche senkrecht zu den dargestellten Verbindungslinien wirken. Somit treten bis zu Betontemperaturen von etwa 150 °C vornehmlich Risse in der Verbundzone zwischen der Gesteinskörnung und der Zementmatrix auf, siehe Bild 29. Bei höheren Temperaturen kann es durch Schwinden des Zementsteins zu einer Umkehr der Gefügespannungen und andersartigen Rissverläufen kommen, siehe Bild 30.

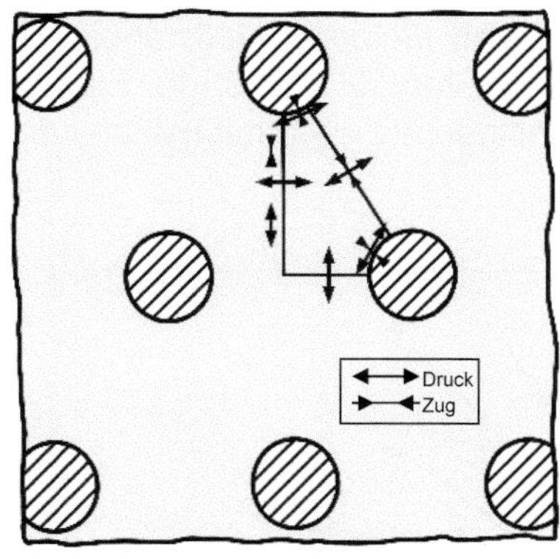

Bild 28: Gefügespannungen infolge einer Erwärmung [ZiKl-79]

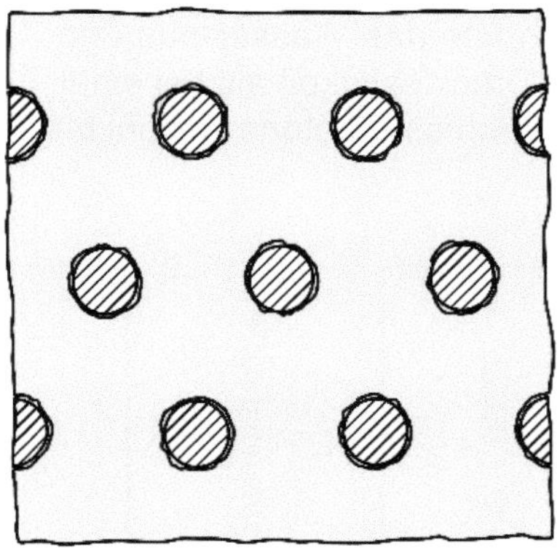

Bild 29: Haftrisse [Hin-87]

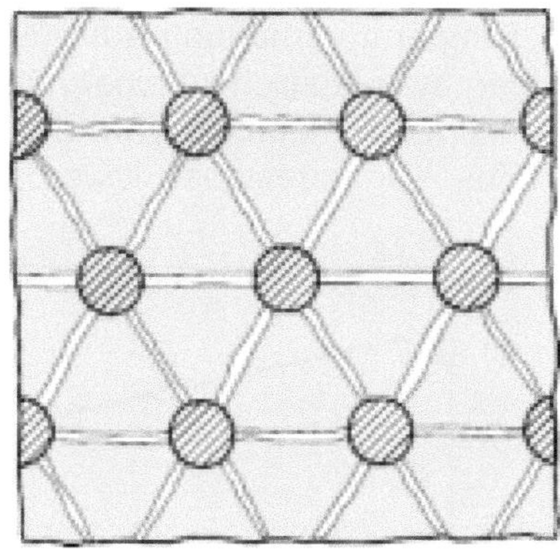

Bild 30: Matrixrisse [Hin-87]

Hydrothermale chemische Reaktionen

In Betonen mit quarzitischer Gesteinskörnung können unter hydrothermalen Bedingungen chemische Reaktionen auftreten, welche die Mikrostruktur des Zementsteins bereichsweise verändern. Unter erhöhten Temperaturen reagiert dabei die quarzitische Gesteinskörnung SiO_2 an ihrer Oberfläche mit Wasser H_2O zu Kieselsäure. Die Kieselsäure reagiert wiederum mit dem im Zementstein enthaltenen Calciumhydroxid $Ca(OH)_2$ und zusätzlichen Calcium-Ionen und bildet neue C-S-H-Phasen, welche die Festigkeit des Zementsteins erhöhen [KoSe-79]. Die Aktivität dieser Reaktionen ist von der Korngröße des Quarzes bzw. seiner spezifischen Oberfläche abhängig. Die Temperatur sowie Temperierungsdauer beeinflussen weiterhin die Art und Festigkeit der gebildeten C-S-H-Phasen sowie die Menge des umgesetzten Calciumhydroxids $Ca(OH)_2$ [SeKr-85]. Aufgrund der schlechten Löslichkeit von Quarz unterhalb von 100 °C wird eine signifikante Reaktionsaktivität erst bei höheren Temperaturen beobachtet [KoSe-79].

Hygrische Inkompatibilität

Unter hygrischer Inkompatibilität werden die unterschiedlichen Schwindmaße des Zementsteins und der Gesteinskörnung verstanden. Sowohl das Schrumpfen als auch das Trocknungsschwinden können durch erhöhte Temperaturen hervorgerufen bzw. beschleunigt werden. Eine durch eine Temperaturerhöhung hervorgerufene Austrocknung des Zementsteins führt folglich zu dessen Volumenreduktion. Im Temperaturbereich zwischen 20 °C und 100 °C führt dies nach *Seeberger et al.* [SeKr-85] nur zu geringen Schwindverformungen. Diese liegen betragsmäßig üblicherweise unterhalb der gleichzeitig auftretenden Wärmedehnung, vgl. Bild 27. Ab Temperaturen von 100 °C beschleunigt sich die Austrocknung des Zementsteins, wodurch es zu Schwindverformungen kommt, die betragsmäßig ungleich größer sind als die Wärmedehnung. Hingegen zeigt die Gesteinskörnung durch eine Trocknung quasi keine Volumenänderung und wirkt der Verformung des Zementsteins entgegen. Diese unterschiedlichen hygrischen Verformungseigenschaften führen letztlich zu Spannungen im Betongefüge. Wird der reine Schwindvorgang ohne die thermische Ausdehnung beider Betonkomponenten betrachtet, so entstehen um die Gesteinskörnung herum Zugspannungen in tangentialer Richtung. *Seeberger et al.* [SeKr-85] zeigten anhand von Modellrechnungen für unterschiedliche Betonzusammensetzungen, dass bei Temperaturen von 250 °C, in denen die Schwindverformungen des Zementsteins dessen Wärmeausdehnungen übersteigen, hohe tangentiale Zugspannungen entstehen. Diese lagen je nach Betonzusammensetzung zwischen 22 MPa und 56 MPa und überschritten somit die Zugfestigkeit des Zementsteins bei weitem. Aus der im Betongefüge herrschenden Spannungsverteilung würde ein Rissmuster mit Matrixrissen entsprechend Bild 30 entstehen.

3.2.2.2 Mechanische Eigenschaften

Spannungs–Dehnungs-Verhalten

Allgemeinhin konnte eine Abnahme des Elastizitätsmoduls bei steigender Temperatur mit gleichzeitigem Anstieg der Bruchdehnungen beobachtet werden [Sch-82], [Hui-10], siehe Bild 31. Bild 32 zeigt darüber hinaus temperaturabhängige Spannungs–Dehnungslinien eines hochfesten Betons mit Polypropylenfasern. Die auffällig geringe Druckfestigkeit des Betons bei 120 °C wird in [Hui-10] mit einem behinderten Ausdampfen des Wassers infolge des dichten Materialgefüges und einem zusätzlichen inneren Dampfdruck begründet. Durch eine Temperaturerhöhung auf 200 °C konnte das Wasser aus den Kapillar- und Gelporen vollständig verdampfen, was letztlich zu einer höheren Druckfestigkeit als bei einer Temperatur von 120 °C führte. Ein ähnliches Verhalten konnte in [ChKo-04] für hochfeste Betone sowohl mit quarzhaltigen als auch mit kalksteinhaltigen Zuschlägen festgestellt werden.

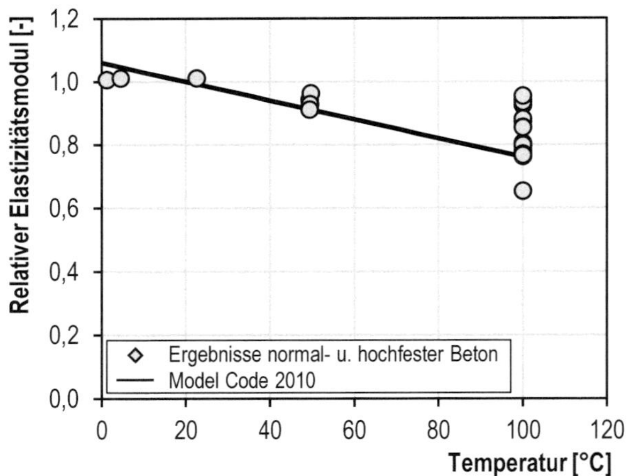

Bild 31: Beziehung zwischen relativem Elastizitätsmodul und Probekörpertemperatur nach [Fib-13]

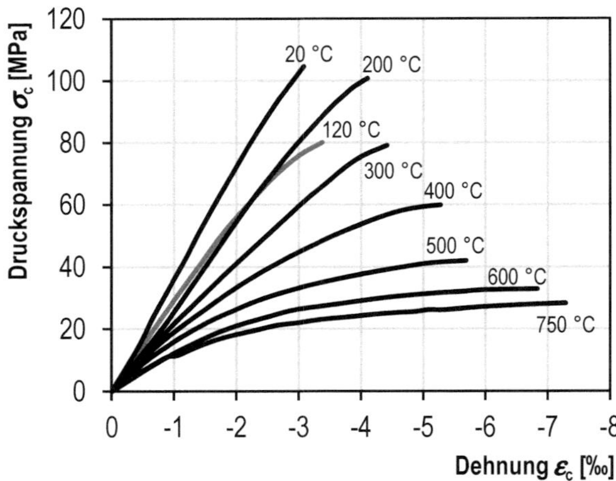

Bild 32: Temperaturabhängige Spannungs–Dehnungslinien eines hochfesten Betons mit Polypropylenfasern [Hui-10]

Druckfestigkeit im Temperaturbereich bis 150 °C

Für den Temperaturbereich bis 150 °C existieren bislang nur sehr wenige Forschungsergebnisse. Einige davon wurden von *Blundell et al.* [BlDi-76] zusammengefasst. Dabei werden ein deutlicher Druckfestigkeitsabfall von unversiegelten Betonproben bis zu einer Temperatur von etwa 85 °C und ein darauffolgender Wiederanstieg der Druckfestigkeit bis ca. 250 °C erkennbar, siehe Bild 33. *Urrea* [Urr-18] weist anhand von experimentellen Untersuchungen an Normalbeton ($f_{cm20°C,\ 100\%\ r.F.}$ = 51,5 MPa) ebenfalls eine Druckfestigkeitsabnahme für eine Temperaturerhöhung von 20 °C auf 60 °C bzw. 80 °C nach, siehe Bild 34. Diese variiert zudem in Abhängigkeit vom Feuchtegehalt der Umgebungsluft. *Budelmann* [Bud-89] konnte für Betone mit quarzitischer Gesteinskörnung ($f_{cm,cube,28d}$ = 52 MPa) und kalzitischer Gesteinskörnung ($f_{cm,cube,28d}$ = 48 MPa) ebenfalls eine Änderung der Kaltdruckfestigkeit nach vorheriger Temperierung auf 50 °C, 70 °C bzw. 90 °C nachweisen. Je nach relativer Luftfeuchte (65 %, 95 %, 100 %) und Temperierungsdauer (20 d, 60 d, 120 d) kam es zu Druckfestigkeitsminderungen oder -steigerungen. Interessanterweise weisen alle Ergebnisse darauf hin, dass eine kurzzeitige Erhöhung der Temperatur auf 50 °C unabhängig vom Feuchtegehalt zu deutlichen Druckfestigkeitsreduktionen führt. *Budelmann* führte die Veränderungen der mechanischen Betoneigenschaften im Temperaturbereich zwischen 20 °C und 100 °C letztlich auf thermisch und hygrisch gekoppelte Effekte zurück.

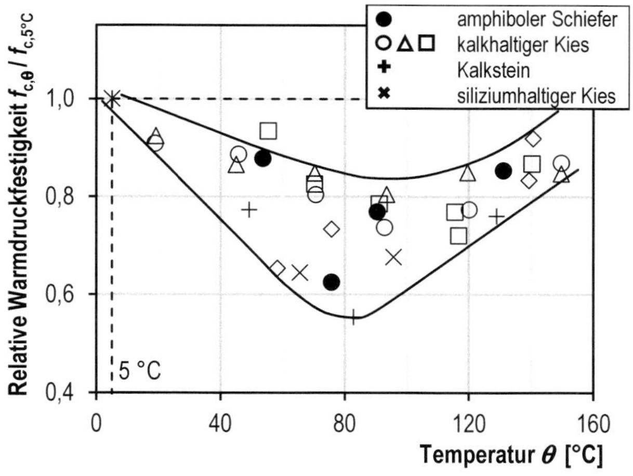

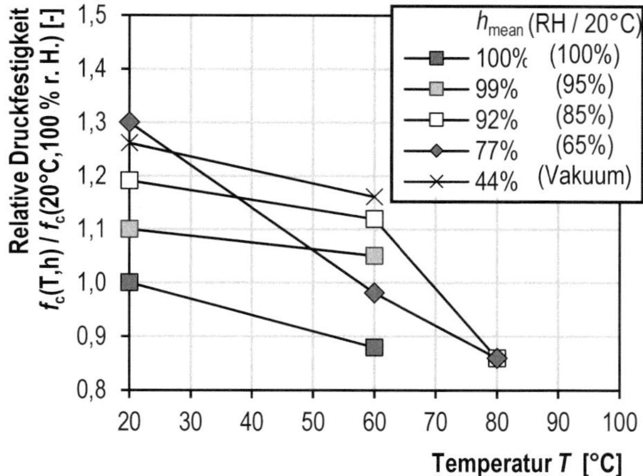

Bild 33: Einfluss der Temperatur (bis 160 °C) auf die Warmdruckfestigkeit von Beton [BlDi-76]

Bild 34: Relative Warmdruckfestigkeit von Normalbeton unter erhöhten Temperaturen und verschiedenen Luftfeuchtigkeiten [Urr-18]

Auch bei hochfesten Betonen kann ein Druckfestigkeitsabfall im Temperaturbereich bis ca. 100 °C bzw. 120 °C beobachtet werden. *Cheyrezy et al.* [ChKh-01] bestimmten für einen Beton C60 mit einer Gesteinskörnung aus Granit und für einen Beton C70 mit einer Gesteinskörnung aus Gabbro einen mittleren Druckfestigkeitsverlust bei 100 °C von etwa 11 %. Der von *Huismann* [Hui-10] untersuchte hochfeste Beton mit quarzitischer Gesteinskörnung und Polypropylen-Fasern wies bei 120 °C einen Druckfestigkeitsabfall von 25 % auf, siehe Bild 35. Auch für reinen Zementstein konnten von *Dias et al.* [DiKh-90] ein bis 120 °C auf 36,6 % ansteigender Druckfestigkeitsabfall belegt werden, siehe Bild 36.

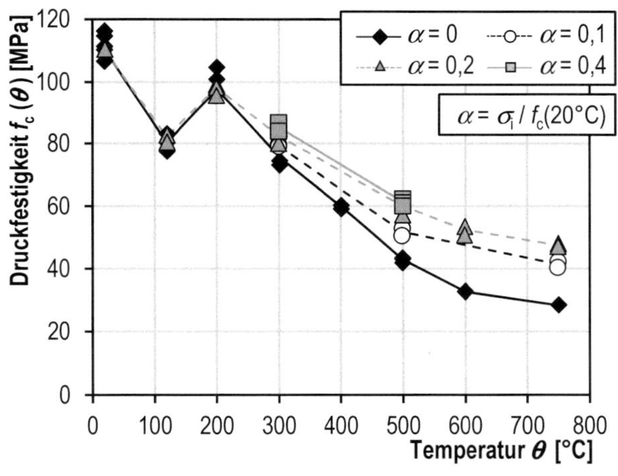

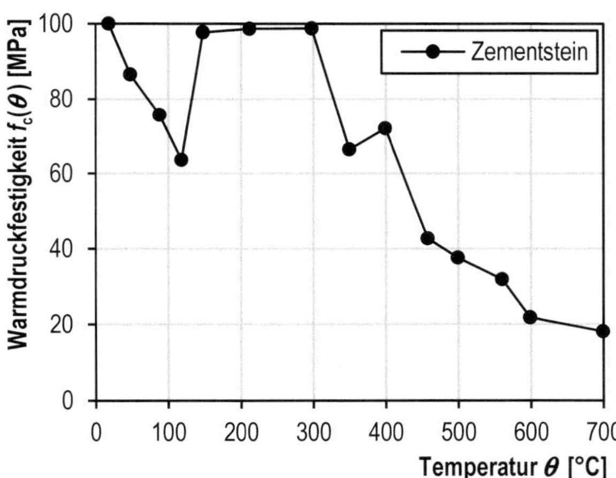

Bild 35: Warmdruckfestigkeit von hochfestem Beton mit Polypropylen-Fasern für verschiedene Belastungsgrade α [Hui-10]

Bild 36: Warmdruckfestigkeit von unversiegeltem und nicht vorbelastetem Zementstein [DiKh-90]

Blundell et al. [BlDi-76] führen die Druckfestigkeitsänderungen überwiegend auf die thermischen Inkompatibilitäten zwischen der Gesteinskörnung und der Zementmatrix sowie auf die Austrocknung des Zementsteins zurück. Bis zu einer Temperatur von 85 °C erzeugen die thermischen Inkompatibilitäten Mikrorisse in den Verbundzonen und reduzieren somit die Druckfestigkeit. Die Größenordnung der Druckfestigkeitsverluste ist dabei von der verwendeten Gesteinskörnung abhängig. Zwischen Temperaturen von 100 °C bis ca. 250 °C führt die einsetzende Austrocknung zu einer Druckfestigkeitssteigerung. Nach [Fib-07] und *Dias et al.* [DiKh-90] ist die Druckfestigkeitsabnahme, die bei Temperaturen zwischen 85 °C und 120 °C erreicht wird, zusätzlich durch die Abschwächung der physikalischen Van-der-Waals-Kräfte bedingt, da die expandierenden Wassermoleküle die C-S-H-Schichten weiter auseinandertreiben. Dieser Effekt ist reversibel und besitzt daher keinen Einfluss auf die Kaltdruckfestigkeit nach Abkühlung.

Zusammenfassend stellt sich der Einfluss erhöhter Temperaturen auf die Druckfestigkeit von Beton als komplex dar. In Abhängigkeit von der Temperatur treten im Beton physikalische und chemische Reaktionen auf, die das Materialgefüge schädigen, aber auch stabilisieren können [MuAn-13]. So führen eine beschleunigte Hydratation, eine Abnahme des freien und physikalisch gebundenen Wassers sowie bei quarzitischer Gesteinskörnung eine beginnende hydrothermale Zementstein–Gesteinskorn-Reaktion zu einem Anstieg der Druckfestigkeit. Demgegenüber können die Zunahme der Porosität innerhalb der Zementsteinmikrostruktur, die thermische und hygrische Inkompatibilität zwischen Gesteinskörnung und Zementstein sowie die infolge des expandierenden Porenwassers verringerten Van-der-Waals-Kräfte zwischen den C-S-H-Schichten und erhöhten Poreninnendrücke zu einer Abnahme der Druckfestigkeit bzw. zu einer Mikrorissbildung führen. [Fib-07] und [Fib-13] führen die Druckfestigkeitsänderungen, die sich bei Temperaturen zwischen etwa 80 °C und 120 °C einstellen, fast ausschließlich auf physikalische Effekte wie die Änderung der Van-der-Waals-Kräfte, der Porosität, der Oberflächenenergie und die Entstehung von Mikrorissen durch die thermischen Inkompatibilitäten zurück. Grundsätzlich lassen sich über alle Temperaturbereiche große Streuungen in den Versuchsergebnissen erkennen, die von weiteren Einflüssen wie der Temperierungsdauer, der Betonfeuchtigkeit, der Art der Gesteinskörnung sowie der Betonzusammensetzung abhängen. In diesem Hinblick wird in [Fib-13] darauf hingewiesen, dass die Betoneigenschaften junger Betone stärker von der Temperatur beeinflusst werden als die alter Betone, in denen die Hydratation bereits abgeschlossen ist. So kann z. B. bei jungen Betonen eine temperaturbedingte beschleunigte Hydratation den Druckfestigkeitsverlust kompensieren. Aufgrund der Vielzahl von Einflüssen kann es daher bei der Beurteilung der Druckfestigkeitsentwicklung zu teilweise widersprüchlichen Aussagen kommen.

Mathematische Formulierungen

In vielen wissenschaftlichen Arbeiten konnten empirische Modelle zur Beschreibung des Zusammenhangs zwischen den mechanischen Betoneigenschaften und der Temperatur erarbeitet werden. *Bastami et al.* [BaAs-10] fassen eine Vielzahl von in der Literatur existierenden Formulierungen übersichtlich zusammen. Dabei ist festzustellen, dass alle Modelle Aussagen bis zu Temperaturen von 800 °C bzw. 1.000 °C liefern, aber keines den Abfall der Warmdruckfestigkeit bis etwa 100 °C und deren darauffolgenden Wiederanstieg beschreibt. Dennoch zeigen viele Modelle bis zu einer Temperatur von 100 °C einen mehr bzw. weniger starken Druckfestigkeitsabfall. Stellvertretend wird nachfolgend das Materialmodell nach Model Code 2010 [Fib-10] dargestellt, welches die Druckfestigkeit für normal- und hochfesten Beton unter monoton steigender Beanspruchung innerhalb eines Temperaturbereichs von 0 °C ≤ T ≤ 80 °C gemäß Gleichung (3-5) beschreibt. Laut [Fib-10] gilt Gleichung (3-5) für versiegelte und unversiegelte normalfeste und hochfeste Betone, kurz nachdem diese ihre Testtemperatur erreicht haben.

$$f_{cm}(T) = f_{cm} \cdot (1{,}06 - 0{,}003 \cdot T) \tag{3-5}$$

mit: $f_{cm}(T)$ Mittlere Druckfestigkeit in MPa bei einer Temperatur T in °C

f_{cm} Mittlere Druckfestigkeit in MPa bei T = 20 °C

T Betontemperatur in °C

Die mit Gleichung (3-5) errechnete Druckfestigkeitsentwicklung ist in Bild 37 dargestellt und bis zu einer Temperatur von 100 °C extrapoliert. Zusätzlich stellt Bild 37 vergleichend experimentell ermittelte relative Warmdruckfestigkeiten für normal- und hochfeste Betone aus der Literatur sowie den erwarteten Druckfestigkeitsbereich nach *Blundell et al.* [BlDi-76] dar. Dabei wird eine hohe Streuung der Versuchsergebnisse deutlich. Die Streuung wird in [Fib-13] durch die beschriebenen gegensätzlichen Reaktionen erklärt. Die Betondruckfestigkeit nach Gleichung (3-5) nimmt mit steigender Betontemperatur linear ab und beschreibt den oberen Bereich des nach *Blundell et al.* [BlDi-76] bestimmten Druckfestigkeitsbereichs. Weiterhin liefert auch [DIN EN 1992-1-2] tabellierte Zahlenwerte für die relative Druckfestigkeit unter erhöhten Temperaturen für normalfeste und hochfeste Betone.

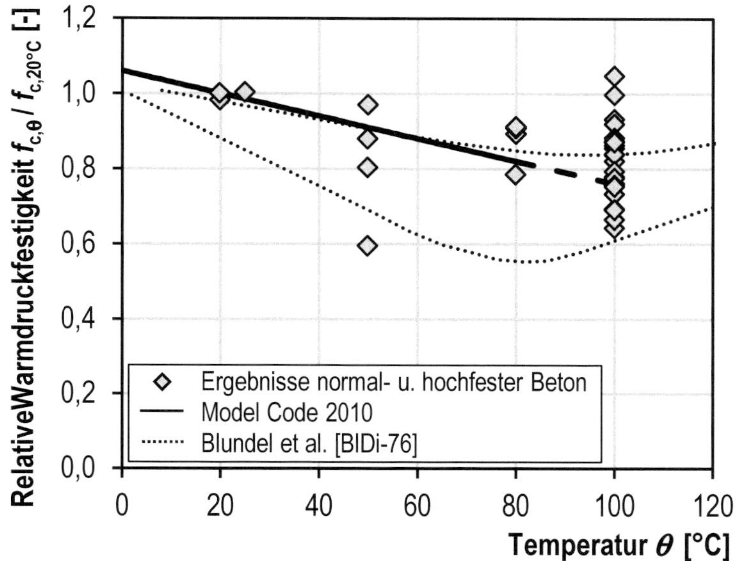

Bild 37: Beziehung zwischen bezogener Druckfestigkeit und Probekörpertemperatur nach [Fib-13]

3.3 Ermüdungswiderstand

3.3.1 Abhängigkeit von der Belastungsfrequenz

Die Belastungsfrequenz übt einen divergierenden Einfluss auf die Bruchlastwechselzahlen von Beton aus. Für trocken geprüfte Betone scheint auf Oberspannungsniveaus oberhalb der kritischen Spannung (S_{max} > 0,75) eine Belastungsfrequenzerhöhung zu einer Erhöhung der Bruchlastwechselzahlen zu führen [WeFr-71], [SpMe-73], [ReSt-78], [Hol-79], [Hoh-04], [GrOn-11], [One-14], [MeZh-15], [Els-15], [vdHHü-15]. Dieser in Bild 38 und Bild 39 dargestellte Effekt wird von einigen Autoren mit dem festigkeitssteigernden Einfluss erhöhter Beanspruchungsgeschwindigkeiten bzw. mit einer maximal zur Verfügung stehenden Belastungsdauer oberhalb der Dauerstandsfestigkeit erklärt. Die Hypothese der maximal zur Verfügung stehenden Belastungsdauer wird allerdings insofern widerlegt, als dass die absoluten Bruchlastwechselzahlen nicht direkt proportional zur Belastungsfrequenz sind.

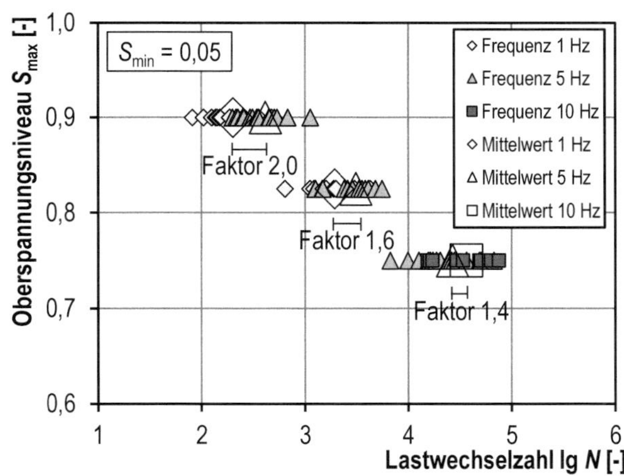

Bild 38: Bruchlastwechselzahlen von Normalbeton unter unterschiedlichen Belastungsfrequenzen [Hol-79]

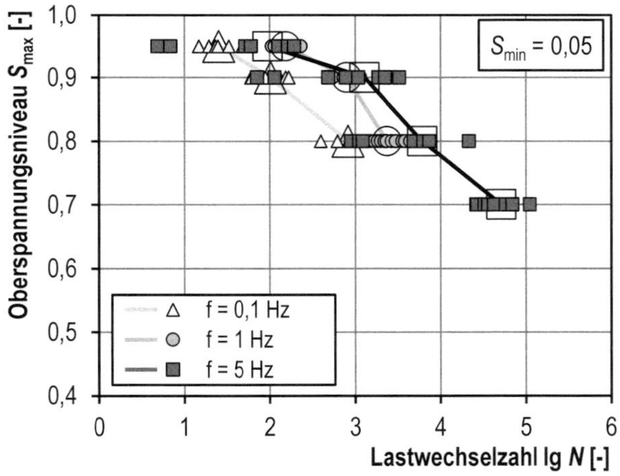

Bild 39: Bruchlastwechselzahlen eines HPC (f_c = 117 MPa) für Belastungsfrequenzen von 0,1 Hz, 1 Hz und 5 Hz und S_{min} = 0,05 [GrOn-11]

Auf Oberspannungsniveaus unterhalb der kritischen Spannung (S_{max} < 0,75) scheint eine Belastungsfrequenzerhöhung zu einer Verringerung der Bruchlastwechselzahlen zu führen, siehe Bild 40 [Hoh-04], [Els-

15], [vdHHü-15]. Je höherfester der Beton ist, desto stärker ausgeprägt scheint dieser Effekt zu sein. Hierbei ergeben sich teils starke Temperaturunterschiede der Probekörper, wobei die höherfrequenten Versuche die höheren Probekörpertemperaturen aufweisen, siehe Bild 41. Über die Wirkung erhöhter Temperaturen auf ermüdungsbeanspruchte Probekörper wurden bislang verschiedene Vermutungen geäußert, z. B. dass sie erhöhte Porenwasserdrücke oder innere Temperatureigenspannungen hervorrufen, die das mikrostrukturelle Gefüge zusätzlich schädigen [Els-19]. Zudem scheint die Temperaturentwicklung auch von der Probekörpergröße und dem inneren Feuchtigkeitsgehalt der Proben abhängig zu sein. Interessant dabei ist, dass der divergierende Einfluss der Belastungsfrequenz noch nicht bei unter Wasser getesteten Proben nachgewiesen wurde [LeSi-79], [Sie-82], [Hüm-18], [ToLo-19]. Ob dies an der besseren Wärmeleitung und somit dem besseren Kühlvermögen von Wasser liegt oder ob sich hohe Temperaturen aufgrund der allgemein deutlich kürzeren Versuchslaufzeiten solcher Versuche nicht entwickeln konnten, ist bislang noch nicht klar. Für Proben in trockener Umgebung kann jedoch zweifellos die Probekörpertemperatur bzw. deren Änderung als Indiz für ein oder mehrere zusätzliche Schädigungsphänomene angesehen werden.

Aufgrund dieser Beobachtungen sind die bisherigen Formulierungen frequenzabhängiger Wöhlerlinien nach *Hsu* [Hsu-81], *Furtak* [Fur-84], *Zhang et al.* [ZhPh-96] und *Saucedo et al.* [SaYu-13] lediglich für hohe Oberspannungsniveaus anwendbar, da sie stets eine Erhöhung der Bruchlastwechselzahlen infolge einer Belastungsfrequenzerhöhung abbilden. Somit fehlen bislang frequenzabhängige Wöhlerlinien, die den divergierenden Effekt der Belastungsfrequenz auf die Bruchlastwechselzahlen auf makroskopischer Ebene beschreiben können.

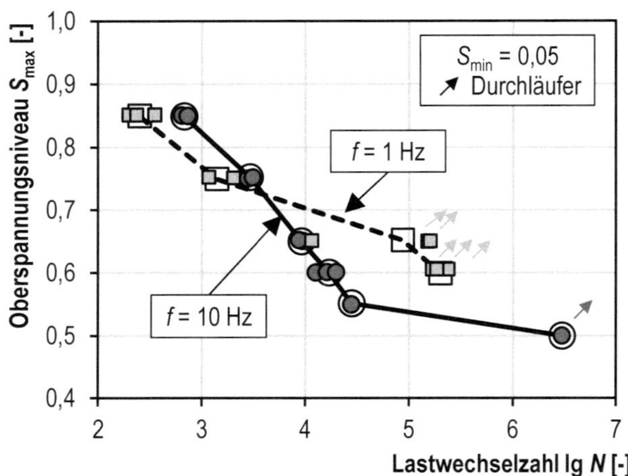

Bild 40: Bruchlastwechselzahlen von hochfestem Vergussbeton unter unterschiedlichen Belastungsfrequenzen [Els-15]

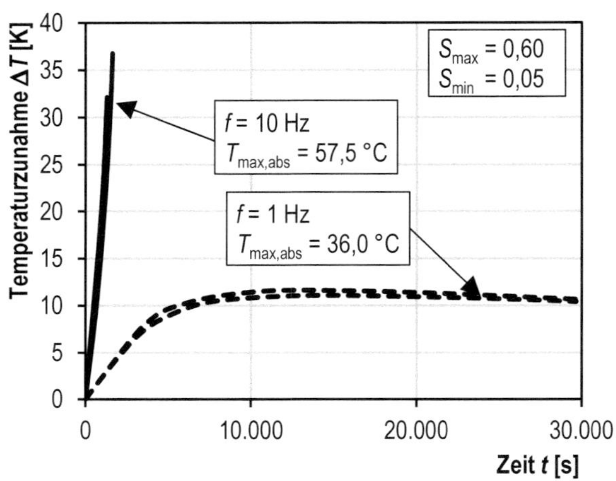

Bild 41: Temperaturzunahme eines hochfesten Vergussbetons bei auf S_{min} / S_{max} = 0,05 / 0,60 und 1 Hz bzw. 10 Hz [Els-15]

3.3.2 Abhängigkeit von der Belastungsfunktion

Da im vorangegangenen Abschnitt gezeigt wurde, dass eine mögliche Ursache des Frequenzeinflusses die einwirkende Spannungsgeschwindigkeit ist, wird nachfolgend der Kenntnisstand über den Einfluss der Belastungsfunktion auf den Ermüdungswiderstand zusammengestellt. Die grundsätzlichen Unterschiede zwischen den Belastungsfunktionen bestehen in den verschiedenen Beanspruchungsgeschwindigkeiten und -beschleunigungen sowie in der Einwirkungsdauer der Oberspannung, siehe Bild 42.

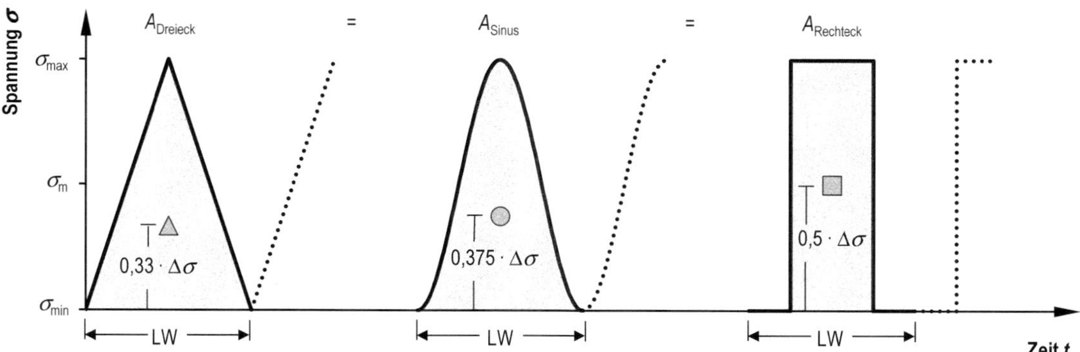

Bild 42: Belastungsfunktionen mit Lage ihrer Flächenschwerpunkte

In den Untersuchungen von *Weigler & Freitag* [WeFr-71], Tepfers et al. [TeGö-73] und Oneschkow [One-14] ergab die rechteckförmige Belastungsfunktion die geringsten Bruchlastwechselzahlen, gefolgt von der sinus- und der dreieckförmigen Belastungsfunktion, siehe Bild 43 und Bild 44. *Weigler & Freitag* [WeFr-71] sprechen den hohen Beschleunigungen bei der Erzeugung der Rechteckbelastung eine schädigende Wirkung zu. Allerdings zeigen die Untersuchungen in Abschnitt 3.2.1.2, dass hohe Beanspruchungsgeschwindigkeiten eher einen festigkeits- und steifigkeitssteigernden Effekt besitzen. Verbleiben eventuelle regelungsbedingte Ungenauigkeiten bei der Lasterzeugung unberücksichtigt, wie z. B. das Über- und Unterschwingen im Bereich der Unstetigkeitsstelle der Rechteckbelastung, so scheint vielmehr die Einwirkungsdauer der erzeugten Spannungen ursächlich für die unterschiedlichen Ermüdungswiderstände zu sein. Unter gleicher Belastungsamplitude und -frequenz besitzen alle in Bild 42 dargestellten Belastungsfunktionen denselben Flächeninhalt. Dennoch steigt die Einwirkungsdauer hoher Spannungen von der dreiecksförmigen über die sinusförmige bis zur rechtecksförmigen Belastungsfunktion an. Diese Tatsache lässt sich anschaulich durch die vertikale Lage der Funktionsflächenschwerpunkte unter den Belastungskurven in Bild 42 verdeutlichen. So scheinen weniger die Unterschiede zwischen den Spannungsgeschwindigkeiten als vielmehr die Einwirkungsdauer höherer Beanspruchungen hauptursächlich für die Abhängigkeit des Ermüdungswiderstandes von der Belastungsfunktion zu sein.

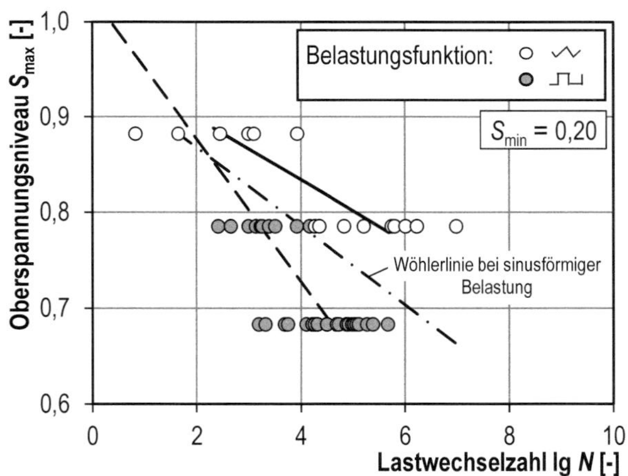

Bild 43: Bruchlastwechselzahlen von Leichtbeton für unterschiedliche Belastungsfunktionen [WeFr-71]

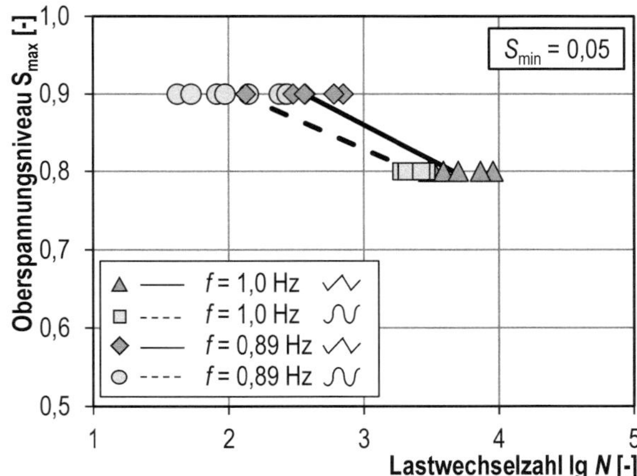

Bild 44: Bruchlastwechselzahlen von hochfestem Beton für unterschiedliche Belastungsfunktionen [One-14]

3.3.3 Abhängigkeit von Belastungspausen

Anhand der Darstellungen in Abschnitt 3.3.1 wurde deutlich, dass sich ermüdungsbeanspruchte Probekörper erwärmen. Dabei scheinen erhöhte Temperaturen einen negativen Effekt auf den Ermüdungswiderstand auszuüben. Durch eine periodische Unterbrechung der zyklischen Beanspruchung könnte eine zu starke Erwärmung der Probekörper vermieden werden. Die Untersuchungen von *Hilsdorf & Kesler* [HiKe-66], *Weigler &*

Freitag [WeFr-71], *Härig* [Här-77] und *Hohberg* [Hoh-04] zeigen, dass sich Belastungspausen insbesondere bei langen Versuchszeiten bzw. hohen Lastwechselzahlen positiv auf den Ermüdungswiderstand auszuwirken scheinen, siehe Bild 45 und Bild 46.

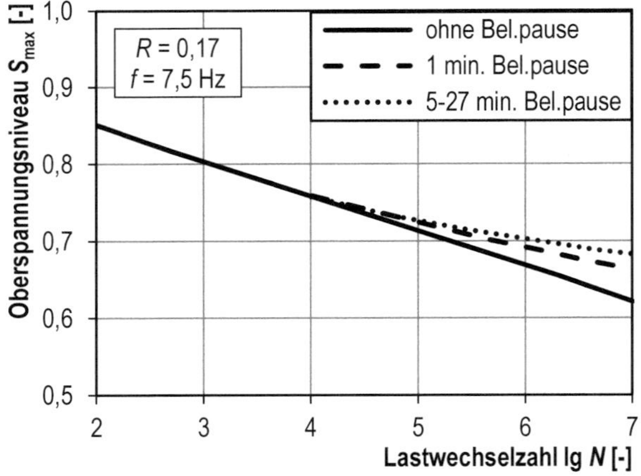

Bild 45: Wöhlerlinien für Biegeschwellversuche an Normalbeton mit und ohne Belastungspausen [HiKe-66]

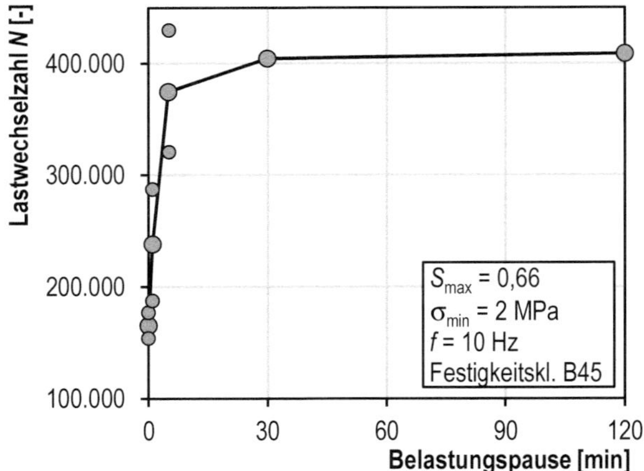

Bild 46: Einfluss von Belastungspausen auf den Ermüdungswiderstand von Normalbeton bei S_{max} = 0,66 [Hoh-04]

Häufig bewirken Pausenlängen von etwa 5 Minuten signifikante Steigerungen der Bruchlastwechselzahlen. Längere Pausen führen zu keiner weiteren wesentlichen Steigerung. Inwieweit die erforderliche Pausenlänge mit der Dauer der zyklischen Belastung korreliert, kann noch nicht eindeutig beantwortet werden. Ebenso existieren keine Angaben zum Einfluss von Belastungspausen auf die Probekörpertemperatur. Als Erklärung der Beobachtungen führt einzig *Hohberg* innere Spannungen auf der Mesoebene an, die auf hohen Oberspannungsniveaus negativ wirken und auf geringeren Oberspannungsniveaus durch Relaxationseffekte abgebaut werden. Dieses Gedankenmodell konnte aber bislang nicht systematisch untersucht und nachgewiesen werden. Denkbar ist allerdings auch, dass insbesondere auf geringeren Oberspannungsniveaus die Ausbildung hoher Probekörpertemperaturen durch die Einhaltung von Belastungspausen verhindert wird und dadurch erhöhte Bruchlastwechselzahlen erreicht werden.

3.4 Schädigungshypothese

Für in trockener Umgebung ermüdungsbeanspruchten hochfesten Beton lassen sich aus der Literaturauswertung zwei grundlegende Schädigungsprozesse identifizieren, welche von der Belastungsfrequenz beeinflusst werden. Dies ist zum einen der mechanische Schädigungsprozess, der zeitinvariant von der einwirkenden Spannungsgeschwindigkeit abhängt. Dabei bedingen erhöhte Belastungsfrequenzen erhöhte Spannungsgeschwindigkeiten, welche aufgrund unterschiedlicher meso- und mikroskopischer Effekte zu höheren Betondruckfestigkeiten führen. Diese verringern das effektive, ermüdungswirksame Beanspruchungsniveau und bewirken schließlich einen erhöhten Ermüdungswiderstand. Gleichzeitig erwärmt sich ermüdungsbeanspruchter Beton, sodass zum anderen ein thermisch induzierter Schädigungsprozess auftritt. Eine erhöhte Belastungsfrequenz verursacht eine zeitvariante Erwärmung und führt zu höheren Probekörpertemperaturen. Aufgrund weiterer meso- und mikroskopischer Effekte wie den thermischen Inkompatibilitäten, geänderten Porenwasserdrücken und der Änderung der Van-der-Waals-Kräfte verringert sich die Betondruckfestigkeit mit ansteigender Temperatur. Dadurch erhöht sich letztlich das effektive, ermüdungswirksame Beanspruchungsniveau, was eine zeit- bzw. lastwechselvariante Reduktion des Ermüdungswiderstands bewirkt.

3.5 Experimentelle Untersuchungen

3.5.1 Allgemein

Um die in Abschnitt 3.4 beschriebenen Hypothesen experimentell belegen zu können, wird im Folgenden ein geeignetes Versuchsprogramm entwickelt. Dabei werden Ermüdungsversuche an einem hochfesten Beton HPC 1 ($f_c \approx$ 120 MPa) mit unterschiedlichen Belastungsfrequenzen durchgeführt. Bei einigen der Probekörper wird die zyklische Belastung in bestimmten Zeitabständen unterbrochen, um deren Temperaturentwicklung an die der niederfrequenten Versuche anzupassen. Begleitend werden Druckfestigkeitsversuche mit unterschiedlichen Belastungsgeschwindigkeiten und Probekörpertemperaturen durchgeführt. Anschließend wurden dieselben Versuche auch an einem weiteren hochfesten Beton HPC 2 ($f_c \approx 100$ MPa) durchgeführt, um die gewonnenen Erkenntnisse an einem zweiten Beton zu überprüfen. Die Untersuchungen an dem HPC 2 sind im Anhang 7.4 zusammenfassend dargestellt. Nachfolgend wird das Versuchsprogramm für den HPC 1 präsentiert.

3.5.2 Versuchsprogramm

Bei dem HPC 1 handelte es sich um einen selbstverdichtenden Beton. Die groben Angaben über seine Zusammensetzung sind in Tabelle 1 dargestellt.

Tabelle 1: Betonzusammensetzung

Zement	W/Z-Wert	Gesteinskörnung	Größtkorndurchmesser
CEM I 52,5 R	0,35	Quarzkies	16 mm

Alle experimentellen Untersuchungen fanden an zylindrischen Probekörpern mit einem Durchmesser von $d \approx 100$ mm und einer Höhe von $h \approx 300$ mm. Die Schlankheit von $d/h = 1/3$ wurde zur Vermeidung einer Querdehnungsbehinderung im mittleren Probekörperdrittel gewählt. Etwa eine Woche nach der Herstellung wurden die Probekörper ausgeschalt. Anschließend wurden ihre Stirnseiten plan geschliffen. Die Probenlagerung erfolgte in einer Klimakammer bei 20 °C (± 2 °C) Lufttemperatur und 65 % (± 5 %) relativer Luftfeuchte.

Vor Beginn der Ermüdungsversuche wurden Versuche unter monoton steigender Druckbelastung und verschiedenen Spannungsgeschwindigkeiten durchgeführt. Zunächst erfolgten die Versuche mit einer Spannungsgeschwindigkeit von $\dot{\sigma}_{stat} = 0{,}5$ MPa/s. Daran schlossen sich Versuche mit erhöhten Spannungsgeschwindigkeiten an, die den erwarteten mittleren Spannungsgeschwindigkeiten $\dot{\sigma}_m$ der nachfolgenden Ermüdungsversuche auf dem Beanspruchungsniveau von $S_{min}/S_{max} = 0{,}05/0{,}80$ bei Belastungsfrequenzen von 2 Hz, 4 Hz und 8 Hz entsprachen, siehe Tabelle 2. Um Druckfestigkeitssteigerungen infolge der fortschreitenden Zementhydration während des Versuchsprogramms zu minimieren, wurden die Betonproben erst ab einem Alter von 109 Tagen geprüft.

Darüber hinaus wurden Druckfestigkeitsversuche unter Temperaturen von 20 °C, 40 °C und 50 °C durchgeführt. Die Aufwärmkurven der 40 °C bzw. 50 °C-Versuche waren an die der Ermüdungsversuche unter den Beanspruchungen von $S_{min}/S_{max} = 0{,}05/0{,}70$ mit $f = 4$ Hz bzw. $f = 7$ Hz angenähert. Zur Bestimmung der inneren Probekörpertemperatur wurde ein Referenzprobekörper mit einem Thermoelement ausgestattet, welches durch eine nachträgliche Bohrung bis in das mittlere Probeninnere eingeführt und anschließend verklebt wurde. Bei der Temperierung wurde grundsätzlich darauf geachtet, dass die Solltemperatur von 40 °C bzw. 50 °C im Inneren des Probekörpers erreicht wurde.

Tabelle 2: Versuche unter monoton steigender Beanspruchung mit unterschiedlichen Spannungsgeschwindigkeiten

$\dot{\sigma}_{stat} = \dot{\sigma}_m$ [MPa/s]	S_{min} [-]	S_{max} [-]	f [Hz]	f_{cm} [MPa]
0,5	0,05	0,80	-	120
360			2	
720			4	
1.440			8	

Bei einem bestimmten Anteil der Ermüdungsversuche mit einer Belastungsfrequenz von 4 Hz und 7 Hz wurden periodische Belastungspausen eingelegt. Mithilfe der Belastungspausen sollten die Probekörpertemperaturen dieser Versuche während des Versuchsverlaufs begrenzt und an die Temperaturen der 2-Hz-Versuche angeglichen werden. Die Versuche mit einer Belastungsfrequenz von 2 Hz wurden nicht pausiert, da auf

Grundlage der bisherigen Erfahrungen sowie der Ergebnisse aus der Literatur bei dieser Belastungsfrequenz keine übermäßig hohen Probekörpertemperaturen erwartet wurden. Sie dienten somit als Referenzversuche. Die 4-Hz- und 7-Hz-Versuche, welche ohne Belastungspausen durchgeführt wurden, dienten letztlich der vergleichenden Untersuchung des Einflusses der Probekörpertemperatur auf den Ermüdungswiderstand.

Tabelle 3: Versuchsprogramm der Ermüdungsversuche

S_{min} [-]	S_{max} [-]	f [Hz]	$\dot{\sigma}_m$ [MPa/s]	$t_{Belastung}$ [s]	t_{Pause} [s]	f_{cm} [MPa]
0,05	0,80	2	360	-	-	120
	0,75		336	-	-	
	0,70		312	-	-	
	0,80	4	720	-	-	
	0,75		672	-	-	
	0,70		624	-	-	
	0,80	4*)	720	120	120	
	0,75		672	240	240	
	0,70		624	480	480	
	0,80	7	1.260	-	-	
	0,75		1.176	-	-	
	0,70		1.092	-	-	
	0,80	7*)	1.260	68,6	171,4	
	0,75		1.176	137,1	342,9	
	0,70		1.092	274,3	685,7	

*) Versuche mit Belastungspause

Bei den pausierten Ermüdungsversuchen folgte nach jedem Belastungsintervall mit einer Lastwechselzahl von $N_{Intervall}$ eine Belastungspause mit der Dauer t_{Pause}. Die Intervalllastwechselzahlen $N_{Intervall}$ wurden mit steigenden Oberspannungsniveaus verringert, um die absoluten Temperaturunterschiede zwischen den 2-Hz-Versuchen und den höherfrequenten pausierten Versuchen auf maximal 5 K zu begrenzen. Die Anzahl der Intervalllastwechsel $N_{Intervall}$ betrug für jedes Oberspannungsniveau die Hälfte des vorherigen (niedrigeren), siehe Tabelle 4. Aus den gewählten Intervalllastwechselzahlen $N_{Intervall}$ und den Belastungsfrequenzen f ergaben sich nach Gleichung (3-6) schließlich die jeweiligen Belastungszeiten $t_{Belastung}$. Die Längen der Belastungspausen t_{Pause} wurden aus der Überlegung bestimmt, dass die Summe aus der Belastungsdauer und der Pausendauer derselben Zeit entsprechen sollte, die nötig war, um die gewählte Intervalllastwechselzahl mit einer Belastungsfrequenz von 2 Hz zu erzeugen, vgl. Gleichung (3-7). Demnach erzeugten alle pausierten Versuche innerhalb derselben Versuchszeit auch dieselbe Lastwechselzahl wie unter einer kontinuierlichen Versuchsdurchführung mit 2 Hz.

Tabelle 4: Belastungs- und Unterbrechungszeiten innerhalb der Beanspruchungsintervalle

S_{min} [-]	S_{max} [-]	f [Hz]	$N_{Intervall}$ [-]	$t_{Intervall}$ [min]	$t_{Belastung}$ [s]	t_{Pause} [s]
0,05	0,80	2	480	4	240	0
	0,75		960	8	480	0
	0,70		1.920	16	980	0

	0,80	4	480	4	120	120
	0,75		960	8	240	240
	0,70		1.920	16	480	480
	0,80	7	480	4	68,6	171,4
	0,75		960	8	137,1	342,9
	0,70		1.920	16	274,3	685,7

$$t_{\text{Belastung}} = \frac{N_{\text{Intervall}}}{f} \tag{3-6}$$

$$t_{\text{Intervall}} = t_{\text{Belastung}} + t_{\text{Pause}} = \frac{N_{\text{Intervall}}}{2\ \text{Hz}} \tag{3-7}$$

Während der Belastungspausen wurden die Proben konstant auf dem kriechaffinen Beanspruchungsniveau $S_{cr} = F_{cr} / A$ belastet. Dieses wurde von *von der Haar* [vdH-17] hergeleitet und ruft während des Belastungszeitraums die gleiche viskose Kriechdehnung hervor, wie sie während desselben Zeitraums unter zyklischer Belastung erzeugt werden würde, siehe Bild 47 und Bild 48. Alle experimentellen Versuche wurden in einer hydraulischen Universalprüfmaschine durchgeführt. Die axialen Probekörperverformungen wurden über die gesamte Probenhöhe mit jeweils drei im Winkel von 120° zueinander angeordneten Laserdistanzsensoren registriert, siehe Bild 49. Während der zyklischen Versuche wurden zusätzlich die Temperaturen der oberen und unteren Druckplatte sowie die Oberflächentemperaturen der Probekörper mit Thermoelementen aufgezeichnet. Die Temperaturmessstellen der Probekörper befanden sich stets etwa 2 cm ober- bzw. unterhalb der Druckplatten sowie auf halber Probenhöhe.

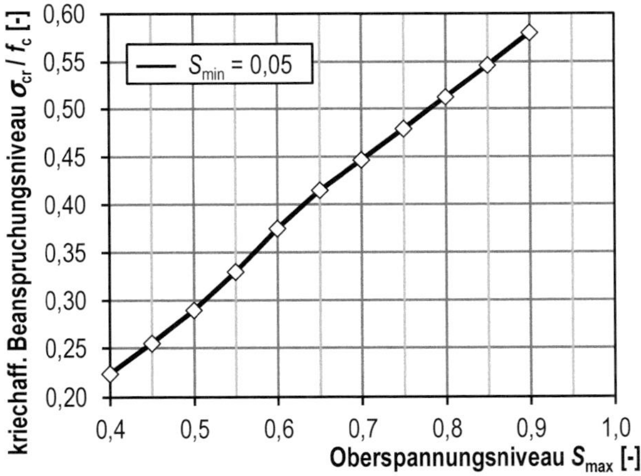

Bild 47: Verlauf des kriechaffinen Beanspruchungsniveaus für S_{min} = 0,05

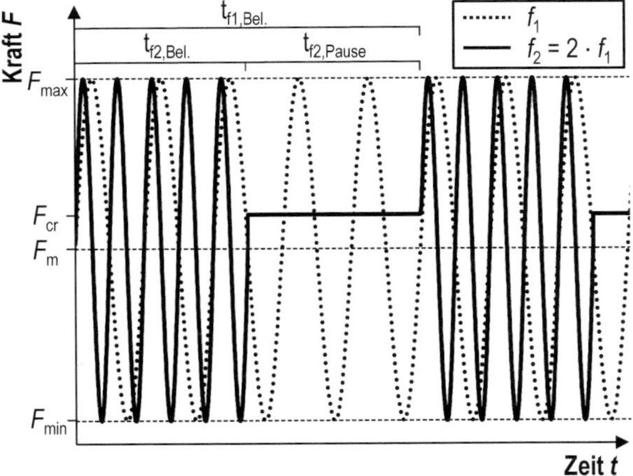

Bild 48: Schematische Belastungsverläufe der zyklischen Versuche mit und ohne Belastungspause

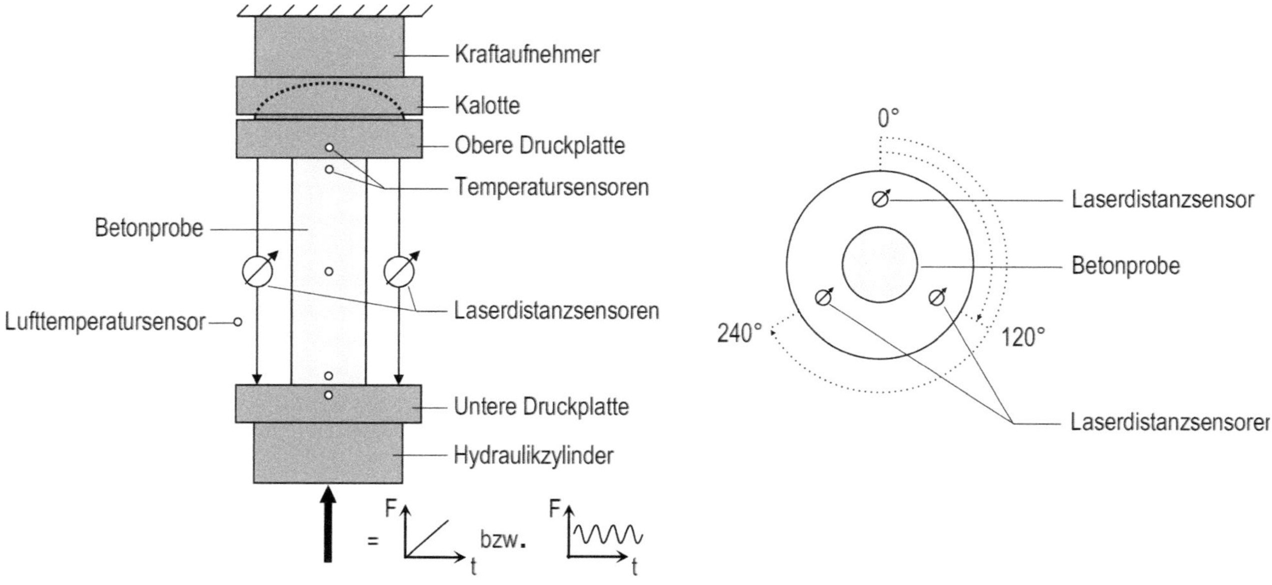

Bild 49: Schematischer Versuchsaufbau

3.6 Versuchsergebnisse

3.6.1 Ergebnisse unter monoton steigender Beanspruchung

In Bild 50 sind die gemittelten Spannungs–Dehnungslinien aus jeweils drei Probekörpern unter verschiedenen Spannungsgeschwindigkeiten dargestellt. Eine detaillierte Zusammenstellung aller Einzelergebnisse ist in Anhang 7.1 zu finden.

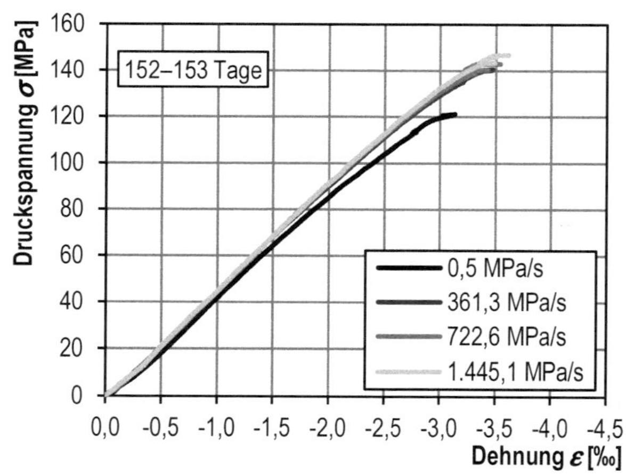

Bild 50: Gemittelte Spannungs–Dehnungslinien der Probekörper unter verschiedenen Spannungsgeschwindigkeiten

Bild 51: Druckfestigkeiten der in Abhängigkeit von der Spannungsgeschwindigkeit im Vergleich zu [CEB-88], [CEB-93] und [Fib-10]

So besitzen die Spannungs–Dehnungslinien der Versuche mit höheren Spannungsgeschwindigkeiten einen geringfügig steileren Anstieg und weisen somit auf leicht höhere E-Moduln hin als die Mittelwertlinie der Versuche mit $\dot{\sigma}_{stat}$ = 0,5 MPa/s. Dabei sind die Unterschiede zwischen den Versuchen unter höheren Spannungsgeschwindigkeiten gering. In Bild 51 sind die versuchstechnisch ermittelten Druckfestigkeiten über den aufgebrachten Spannungsgeschwindigkeiten dargestellt. Die Druckfestigkeiten steigen wie erwartet mit steigender Spannungsgeschwindigkeit an. In Anlehnung an die Formulierungen in [CEB-88], [CEB-93] und [Fib-10] kann dieser Anstieg mit einem Potenzansatz gemäß Gleichung (3-8) beschrieben werden. Vergleichend sind in Bild

51 die nach [CEB-88], [CEB-93] und [Fib-10] berechneten Druckfestigkeitsentwicklungen einander gegenübergestellt. Alle drei Ansätze unterschätzen die versuchstechnisch ermittelten Druckfestigkeiten. Dies ist nicht verwunderlich, da alle drei Modelle sehr konservative Ergebnisse für hochfeste Betone ergeben.

$$\frac{f_c}{f_{cm,0,5MPa/s}} = \left(\frac{\dot{\sigma}_c}{\dot{\sigma}_{c0}}\right)^{\alpha} \tag{3-8}$$

mit: $\dot{\sigma}_{c0}$ = 0,5 MPa/s

$\dot{\sigma}_c$ Spannungsgeschwindigkeit in MPa/s

f_c Druckfestigkeit in MPa

$f_{cm,0,5MPa/s}$ Mittlere Druckfestigkeit bei 0,5 MPa/s in MPa = 119,7 MPa

α = 0,0231

Bild 52 zeigt die absolute Druckfestigkeit und Bild 53 die relative Druckfestigkeit in Abhängigkeit von der Probekörpertemperatur. In beiden Darstellungen wird die lineare Korrelation zwischen der Druckfestigkeit und der Probekörpertemperatur ersichtlich. Vergleichend dazu ist die temperaturabhängige Druckfestigkeitsentwicklung gemäß Model Code 2010 [Fib-13] dargestellt. Die gemittelten Versuchsergebnisse zeigen eine hervorragende Übereinstimmung mit dem Modell des Model Code 2010 und beweisen dessen Anwendbarkeit für den untersuchten hochfesten Beton.

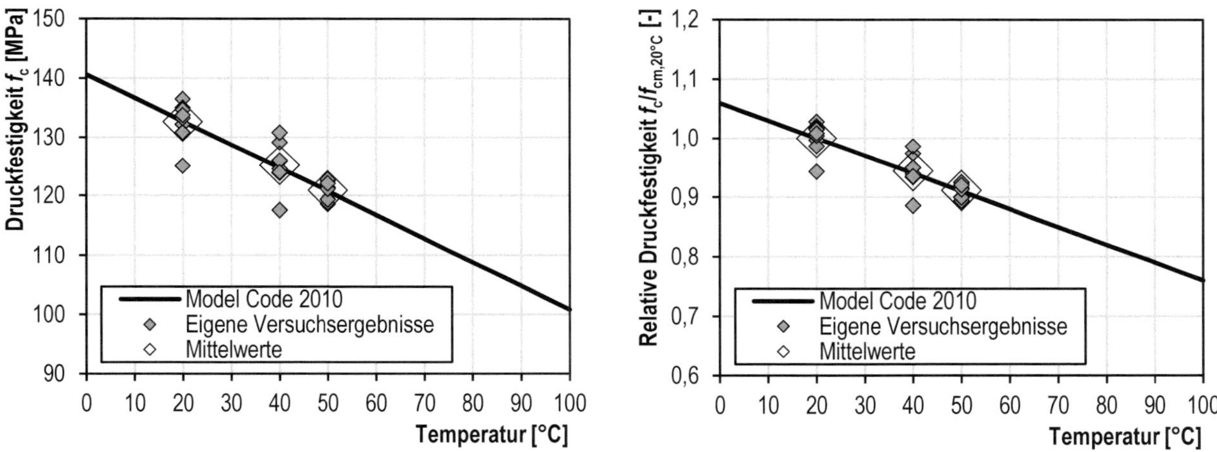

Bild 52: Druckfestigkeiten unter Temperaturbeanspruchung

Bild 53: Relative Druckfestigkeiten unter Temperaturbeanspruchung

3.6.2 Ergebnisse unter zyklischer Druckschwellbeanspruchung

In Bild 54 sind die Bruchlastwechselzahlen der Ermüdungsversuche ohne Belastungspausen dargestellt. Bild 55 zeigt darüber hinaus die mittleren Bruchlastwechselzahlen und die daraus errechneten Regressionslinien. Vergleichend ist in beiden Diagrammen die zugehörige Wöhlerlinie gemäß Model Code 2010 [Fib-10] eingetragen. Eine detaillierte Zusammenstellung aller Ergebnisse ist in Anhang 7.2 zu finden.

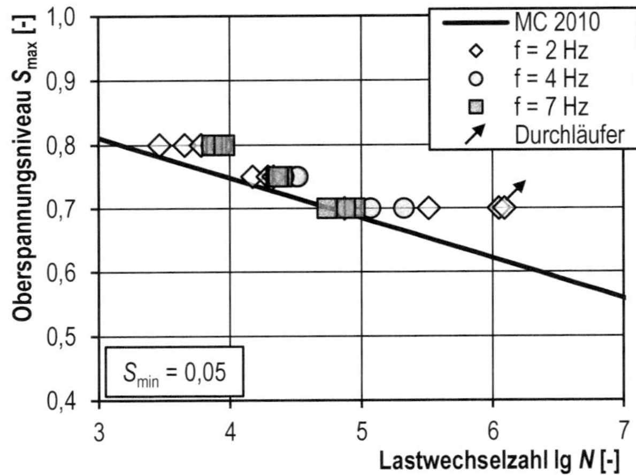

Bild 54: Bruchlastwechselzahlen ohne Belastungspausen im Vergleich zur Wöhlerkurve nach [Fib-10]

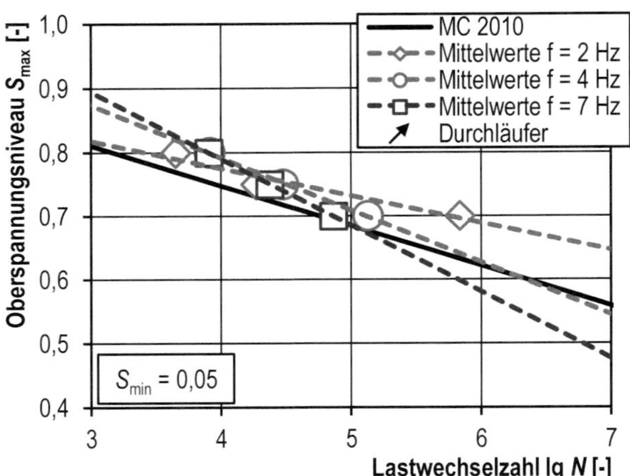

Bild 55: Mittlere Bruchlastwechselzahlen ohne Belastungspausen im Vergleich zur Wöhlerkurve nach [Fib-10]

$f = 2$ Hz: $\lg N = -23{,}202 \cdot S_{max} + 21{,}984 \qquad R^2 = 0{,}941$ (3-9)

$f = 4$ Hz: $\lg N = -12{,}151 \cdot S_{max} + 13{,}622 \qquad R^2 = 0{,}998$ (3-10)

$f = 7$ Hz: $\lg N = -9{,}560 \cdot S_{max} + 11{,}551 \qquad R^2 = 0{,}999$ (3-11)

Mit einer Ausnahme lagen alle Bruchlastwechselzahlen oberhalb der Wöhlerlinie gemäß Model Code 2010. Die Streuung der Bruchlastwechselzahlen ist mit Ausnahme der Versuche auf dem Oberspannungsniveau von S_{max} = 0,70 und mit f = 2 Hz gering. Auf diesem Beanspruchungsniveau streuen die Bruchlastwechselzahlen der 2-Hz-Versuche zwischen N = 74.526 (lg N = 4,87) und N = 1.228.501 (lg N = 6,09). Der Versuch mit der letzteren Lastwechselzahl musste aus zeitlichen Gründen abgebrochen werden und wurde als Durchläufer gewertet. Dennoch ging dieser Wert in die nachträgliche Berechnung der Regressionslinie ein. Dies entspricht einem konservativen Vorgehen, da die tatsächliche Bruchlastwechselzahl dieses Versuchs zwar unbekannt ist, aber grundsätzlich höher lag. Die Betrachtung der Regressionslinien in Bild 55 zeigt deutlich den divergierenden Einfluss der Belastungsfrequenz auf die Bruchlastwechselzahlen. Demnach ergeben die höherfrequenten Regressionslinien auf dem Oberspannungsniveau S_{max} = 0,80 die höheren Bruchlastwechselzahlen. Auf dem Oberspannungsniveau von etwa S_{max} = 0,75 kehrt sich dieser Einfluss um, sodass auf S_{max} = 0,70 nunmehr die höherfrequenten Regressionslinien die geringeren Bruchlastwechselzahlen ergeben.

Die Bruchlastwechselzahlen der pausierten 4-Hz- und 7-Hz-Versuche sind vergleichend mit denen der ununterbrochenen 2-Hz-Versuche in Bild 56 dargestellt. Daneben zeigt Bild 57 die mittleren Bruchlastwechselzahlen und die dazugehörigen Regressionslinien. Auf den Oberspannungsniveaus S_{max} = 0,80 und 0,75 treten keine signifikanten Änderungen der Bruchlastwechselzahlen infolge der Einhaltung von Belastungspausen auf. Eine deutliche Änderung ist allerdings auf dem Oberspannungsniveau S_{max} = 0,70 zu verzeichnen. Die Ermüdungswiderstände der 4-Hz- und 7-Hz-Versuche mit Belastungspausen liegen deutlich über denen der 2-Hz-Versuche und der Versuche ohne Belastungspausen. Alle pausierten 4-Hz- und 7-Hz-Versuche versagten auf diesem Beanspruchungsniveau gar nicht und mussten abgebrochen und als Durchläufer gewertet werden. Die Regressionsgeraden aller Versuche mit Belastungspausen verlaufen im Vergleich zu denen der Versuche ohne Belastungspausen flacher und liegen oberhalb der 2-Hz-Regressionslinie. Zudem liegen die 4-Hz- und 7-Hz-Regressionslinie sehr dicht beieinander, was hauptsächlich auf die ähnlichen Lastwechselzahlen der abgebrochenen Durchläufer zurückzuführen ist.

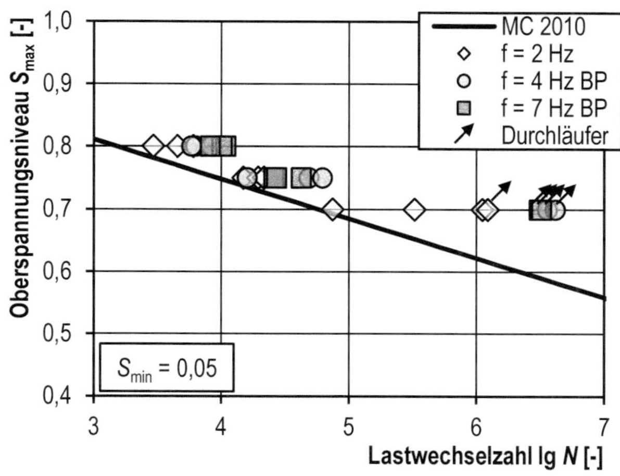

Bild 56: Bruchlastwechselzahlen mit Belastungspausen (BP) im Vergleich zur Wöhlerkurve nach [Fib-10]

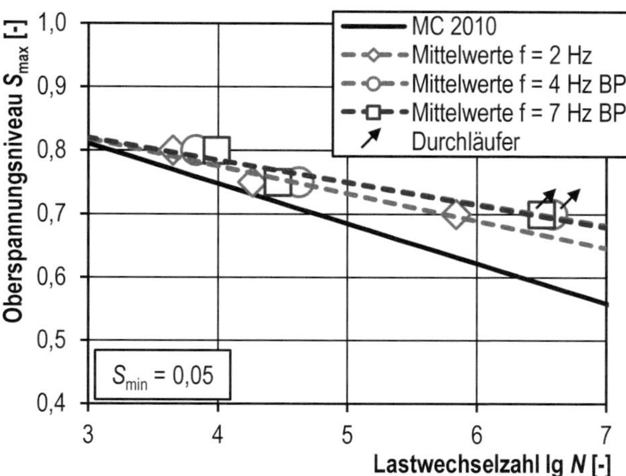

Bild 57: Mittlere Bruchlastwechselzahlen mit Belastungspausen (BP) im Vergleich zur Wöhlerkurve nach [Fib-10]

f = 4 Hz BP: $\lg N = -29{,}240 \cdot S_{max} + 26{,}950$ $R^2 = 0{,}943$ (3-12)

f = 7 Hz BP: $\lg N = -28{,}329 \cdot S_{max} + 26{,}224$ $R^2 = 0{,}886$ (3-13)

In Bild 58 (links) sind die zeitlichen Temperaturänderungen ΔT_t der Versuche ohne Belastungspausen dargestellt. Es werden die frequenzabhängigen Anstiege deutlich. Die unterschiedlichen Anstiege sind in erster Linie auf die unterschiedliche Anzahl von Lastwechseln zurückzuführen, die innerhalb einer konstanten Zeitspanne durch die verschiedenen Belastungsfrequenzen erzeugt wurden. Darüber hinaus führt die Verringerung des Beanspruchungsniveaus zu einer Verringerung des Temperaturanstiegs sowie zu einer Erhöhung der Versuchslaufzeiten bzw. der Bruchlastwechselzahlen. Die zeitlichen Temperaturänderungen unter dem Beanspruchungsniveau S_{min}/S_{max} = 0,05/0,75 zeigen zusätzlich einen Übergang von einer linearen zu einer nichtlinearen Temperaturentwicklung. Ein zwei- bis dreiphasiger Temperaturverlauf ist erkennbar. Kurz vor dem Eintritt des Ermüdungsversagens ist bei allen Probekörpern ein leicht überproportional zunehmender Temperaturanstieg zu erkennen. Dieser tritt analog zur Dehnungsentwicklung im Übergang von der Phase II zur Phase III auf und ist auf die Zunahme der Gefügeschädigung und die damit verbundene Zunahme innerer Rissreibungseffekte zurückführbar. Die Verringerung des Beanspruchungsniveaus auf S_{min}/S_{max} = 0,05/0,70 führte bei drei der vier 2-Hz-Versuche zu einer Ausbildung eines quasi-stationären Temperaturverlaufs. Bei diesen Versuchen stellt sich ein Gleichgewicht zwischen der im Probekörper je Zeiteinheit in thermische Energie umgewandelten Energiemenge und der gleichzeitig vom Probekörper an die Umgebung abgegebenen Wärmeenergiemenge ein. Aufgrund einer vergleichsweise frühzeitig einsetzenden Schädigungszunahme entwickelte sich bei Probekörper PK 29 kein ausgeprägt konstantes Temperaturniveau. Kurz vor dem Versagen setzte ein überproportionaler Temperaturanstieg ein.

Bild 58 (rechts) zeigt die zeitlichen Temperaturänderungen ΔT_t der pausierten 4-Hz- und 7-Hz-Versuche im Vergleich zu den ununterbrochenen 2-Hz-Versuchen. Die Belastungsphasen und -pausen sind durch die Temperaturerhöhungen und -abnahmen deutlich in den Diagrammen erkennbar. Grundsätzlich wird deutlich, dass sich auf den Oberspannungsniveaus S_{max} = 0,80 und S_{max} = 0,75 die Temperaturkurven der Versuche mit Belastungspausen weitestgehend an die der 2-Hz-Versuche angleichen. Auf dem Oberspannungsniveau S_{max} = 0,70 weisen die pausierten Versuche geringfügig niedrigere Temperaturänderungen als die ununterbrochenen 2-Hz-Versuche auf. Grundsätzlich konnten die teilweise starken frequenzbedingten Temperaturunterschiede, wie sie bei den Versuchen ohne Belastungspausen in Bild 58 (links) noch vorhanden waren, deutlich reduziert und die Probekörpertemperaturen an die der 2-Hz-Versuche angeglichen werden. Somit liegen auf den jeweiligen Lastniveaus die versuchstechnischen Unterschiede maßgeblich nur noch in der Belastungsfrequenz bzw. Beanspruchungsgeschwindigkeit.

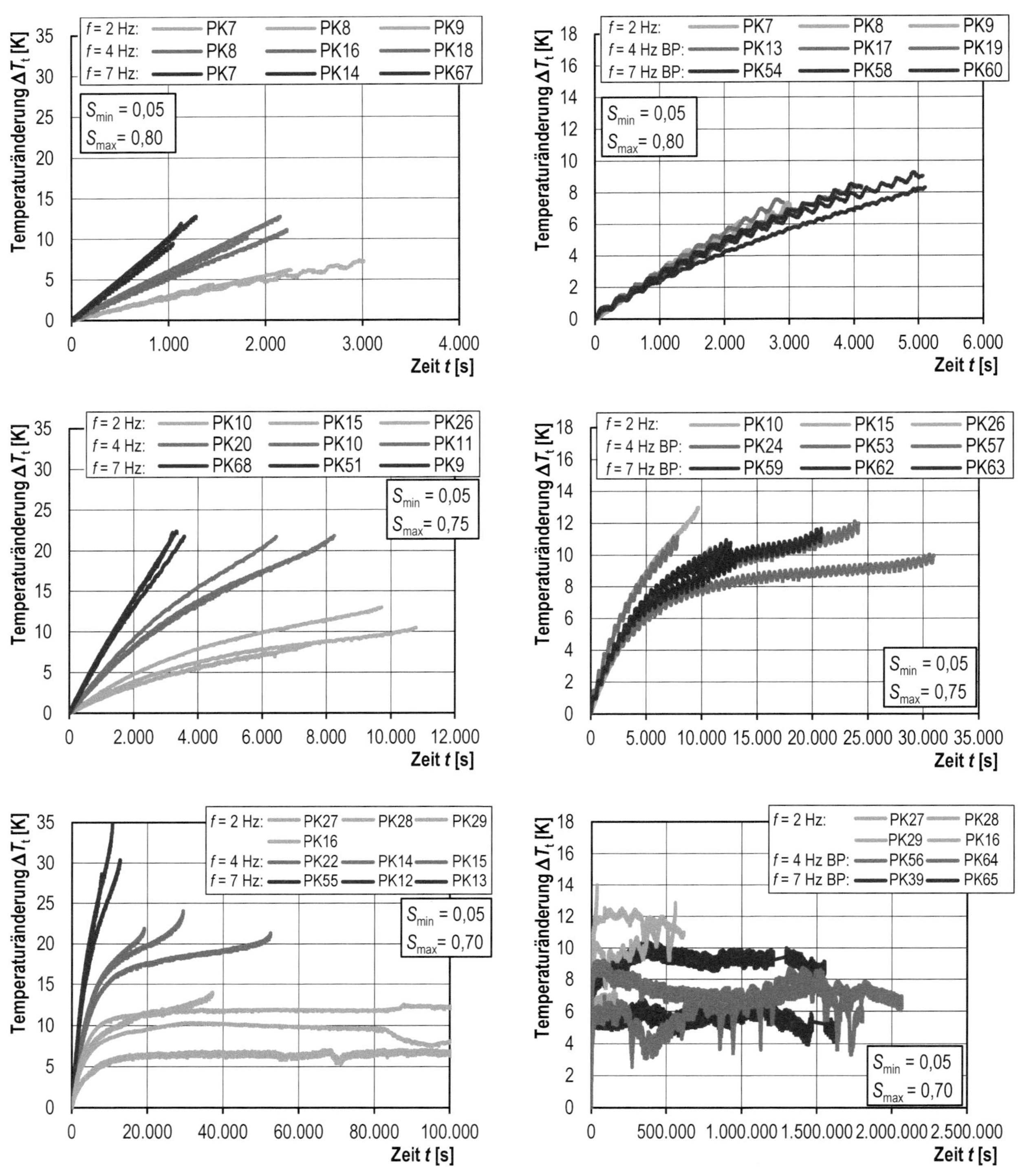

Bild 58: Zeitliche Temperaturänderungen auf mittlerer Probenhöhe – links: für die Versuche ohne Belastungspause (verkürzte Abszissenskalierung bei S_{max}/S_{min} = 0,70/0,05) – rechts: für die Versuche mit Belastungspause

3.7 Modellbildung

3.7.1 Allgemein

Die eigenen experimentellen Untersuchungen bestätigen für den hochfesten Beton die bereits aus der Literatur bekannte Abhängigkeit des Ermüdungswiderstandes von der Belastungsfrequenz. Die bislang für die Vorhersage von Bruchlastwechselzahlen verfügbaren Materialmodelle können den experimentell festgestellten Wöhlerlinienverlauf allerdings nicht abbilden, da sie zwar den Einfluss der Spannungsgeschwindigkeit berücksichtigen, jedoch den Einfluss der Probekörpertemperatur vernachlässigen. Die nachfolgende Modellbildung, welche beide Effekte in sich vereint, beschreibt auf makroskopischer Ebene einen mechanisch–thermischen Schädigungsprozess und soll dadurch dessen Auswirkung und letztlich den divergierenden Einfluss der Belastungsfrequenz auf den Ermüdungswiderstand von Beton charakterisieren. Die dazu verwendete Methodik fußt auf der Grundidee, dass der im Beton auf meso- und mikroskopischer Ebene wirkende mechanisch–thermische Schädigungsmechanismus die Bezugsdruckfestigkeit und somit das Beanspruchungsniveau beeinflusst. Mithilfe dieser Vorstellung lassen sich nachfolgend aus einer Bezugswöhlerlinie frequenzabhängige Wöhlerlinien entwickeln, die anschließend an den Versuchsergebnissen validiert werden.

3.7.2 Berücksichtigung der Spannungsgeschwindigkeit

Während eines Ermüdungsversuchs ändert sich nicht nur die einwirkende Spannung σ, sondern auch die Spannungsgeschwindigkeit $\dot{\sigma}$ über die Zeit. Dabei tritt die maximale Spannungsgeschwindigkeit $\dot{\sigma}_{max}$ an den Wendepunkten der sinusförmigen Beanspruchungs–Zeit-Kurve auf, siehe Bild 59. Die mittlere Spannungsgeschwindigkeit $\dot{\sigma}_m$ definiert hingegen den mittleren Spannungsanstieg zwischen der Unterspannung σ_{min} und der Oberspannung σ_{max} innerhalb eines halben Beanspruchungsintervalls t_m.

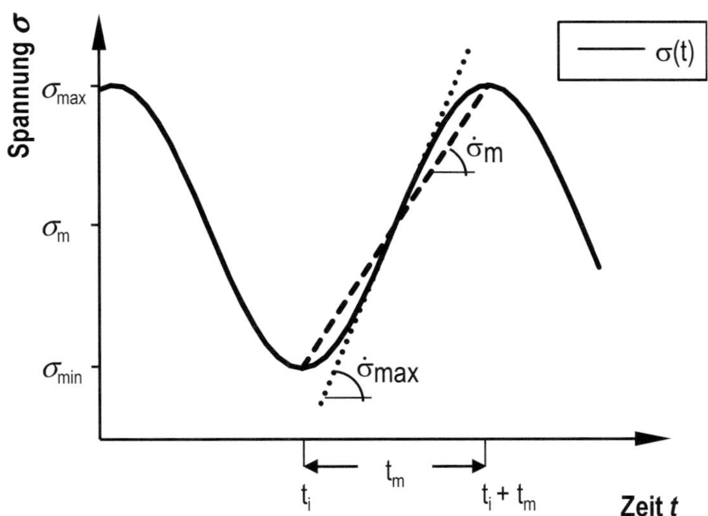

Bild 59: Sinusförmige Beanspruchungs–Zeit-Kurve $\sigma(t)$ mit mittlerer Spannungsgeschwindigkeit $\dot{\sigma}_m$ und maximaler Spannungsgeschwindigkeit $\dot{\sigma}_{max}$

Für kraftgeregelte Einstufenversuche mit einer sinusförmigen Spannungs-Zeit-Funktion, einer konstanten Belastungsfrequenz f und Spannungsschwingbreite $\Delta\sigma$ lassen sich die maximale Spannungsgeschwindigkeit $\dot{\sigma}_{max}$ und die mittlere Spannungsgeschwindigkeit $\dot{\sigma}_m$ mit Gleichung (3-14) bzw. (3-15) bestimmen.

$$\dot{\sigma}_{max} = \Delta\sigma \cdot f \cdot \pi \tag{3-14}$$

$$\dot{\sigma}_m = \Delta\sigma \cdot f \cdot 2 \tag{3-15}$$

Bei der Berechnung der ermüdungswirksamen Beanspruchungsniveaus S_{max} und S_{min} werden die einwirkenden Ober- und Unterspannungen σ_{max} und σ_{min} stets auf die statische Druckfestigkeit f_c bezogen. Als statische Druckfestigkeit wird üblicherweise die Druckfestigkeit verwendet, die mit einer Spannungsgeschwindigkeit zwischen 0,5 MPa/s $\leq \dot{\sigma} \leq$ 1,0 MPa/s ermittelt wurde. Diese Vorgehensweise ist in der Fachliteratur allgemeinhin anerkannt und soll insbesondere die Vergleichbarkeit des Ermüdungswiderstandes zwischen Betonen unterschiedlicher Druckfestigkeiten ermöglichen. Da jedoch die statische Druckfestigkeit f_c von der Spannungsgeschwindigkeit abhängt, ist eine von der Spannungsschwingbreite $\Delta\sigma$ und Belastungsfrequenz f unabhängige Betondruckfestigkeit eine inkonsistente Modellannahme. Vielmehr ist zur Bestimmung der effektiven Beanspruchungsniveaus eine effektive Druckfestigkeit $f_{c,eff}$ zu verwenden, welche sich infolge derselben Spannungsgeschwindigkeit $\dot{\sigma}$ einstellt, die auch im Ermüdungsversuch auftritt, siehe Gleichung (3-16).

$$f_{c,eff} = f_c(\dot{\sigma}) \tag{3-16}$$

In diesem Hinblick ist zunächst fraglich, welche Spannungsgeschwindigkeit $\dot{\sigma}$ den Wert der effektiven Druckfestigkeit $f_{c,eff}$ bestimmt. Dies kann die mittlere Spannungsgeschwindigkeit $\dot{\sigma}_m$, die maximale Spannungsgeschwindigkeit $\dot{\sigma}_{max}$ oder gar eine andere Spannungsgeschwindigkeit sein. Grundsätzlich gilt zu bedenken, dass zum Zeitpunkt der maximalen Beanspruchung σ_{max} die einwirkende Spannungsgeschwindigkeit $\dot{\sigma}(\sigma=\sigma_{max})$ den Wert null annimmt, vgl. Bild 59. Unter Vernachlässigung der Belastungsgeschichte dürfte Beton zu diesem Zeitpunkt lediglich eine Druckfestigkeit in Höhe seiner Dauerfestigkeit ($\approx 0{,}85 \cdot f_c$) aufweisen. Dass Beton auf Oberspannungsniveaus von $S_{max} > 0{,}85$ dennoch deutlich mehr als nur einen Lastwechsel ertragen kann, ist hingegen aufgrund zahlreicher experimenteller Beweise unstrittig, siehe Abschnitt 3.3. Somit müssen die Materialeigenschaften vom Verlauf der Spannungsgeschwindigkeit vor Erreichen der maximalen Beanspruchung abhängen. Die Mechanismen, durch die ein Probekörper trotz einer Beanspruchung oberhalb seiner Dauerfestigkeit nicht versagt, wurden in Abschnitt 3.2.1 bereits detailliert beschrieben. Da die Gesamtheit der Beanspruchungsgeschichte in diese Berechnung einbezogen werden soll, wird hierzu im Folgenden anstatt der maximalen Spannungsgeschwindigkeit $\dot{\sigma}_{max}$ die mittlere Spannungsgeschwindigkeit $\dot{\sigma}_m$ verwendet. Diese beschreibt die aufgebrachte Spannungsgeschwindigkeit während des Zeitraums zwischen der Erzeugung der Unterspannung σ_{min} und der Oberspannung σ_{max} zutreffender als die maximale Spannungsgeschwindigkeit $\dot{\sigma}_{max}$, die lediglich im Wendepunkt der Beanspruchungs–Zeit-Funktion auftritt, vgl. Bild 59. Folglich errechnet sich die effektive Druckfestigkeit $f_{c,eff}$ gemäß Gleichung (3-17). Diese Gleichung entspricht dabei der experimentell hergeleiteten Gleichung (3-8), wobei die einwirkende Spannungsgeschwindigkeit $\dot{\sigma}_c$ durch die mittlere Spannungsgeschwindigkeit $\dot{\sigma}_m$ infolge der Ermüdungsbeanspruchung substituiert wird.

$$f_{c,eff} = f_{cm,0,5MPa/s} \cdot \left(\frac{\dot{\sigma}_{m,f}}{0{,}5\ \text{MPa/s}}\right)^{\alpha} \tag{3-17}$$

$$f_{c,eff} = f_{cm,0,5MPa/s} \cdot \left(\frac{2 \cdot f \cdot \Delta\sigma}{0{,}5\ \text{MPa/s}}\right)^{\alpha}$$

$$f_{c,eff} = f_{cm,0,5MPa/s} \cdot \left(\frac{2 \cdot f \cdot (S_{max}-S_{min}) \cdot f_{cm,0,5MPa/s}}{0{,}5\ \text{MPa/s}}\right)^{\alpha}$$

mit: α Exponent für Druckfestigkeitssteigerung = 0,0231 (siehe Abschnitt 3.6.1)

Werden ferner die einwirkenden Ober- und Unterspannungen σ_{max} und σ_{min} auf die effektiven Druckfestigkeiten $f_{c,eff}$ bezogen, ergeben sich die effektiven spannungsgeschwindigkeitsabhängigen Beanspruchungsniveaus $S_{max,eff}$ und $S_{min,eff}$ nach Gleichung (3-18) bzw. (3-19).

$$S_{max,eff} = \frac{\sigma_{max}}{f_{c,eff}} = \frac{\sigma_{max}}{f_{cm,0,5MPa/s} \cdot \left(\frac{2 \cdot f \cdot \Delta\sigma}{0{,}5\ \text{MPa/s}}\right)^{\alpha}} \tag{3-18}$$

$$S_{max,eff} = S_{max} \cdot \left(\frac{0{,}5\ \text{MPa/s}}{2 \cdot f \cdot \Delta\sigma}\right)^{\alpha} = S_{max} \cdot \left(\frac{0{,}5\ \text{MPa/s}}{2 \cdot f \cdot (S_{max}-S_{min}) \cdot f_{cm,0,5MPa/s}}\right)^{\alpha}$$

$$S_{\text{min,eff}} = \frac{\sigma_{\text{min}}}{f_{\text{c,eff}}} = \frac{\sigma_{\text{min}}}{f_{\text{cm,0,5MPa/s}} \cdot \left(\frac{2 \cdot f \cdot \Delta\sigma}{0{,}5\ \text{MPa/s}}\right)^{\alpha}} \tag{3-19}$$

$$S_{\text{min,eff}} = S_{\text{min}} \cdot \left(\frac{0{,}5\ \text{MPa/s}}{2 \cdot f \cdot \Delta\sigma}\right)^{\alpha} = S_{\text{min}} \cdot \left(\frac{0{,}5\ \text{MPa/s}}{2 \cdot f \cdot (S_{\text{max}}-S_{\text{min}}) \cdot f_{\text{cm,0,5MPa/s}}}\right)^{\alpha}$$

Durch Kombination der effektiven spannungsgeschwindigkeitsabhängigen Beanspruchungsniveaus $S_{\text{max,eff}}$ und $S_{\text{min,eff}}$ mit den experimentell ermittelten Bruchlastwechselzahlen N lassen sich effektive spannungsgeschwindigkeitsabhängige Wöhlerlinien erstellen, siehe Bild 60 und Bild 61.

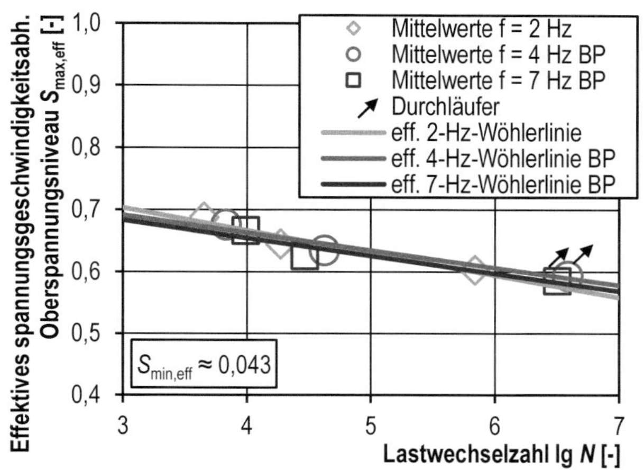

Bild 60: Effektive spannungsgeschwindigkeitsabhängige Wöhlerlinien für die 2-Hz-Versuche ohne und die 4-Hz- und 7-Hz-Versuche mit Belastungspause

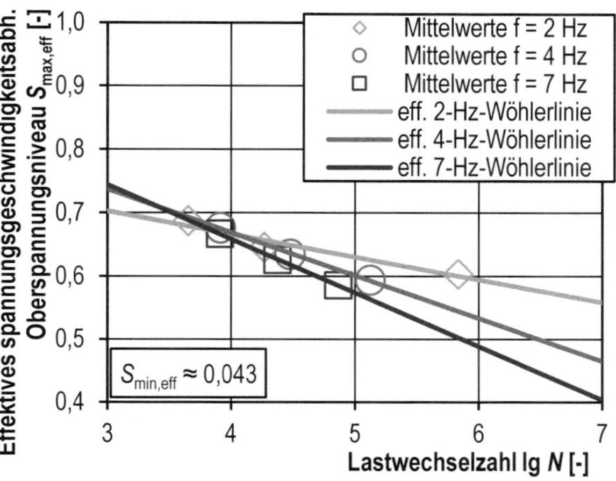

Bild 61: Effektive spannungsgeschwindigkeitsabhängige Wöhlerlinien für die 2-Hz-, 4-Hz- und 7-Hz-Versuche ohne Belastungspause

f = 2 Hz:	$\lg N = -27{,}6778 \cdot S_{\text{max,eff}} + 22{,}4448$	$R^2 = 0{,}941$	(3-20)
f = 4 Hz BP:	$\lg N = -35{,}3857 \cdot S_{\text{max,eff}} + 27{,}4636$	$R^2 = 0{,}998$	(3-21)
f = 7 Hz BP:	$\lg N = -34{,}8311 \cdot S_{\text{max,eff}} + 26{,}7983$	$R^2 = 0{,}999$	(3-22)
f = 4 Hz:	$\lg N = -14{,}7254 \cdot S_{\text{max,eff}} + 13{,}8501$	$R^2 = 0{,}944$	(3-23)
f = 7 Hz:	$\lg N = -11{,}7426 \cdot S_{\text{max,eff}} + 11{,}7358$	$R^2 = 0{,}886$	(3-24)

Werden die mittleren Bruchlastwechselzahlen der pausierten Versuche in Bild 60 betrachtet, so sind sie im Vergleich zu Bild 57 zu niedrigeren effektiven Oberspannungsniveaus hin verschoben. Es zeigt sich darüber hinaus ein nahezu deckungsgleicher Verlauf der drei Wöhlerlinien. Ein übermäßiger Einfluss von unterschiedlichen Probekörpertemperaturen wurde durch die Belastungspausen verhindert. Somit führten die unterschiedlichen Belastungsfrequenzen in versuchstechnischer Hinsicht lediglich zu unterschiedlichen Spannungsgeschwindigkeiten.

Werden die mittleren Bruchlastwechselzahlen der kontinuierlichen Versuche in Bild 61 betrachtet, so tritt der zuvor beschriebene Effekt, bei dem die Bruchlastwechselzahlen mit einer effektiven Wöhlerlinie beschrieben werden können, nur für die beiden höchsten Oberspannungsniveaus auf. Für das geringste Oberspannungsniveau trifft dies nicht zu. Der Grund hierfür liegt allem Anschein nach in den unterschiedlichen Probekörpertemperaturen, die insbesondere auf dem geringsten Oberspannungsniveau zu deutlich unterschiedlichen Bruchlastwechselzahlen führen. Scheinbar bildet sich bei kleiner werdenden Oberspannungsniveaus und ansteigenden Belastungsfrequenzen ein Knick der Wöhlerlinie zu geringeren Bruchlastwechselzahlen aus. Vor diesem Hintergrund wäre eine lineare Approximation der Wöhlerlinie, wie sie in Bild 61 gewählt wurde, für hohe Belastungsfrequenzen nicht gerechtfertigt. Dies wird insbesondere im Lastwechselzahlenbereich lg $N < 3{,}6$ deutlich. Da für diese geringen Lastwechselzahlen nur unwesentliche absolute Temperaturunterschiede zwischen den Probekörpern mit unterschiedlichen Belastungsfrequenzen auftreten, müssten deren Bruchlastwechselzahlen ähnlich wie in Bild 60 mit ein und derselben effektiven Wöhlerlinie beschrieben werden können. Die in diesen Bereich extrapolierten, sich spreizenden effektiven Wöhlerlinien würden sich in der Realität höchstwahrscheinlich nicht einstellen, siehe Bild 61.

3.7.3 Berücksichtigung der Probekörpertemperatur

Um die Temperaturänderung bzw. die thermische Energiebilanz eines Probekörpers zu beschreiben, eignet sich zunächst eine einfache Betrachtung eines homogenen Körpers. Dessen durch eine Erwärmung hervorgerufene Temperatur wird über den gesamten Körper vereinfacht als konstant angenommen, siehe Bild 62. Wird dem Körper über die Zeit dt die Wärmemenge $p \cdot dt$ zugeführt, so speichert er einen Teil dieser Wärmemenge in Höhe von $(c \cdot m) \cdot d\Delta T$ und gibt den restlichen Teil in Höhe von $((\alpha \cdot A) \cdot \Delta T(t)) \cdot dt$ in Abhängigkeit von seiner Übertemperatur wieder an die Umgebung ab [Bol-18]. Diese Energiebilanz ist in Gleichung (3-25) zusammengefasst.

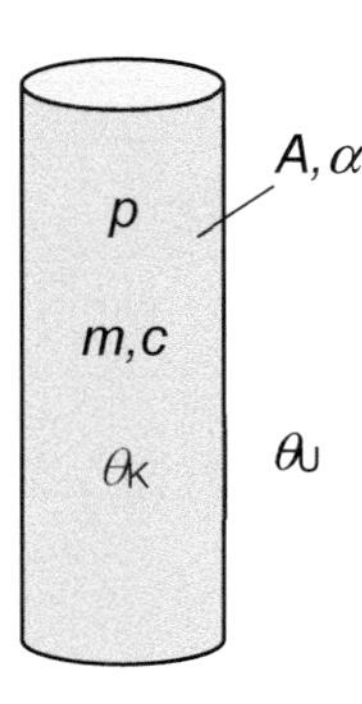

Bild 62: Zylindrischer Körper zur Betrachtung des thermischen Einkörperproblems

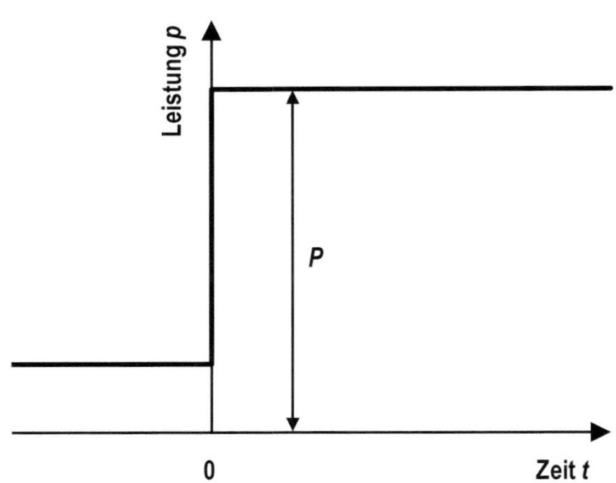

Bild 63: Erhöhung der konstant zugeführten Leistung p

$$p(t) \cdot dt = (c \cdot m) \cdot d\Delta T + ((\alpha \cdot A) \cdot \Delta T(t)) \cdot dt \tag{3-25}$$

mit:

p	Leistung
t	Zeit
c	Spezifische Wärmekapazität
m	Masse
ΔT	Übertemperatur $= \theta_K - \theta_U$
θ_K	Körpertemperatur
θ_U	Umgebungstemperatur
α	Wärmeübergangskoeffizient
A	Oberfläche

Gleichung (3-25) besitzt als Differentialgleichung erster Ordnung unter Annahme einer über die Zeit konstanten Energiezufuhr $p(t) = P$ gemäß Bild 63 die Lösung in Form von Gleichung (3-26) [Bol-18].

$$\Delta T(t) = \Delta T(\infty) + (\Delta T(0) - \Delta T(\infty)) \cdot e^{-k \cdot t} \tag{3-26}$$

mit: $\Delta T(\infty)$ stationäre Endübertemperatur ($\Delta T_{stationär}$)

$$= \frac{P}{\alpha \cdot A}$$

$\Delta T(0)$ Anfangsübertemperatur

k Proportionalitätsfaktor

$$= \frac{\alpha \cdot A}{\rho \cdot V \cdot c}$$

Der durch Gleichung (3-26) beschriebene Temperaturverlauf ist für eine Erwärmung mit der Bedingung $\Delta T(0) < \Delta T(\infty)$ in Bild 64 schematisch dargestellt. Der Proportionalitätsfaktor k beschreibt dabei, wie schnell die Endübertemperatur $\Delta T(\infty)$ erreicht wird.

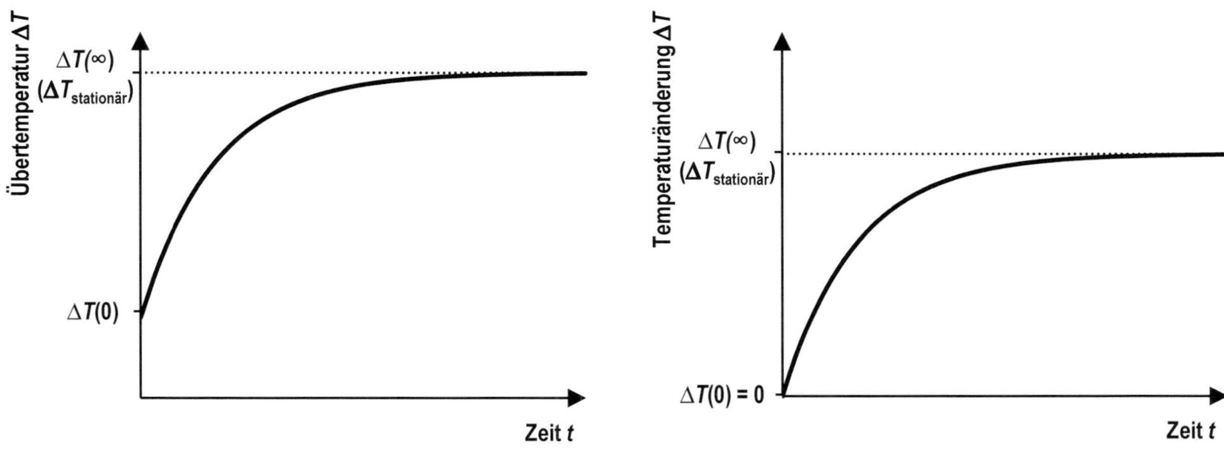

Bild 64: Schematischer Verlauf der Übertemperatur für $\Delta T(0) < \Delta T(\infty)$

Bild 65: Schematischer Verlauf der Temperaturänderung für $\Delta T(0) = 0$

Bei Ermüdungsversuchen kann davon ausgegangen werden, dass die Anfangsübertemperatur $\Delta T(0)$ zu Beginn der Erwärmung bzw. des Versuchs null beträgt. Unter dieser Voraussetzung kann Gleichung (3-26) zu Gleichung (3-27) vereinfacht werden. Der zugehörige Verlauf der Temperaturänderung ist in Bild 65 schematisch dargestellt.

$$\Delta T(t) = \Delta T_{stationär} \cdot (1 - e^{-k \cdot t}) \tag{3-27}$$

Die Temperaturkurven der Ermüdungsversuche in Bild 58 weisen eine vergleichbare Verlaufscharakteristik zu der in Bild 65 dargestellten Temperaturänderung auf. Aufgrund dieser empirischen, phänomenologischen Beobachtung wird es als praktikabel erachtet, die gemessenen Temperaturverläufe mithilfe der Gleichung (3-27) zu approximieren. Da die dazu erforderlichen Kennwerte $\Delta T(\infty)$ bzw. $\Delta T_{stationär}$ und k aufgrund der unbekannten Materialkennwerte α und c nicht errechnet werden können, müssen sie mithilfe einer geeigneten Methode der Kurvenanpassung angenommen werden. Darüber hinaus kann der überproportionale Temperaturanstieg in der dritten Phase nicht durch Gleichung (3-27) abgebildet werden. Dies wird aufgrund der Kürze dieser Phase als vernachlässigbar angesehen.

In Bild 66 sind die auf mittlerer Probenhöhe gemessenen und die mithilfe Gleichung (3-27) approximierten Temperaturänderungen ΔT_t der Probekörper der Ermüdungsversuche ohne Belastungspausen dargestellt.

Die approximierten mittleren Ausgleichskurven ergeben sich aus den Ausgleichskurven der Einzelversuche und sind bis in den stationären Temperaturbereich hinein extrapoliert.

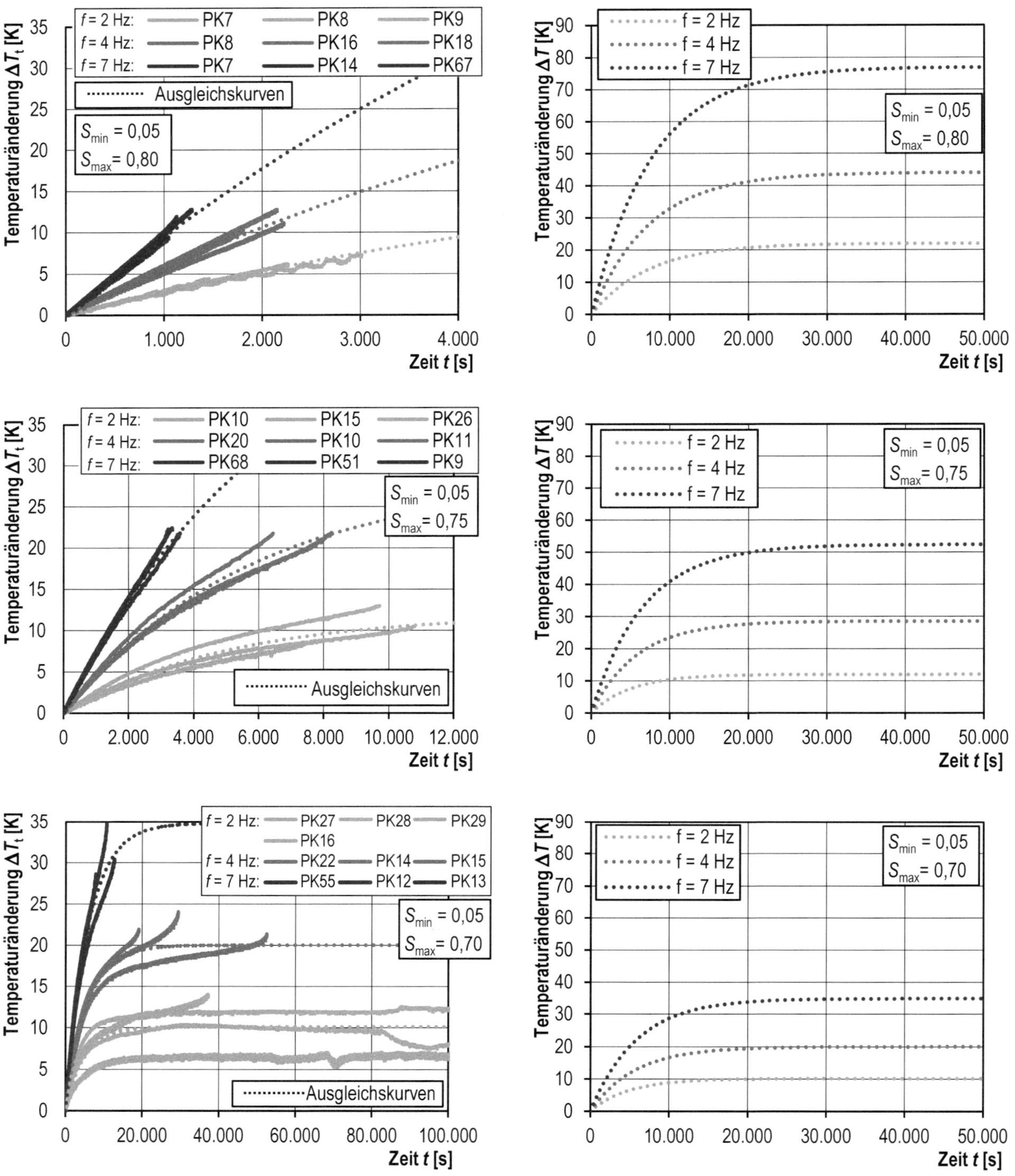

Bild 66: Gemessene Temperaturänderungen und Ausgleichskurven nach Gleichung (3-27) der ununterbrochenen Ermüdungsversuche

Die Parameter der in Bild 66 dargestellten Ausgleichskurven sind in Tabelle A-4 im Anhang zusammengestellt. Die Kurvenanpassungen erfolgten durch die iterative Minimierung der summierten Fehlerquadrate zwischen den Ausgleichskurven und den diskreten Temperaturmesswerten. Alle nichtlinearen Temperaturverläufe konnten durch die Ausgleichskurven unkompliziert approximiert werden. Hierbei ergab sich eine direkte Proportionalität zwischen der Belastungsfrequenz *f* und der stationären Temperaturerhöhung $\Delta T_{stationär}$. Die iterative

Anpassung der exponentiellen Ausgleichskurven an die auf dem Oberspannungsniveau S_{max} = 0,80 und teilweise auf dem Oberspannungsniveau S_{max} = 0,75 gemessenen linearen Temperaturverläufe ergab teils unrealistisch hohe stationäre Temperaturerhöhungen $\Delta T_{stationär}$. So wurde auch für diese Versuche ein direkt proportionaler Zusammenhang zwischen der stationären Temperaturerhöhung $\Delta T_{stationär}$ und der Belastungsfrequenz f angenommen.

Stationäre Temperaturänderung $\Delta T_{stationär}$

Um im Weiteren die Temperaturänderungen über die getesteten Belastungsfrequenzen und Beanspruchungsniveaus hinaus extrapolieren zu können, ist es nötig, die stationären Temperaturerhöhungen $\Delta T_{stationär}$ in Abhängigkeit vom Oberspannungsniveau S_{max} und der Belastungsfrequenz f zu approximieren. In Bild 67 sind die auf den untersuchten Beanspruchungsniveaus errechneten stationären Temperaturerhöhungen aus Tabelle A-4 grafisch dargestellt. Diese wurden jeweils durch eine exponentielle Regressionskurve approximiert, siehe Gleichungen (3-28) bis (3-31). Eine lineare Approximation der stationären Temperaturerhöhung $\Delta T_{stationär}$ wäre unrealistisch, da sie für Oberspannungsniveaus S_{max} < 0,62 unabhängig von der Belastungsfrequenz zu keiner Temperaturerhöhung führen würde.

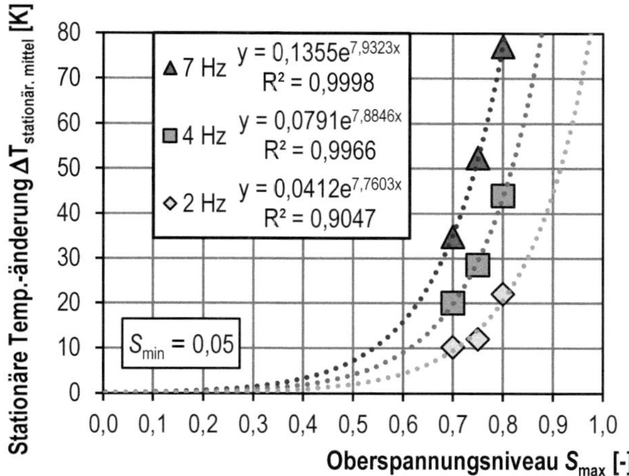

Bild 67: Stationäre Temperaturerhöhungen $\Delta T_{stationär}$ und Regressionskurven

$$\Delta T_{stationär} = a \cdot e^{b \cdot S_{max}} \quad (3\text{-}28)$$

f = 2 Hz:
$$\Delta T_{stationär} = 0{,}0412 \cdot e^{7{,}7603 \cdot S_{max}} \quad (3\text{-}29)$$

f = 4 Hz:
$$\Delta T_{stationär} = 0{,}0791 \cdot e^{7{,}8846 \cdot S_{max}} \quad (3\text{-}30)$$

f = 7 Hz:
$$\Delta T_{stationär} = 0{,}1355 \cdot e^{7{,}9323 \cdot S_{max}} \quad (3\text{-}31)$$

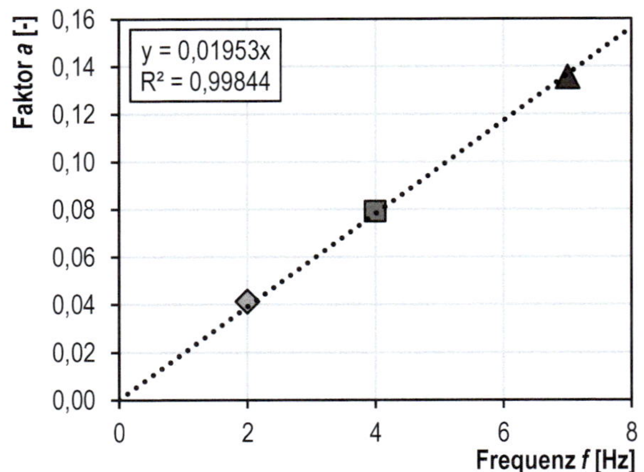

Bild 68: Approximation des Faktors *a* von Gleichung (3-28)

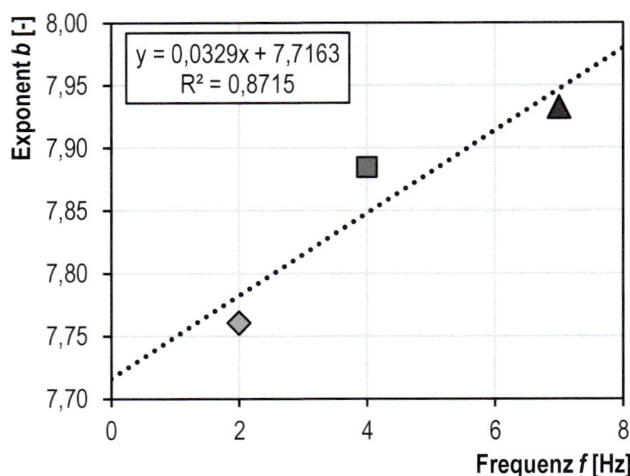

Bild 69: Approximation des Exponenten *b* von Gleichung (3-28)

Der Faktor *a* in Gleichung (3-28) beschreibt unter anderem die Lage der Kurve entlang der Ordinate. Aus physikalischen Gesichtspunkten müsste der Faktor *a* einen frequenzunabhängigen konstanten Wert annehmen, der für ein Oberspannungsniveau S_{max} = 0,05 eine stationäre Temperaturerhöhung von $\Delta T_{stationär}$ = 0 ergibt. Diese Bedingung kann die gewählte Ansatzfunktion zwar nicht vollkommen, aber doch in ausreichend guter Näherung erfüllen. Durch den Zwangsschnittpunkt der Regressionsgerade in Bild 68 mit dem Koordinatenursprung wird zumindest der physikalischen Forderung entsprochen, dass bei einer Belastungsfrequenz von 0 Hz keine Temperaturerhöhung eintreten darf. Der Exponent *b* in Gleichung (3-28) wird wie in Bild 69 dargestellt ebenfalls linear approximiert.

Durch Einsetzen dieser beiden Regressionsgleichungen in Gleichung (3-28) ergibt sich mit Gleichung (3-32) die Möglichkeit, die stationäre Temperaturänderung $\Delta T_{stationär}$ in Abhängigkeit vom Oberspannungsniveau S_{max} und der Belastungsfrequenzen *f* zu berechnen.

$$\Delta T_{stationär} = 0{,}01953 \cdot f \cdot e^{(0{,}0329 \cdot f + 7{,}7163) \cdot S_{max}} \tag{3-32}$$

In Bild 70 ist der Verlauf von Gleichung (3-32) für Belastungsfrequenzen *f* = 2 Hz, *f* = 4 Hz und *f* = 7 Hz ausgewertet und den mittleren stationären Temperaturänderungen $\Delta T_{stationär,mittel}$ aus Bild 67 gegenübergestellt. Eine sehr gute Übereinstimmung ist ersichtlich. Zur weiteren Veranschaulichung ist in Bild 71 die Entwicklung der stationären Temperaturänderung in einer dreidimensionalen Darstellung zu sehen.

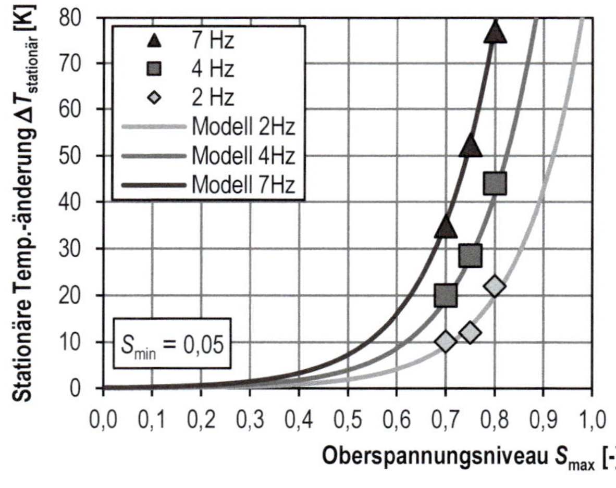

Bild 70: Vergleich von Gleichung (3-32) mit $\Delta T_{stationär,mittel}$

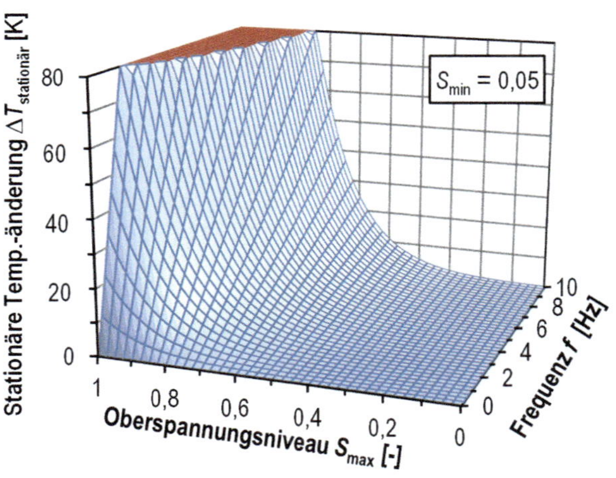

Bild 71: Verlauf von Gleichung (3-32) für verschiedene Werte von S_{max} und *f*

Exponent k

Um die zeitliche Temperaturänderung gemäß Gleichung (3-17) bestimmen zu können, ist neben der Approximation von $\Delta T_{stationär}$ auch die des Exponenten k erforderlich. Der Exponent k beschreibt, wie schnell die stationäre Temperatur erreicht wird. Da der Exponent k von der spezifischen Wärmekapazität c und dem Wärmeübergangskoeffizienten α abhängt, ist er keine Materialkonstante. Erste Erkenntnisse zur Annahme dieser Werte liefern *Vogel et al.* [VoVö-20]. Nachfolgend wird der Exponent k vielmehr auf Grundlage der extrapolierten Ausgleichskurven aus Bild 66 in Abhängigkeit zum Beanspruchungsniveau S_{max} und zur Belastungsfrequenz f gesetzt und damit indirekt mit der im Versuch auftretenden Temperaturerhöhung verknüpft. Hierzu wird die zweiparametrige Ebenengleichung (3-33) verwendet.

$$k = a \cdot S_{max} + b \cdot f + c \tag{3-33}$$

mit: $a = -0{,}0004199$

$b = -0{,}00000604$

$c = 0{,}00050893$

Der nach der Ebenengleichung (3-33) berechnete Verlauf des Exponenten k ist, im Vergleich mit den mittleren Exponenten aus Bild 66, in Bild 72 über dem Oberspannungsniveau S_{max} und in Bild 73 über der Belastungsfrequenz f dargestellt. In beiden Darstellungen werden gute Approximationen erzielt.

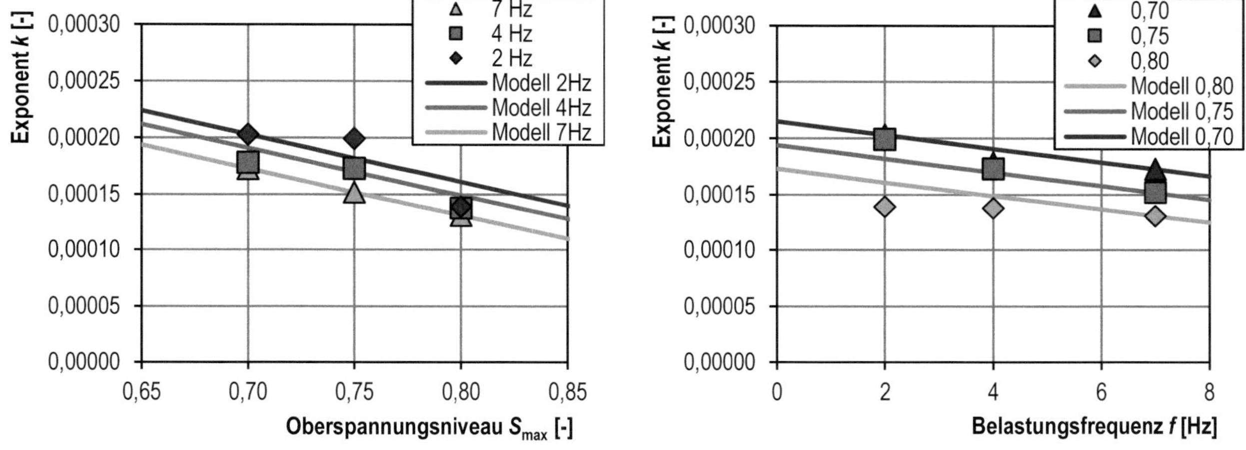

Bild 72: Vergleich der Ebenengleichung (3-33) mit k_{mittel} über S_{max}

Bild 73: Vergleich der Ebenengleichung (3-33) mit k_{mittel} über f

Die zweifache lineare Abhängigkeit von Gleichung (3-33) wird durch die dreidimensionale Darstellung in Bild 74 nochmals verdeutlicht. Durch die Abnahme des Exponenten k mit zunehmender Belastungsfrequenz beschränkt sich der Anwendungsbereich von Gleichung (3-33). Denn wird der Exponent k gleich null, findet keine Erwärmung statt. Ein Wert kleiner als null führt hingegen zu einer Temperaturabnahme. Beides ist physikalisch nicht begründbar, weshalb der Anwendungsbereich von Gleichung (3-33) auf Belastungsfrequenzen $f \leq 12$ Hz begrenzt wird.

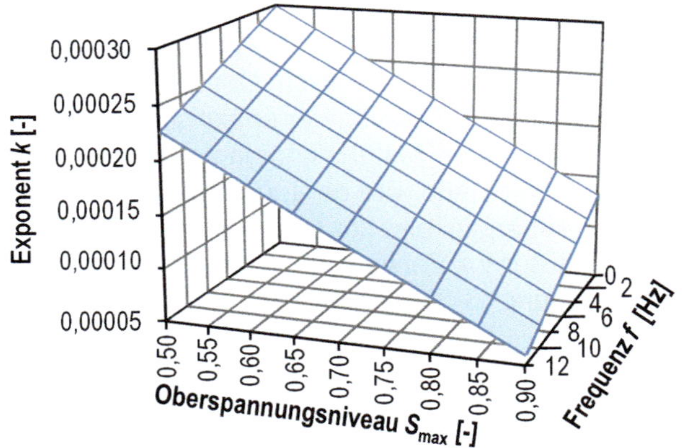

Bild 74: Anwendung der Gleichung (3-33) für verschiedene Werte von S_{max} und f

Zeitliche Temperaturänderung $\Delta T(t)$

Durch Einsetzen der Gleichungen (3-32) und (3-33) in Gleichung (3-27) lässt sich schließlich die zeitliche Temperaturentwicklung $\Delta T(t)$ für verschiedene Oberspannungen S_{max} und Belastungsfrequenzen f approximieren, siehe Gleichung (3-34). Der Vorteil dieser Modellgleichung liegt darin, dass sie aufgrund der getroffenen Annahmen über die untersuchten Oberspannungsniveaus und Belastungsfrequenzen hinaus verwendet werden kann. Mit Gleichung (3-35) kann zusätzlich die Temperaturentwicklung $\Delta T(N)$ in Abhängigkeit von der Lastwechselzahl N berechnet werden.

$$\Delta T(t) = 0{,}01953 \cdot f \cdot e^{(0{,}0329 \cdot f + 7{,}7163) \cdot S_{max}} \cdot (1 - e^{-(-0{,}0004199 \cdot S_{max} - 0{,}00000604 \cdot f + 0{,}00050893) \cdot t}) \qquad (3\text{-}34)$$

mit: $t = N / f$

$$\Delta T(N) = 0{,}01953 \cdot f \cdot e^{(0{,}0329 \cdot f + 7{,}7163) \cdot S_{max}} \cdot (1 - e^{-(-0{,}0004199 \cdot S_{max} - 0{,}00000604 \cdot f + 0{,}00050893) \cdot \frac{N}{f}}) \qquad (3\text{-}35)$$

Vergleichend sind in Bild 75 links die Ausgleichskurven gemäß Bild 66 und die mit Gleichung (3-34) berechneten Temperaturänderung $\Delta T(t)$ dargestellt. Die Verläufe der Kurven stimmen sehr gut überein. Darüber hinaus zeigt Bild 75 rechts die mehrdimensionalen Kurvenverläufe gemäß Gleichung (3-34) für die drei untersuchten Oberspannungsniveaus.

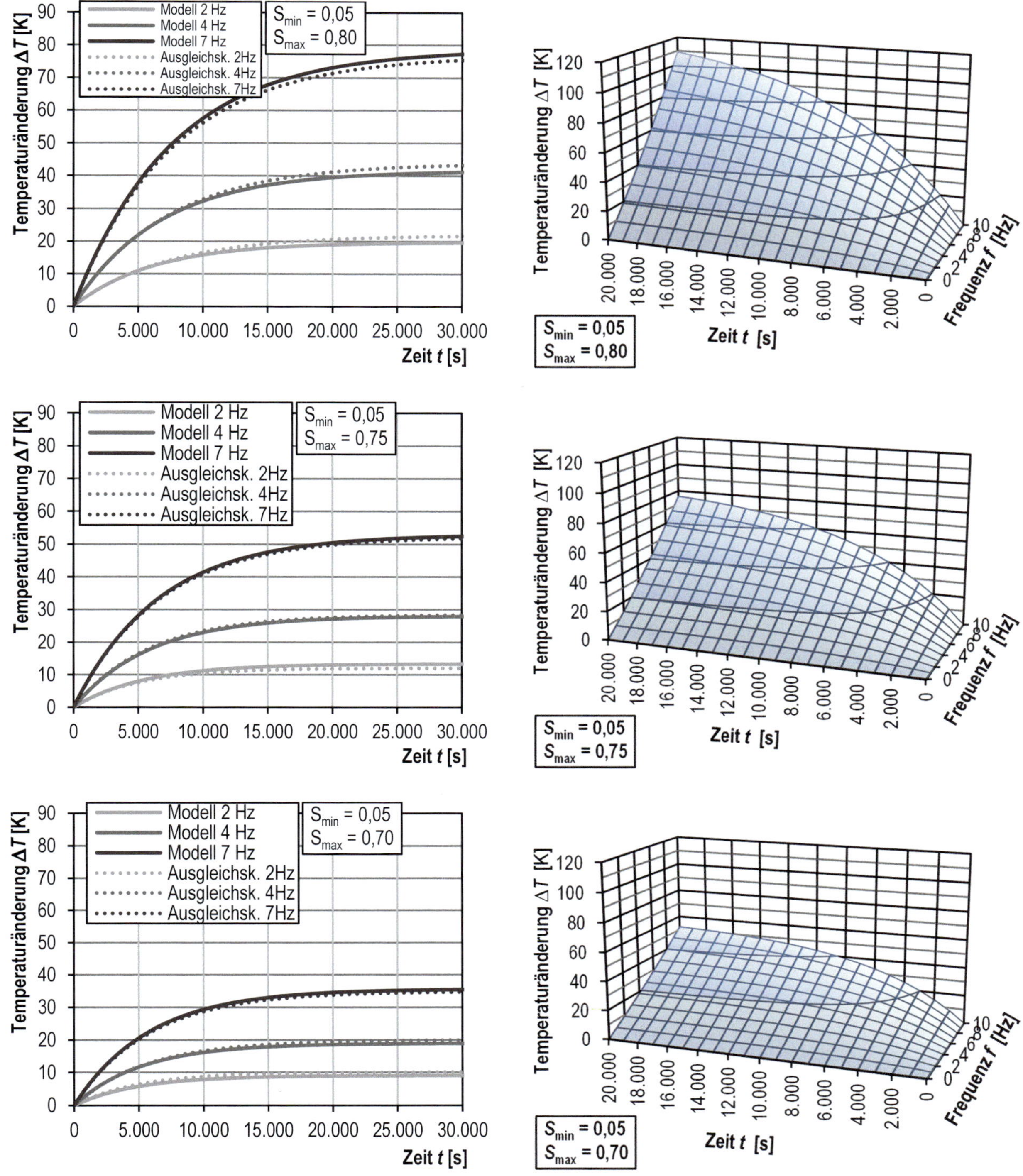

Bild 75: Vergleich von Gleichung (3-34) mit den Ausgleichskurven (links), Anwendung von Gleichung (3-34) für verschiedene Belastungsfrequenzen und Oberspannungsniveaus (rechts)

Mithilfe der Approximation der Temperaturentwicklungen durch Gleichung (3-34) bzw. (3-35) und dem Materialgesetz nach Model Code 2010 [Fib-13] lässt sich die Auswirkung der durch eine zyklische Beanspruchung hervorgerufenen Probekörpertemperaturen auf die mechanischen Betoneigenschaften respektive auf die unter Ermüdungsbeanspruchungen anzusetzende Druckfestigkeit bestimmen. Mithilfe von Gleichung (3-36), welche dem Model Code 2010 [Fib-13] entstammt, kann die temperaturabhängige mittlere Druckfestigkeit $f_{cm}(T)$ errechnet werden. Durch das Einsetzen von Gleichung (3-37) bzw. (3-38) in Gleichung (3-36) lässt sich diese in eine zeit- bzw. lastwechselvariante Druckfestigkeit konvertieren. Demnach wird die Betondruckfestigkeit durch die während der zyklischen Beanspruchung erzeugte Probekörpererwärmung reduziert.

$$f_{cm}(T) = (1{,}06 - 0{,}003 \cdot T) \cdot f_{cm,20°C} \tag{3-36}$$

mit: T innere Betonprobentemperatur in °C

$$= 20 + \eta \cdot \Delta T(N) \text{ bzw.} \tag{3-37}$$

$$= 20 + \eta \cdot \Delta T(t) \tag{3-38}$$

η Umrechnungsfaktor zwischen innerer und äußerer Betonprobekörpertemperatur = 1,3

Die in Gleichung (3-36) zu berücksichtigende Temperatur T entspricht gemäß Model Code 2010 [Fib-13] der Probekörpertemperatur. Diese errechnet sich aus der Umgebungstemperatur (20 °C im Fall der durchgeführten Versuche) zuzüglich der η-fachen Temperaturänderung der Probenoberfläche $\Delta T(N)$ bzw. $\Delta T(t)$. Die Erhöhung der Temperaturänderung um den Faktor η berücksichtigt die Beobachtungen von *Elsmeier* [Els-15], dass die innere Probekörpertemperaturänderung während eines Ermüdungsversuchs etwa dem 1,3-fachen Wert der an der Probenoberfläche gemessenen Temperaturänderung entspricht. Da die innere Probekörpertemperatur die Betondruckfestigkeit weit mehr bestimmt als die Oberflächentemperatur, wird sie zur Berechnung der temperaturabhängigen Druckfestigkeit $f_{cm}(T)$ verwendet. Gemäß der allgemeinen Modellvorstellungen werden die 2-Hz-Versuche als Bezugsversuche betrachtet. Das bedeutet, dass die temperaturabhängige Druckfestigkeit stets in Bezug auf die 2-Hz-Versuche gesetzt wird. Aufgrund dieser Überlegungen können die temperaturabhängigen Beanspruchungsniveaus $S_{max}(T)$ und $S_{min}(T)$ entsprechend Gleichungen (3-39) und (3-40) formuliert werden.

$$S_{max}(T) = S_{max} \cdot \frac{f_{cm,2Hz}(T)}{f_{cm,f}(T)} = S_{max} \cdot \frac{(1{,}06 - 0{,}003 \cdot T_{2Hz})}{(1{,}06 - 0{,}003 \cdot T_f)} \tag{3-39}$$

$$S_{min}(T) = S_{min} \cdot \frac{f_{cm,2Hz}(T)}{f_{cm,f}(T)} = S_{min} \cdot \frac{(1{,}06 - 0{,}003 \cdot T_{2Hz})}{(1{,}06 - 0{,}003 \cdot T_f)} \tag{3-40}$$

mit: T_f innere Probekörpertemperatur in °C für eine Belastungsfrequenz von f nach Gleichung (3-37) bzw. (3-38)

T_{2Hz} innere Probekörpertemperatur in °C für eine Belastungsfrequenz von f = 2 Hz nach Gleichung (3-37) bzw. (3-38)

In Bild 76 sind die temperaturabhängigen Ober- und Unterspannungsniveaus $S_{max}(T)$ und $S_{min}(T)$ gemäß Gleichung (3-39) und (3-40) über der Versuchszeit dargestellt.

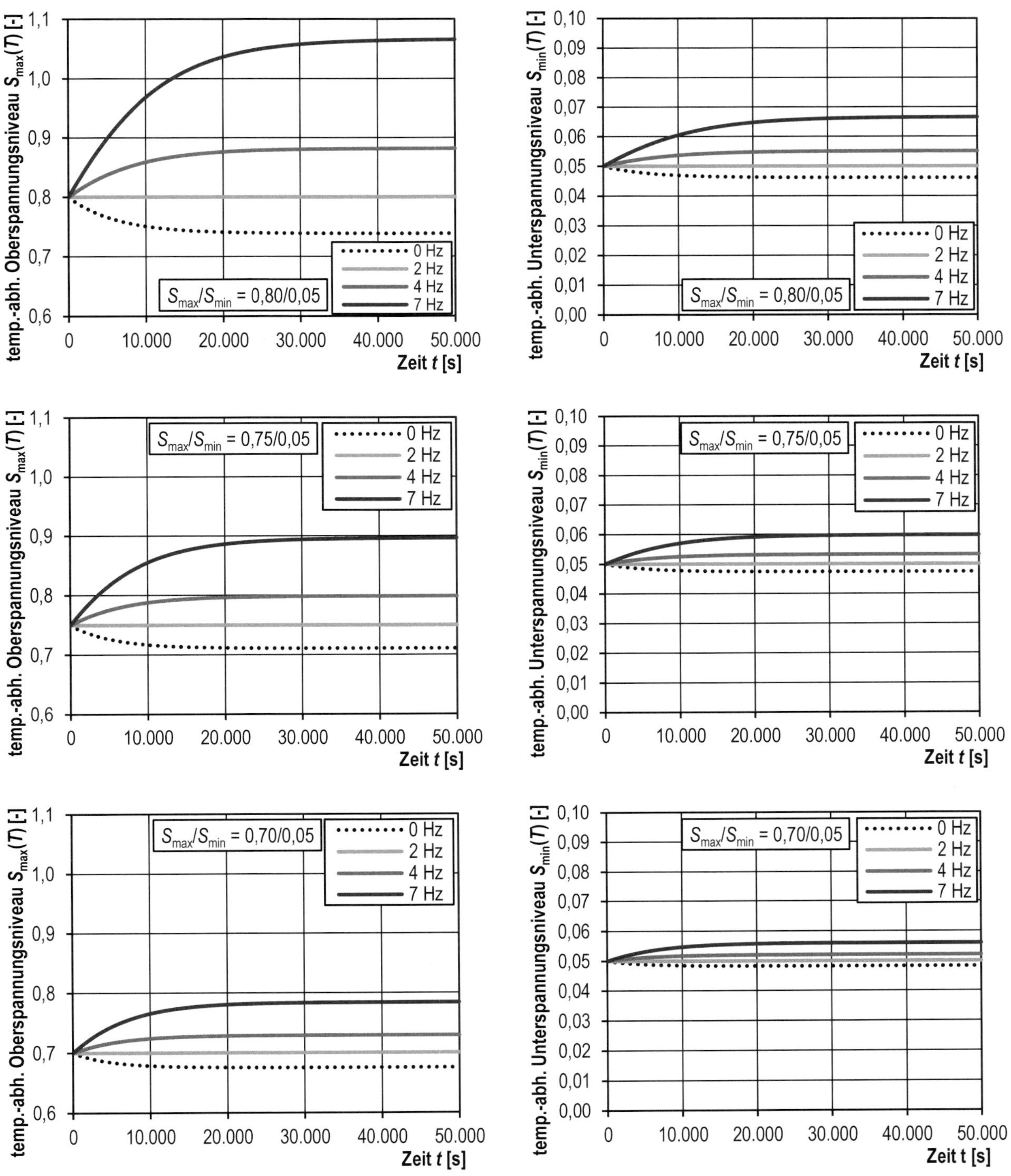

Bild 76: Temperaturabhängige Oberspannungsniveaus $S_{max}(T)$ nach Gleichung (3-39) (links), temperaturabhängige Unterspannungsniveaus $S_{min}(T)$ nach Gleichung (3-40) (rechts)

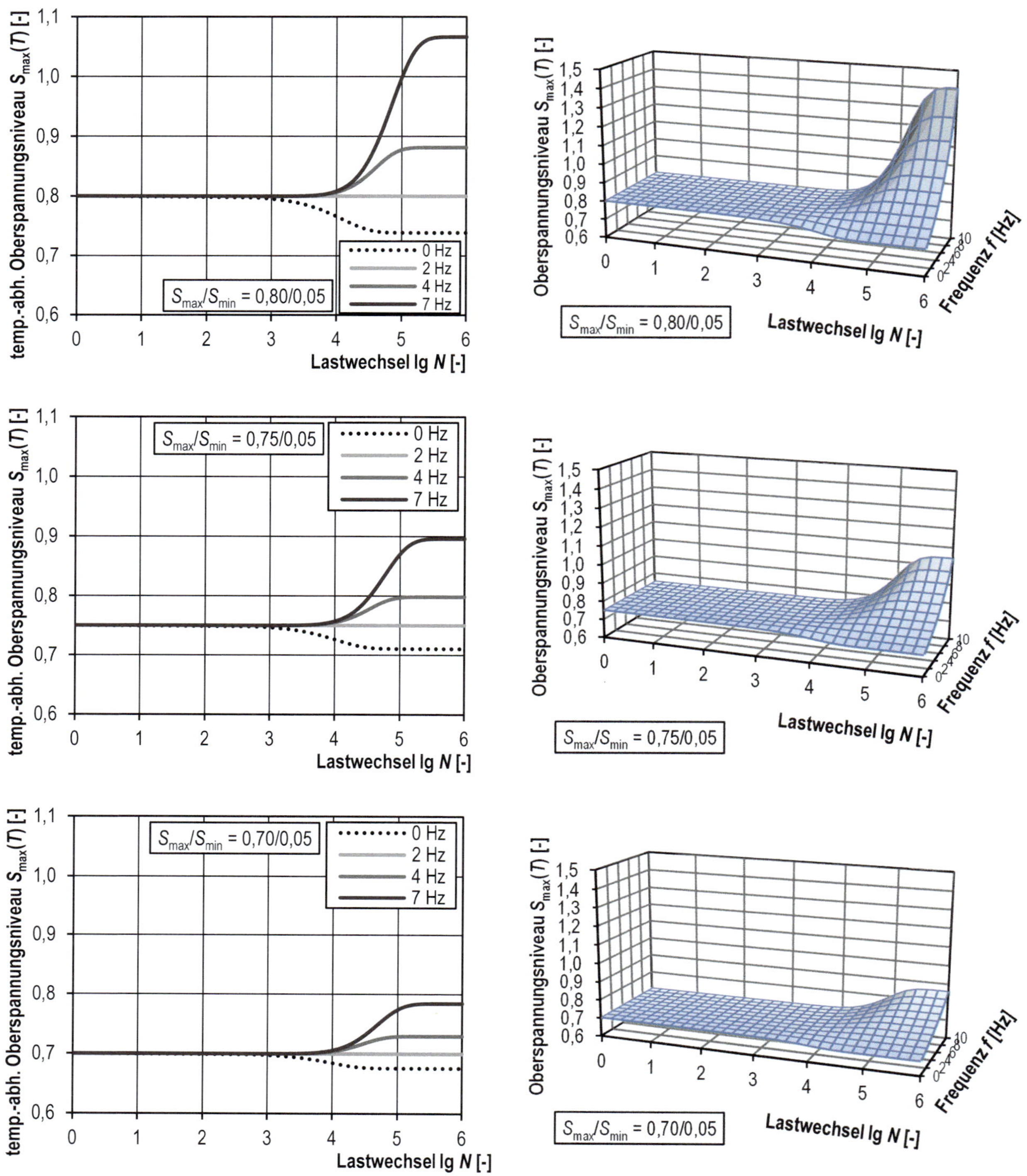

Bild 77: Temperaturabhängige Oberspannungsniveaus $S_{max}(T)$ über der Zeit t nach Gleichung (3-39) (links) und über der Zeit t und der Belastungsfrequenz f (rechts)

Da die temperaturabhängigen Druckfestigkeiten stets auf die der 2-Hz-Versuche bezogen werden, bleiben die temperaturabhängigen Spannungsniveaus der 2-Hz-Versuche unverändert. Hingegen erhöhen sich die temperaturabhängigen Spannungsniveaus der höherfrequenten Versuche infolge der stärkeren Temperaturerhöhungen und der dadurch verstärkten Druckfestigkeitsabnahmen. Die Kurven für eine theoretische Belastungsfrequenz von 0 Hz zeigen verringerte thermische Beanspruchungsniveaus und spiegeln indirekt die temperaturbedingte Druckfestigkeitsabnahme der 2-Hz-Versuche wider. Zusätzlich zu den Oberspannungsniveaus $S_{max}(T)$ ändern sich auch die temperaturabhängigen Unterspannungsniveaus $S_{min}(T)$ geringfügig, siehe Bild 76 rechts. Bei höheren Unterspannungsniveaus wie z. B. S_{min} = 0,20 kann diese Änderung größer ausfallen.

Dies muss ggf. für eine spätere Zuordnung zu bestimmten Unterspannungsniveaus beachtet werden. Die temperaturabhängigen Oberspannungsniveaus $S_{max}(T)$ können unter Verwendung von Gleichung (3-37) auch über der Lastwechselzahl N dargestellt werden, siehe Bild 77. Dabei wird in der einfach logarithmischen Darstellung ersichtlich, dass in Abhängigkeit von der Belastungsfrequenz erst ab 1.000 bis 10.000 Lastwechseln bedeutsame Änderungen der temperaturabhängigen Beanspruchungsniveaus eintreten. Für geringere Lastwechselzahlen sind die Unterschiede zwischen den Probekörpertemperaturen noch zu gering. Treten Bruchlastwechselzahlen in diesem niedrigen Bereich auf, so sind diese unbedeutend von der Temperatur beeinflusst. Die signifikanten Temperaturerhöhungen finden für Belastungsfrequenzen von $2 \leq f \leq 10$ Hz zwischen ungefähr 10.000 und 500.000 Lastwechseln statt. In diesem Bereich und darüber hinaus kommt es für diese Belastungsfrequenzen zu einer nicht zu vernachlässigenden schädigenden thermischen Zusatzbeanspruchung.

3.7.4 Integration in ein Gesamtmodell

Entsprechend der bisherigen Erkenntnisse führt in kontinuierlich durchgeführten Einstufenversuchen eine Erhöhung der Belastungsfrequenz zu einer spannungsgeschwindigkeitsabhängigen, zeitinvarianten Verringerung des Beanspruchungsniveaus und zugleich zu einer temperaturabhängigen, zeitvarianten Erhöhung des Beanspruchungsniveaus. Der thermische Schädigungsprozess nimmt dabei erst mit steigender Versuchsdauer bzw. Lastwechselzahl an Relevanz zu, wohingegen der Einfluss der Spannungsgeschwindigkeit auf den mechanischen Schädigungsprozess zeitinvariant ist und somit kontinuierlich wirkt. Aus diesem Grund kann von einer Überlagerung des Einflusses der Spannungsgeschwindigkeit durch den Temperatureinfluss gesprochen werden. Die aufgrund dieser Erkenntnisse schrittweise Entwicklung des Gesamtmodells ist in Bild 78 schematisch abgebildet und wird nachfolgend erläutert.

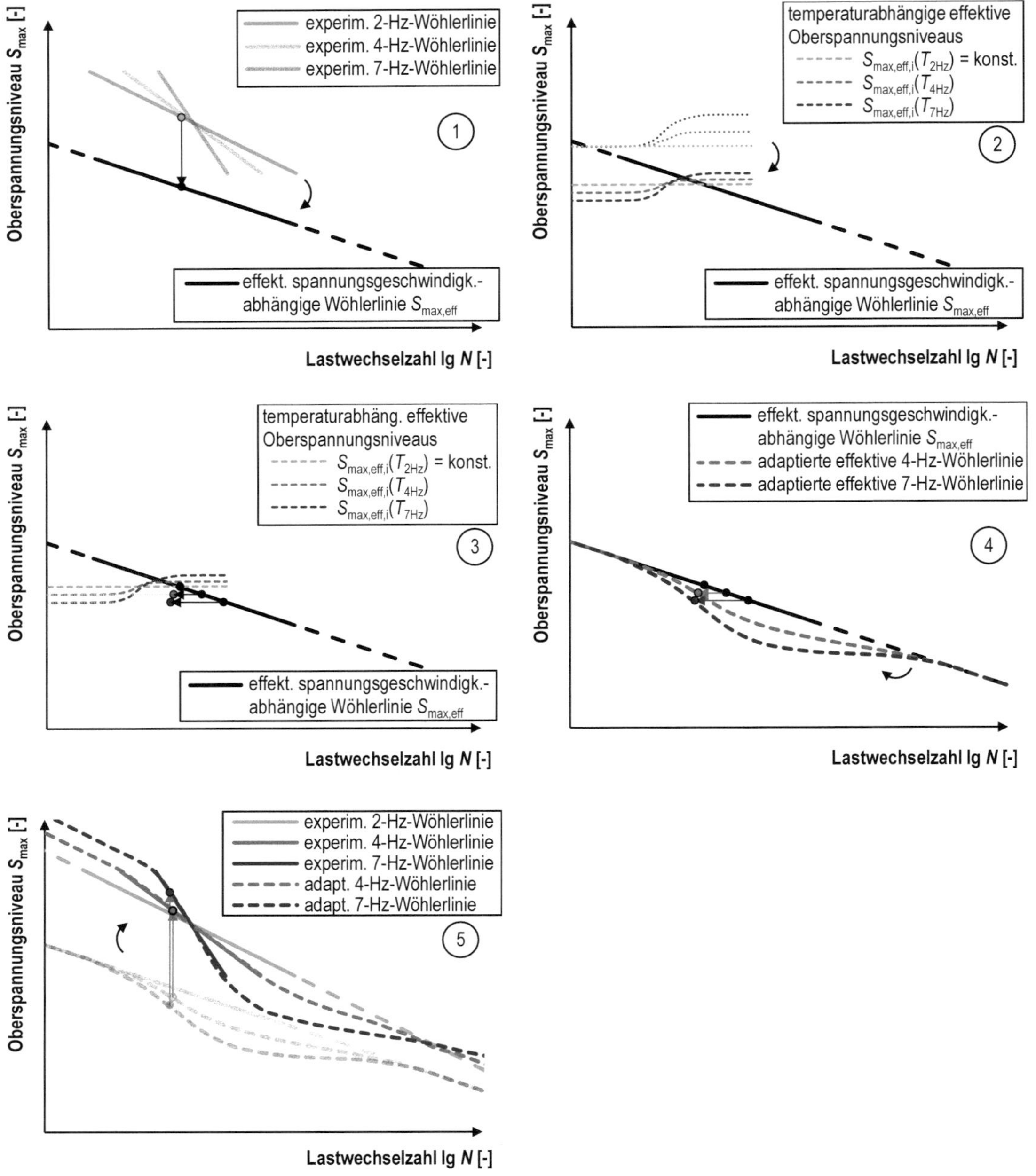

Bild 78: Schrittweise Integration der makroskopischen Schädigungsmodelle in ein Gesamtmodell zur Erstellung frequenzabhängiger Wöhlerlinien

Innerhalb des Gesamtmodells wird der zeitinvariante Spannungsgeschwindigkeitseinfluss auf der Widerstandsseite mithilfe der effektiven spannungsgeschwindigkeitsabhängigen Wöhlerlinie berücksichtigt, siehe Schritt 1) in Bild 78. Hierfür wird die effektive spannungsgeschwindigkeitsabhängige 2-Hz-Wöhlerlinie nach Gleichung (3-20) gewählt, da sie von den experimentellen Wöhlerlinien am wenigsten von der Temperatur beeinflusst ist und somit am zutreffendsten linear approximiert werden kann. Gleichzeitig lässt sich somit der spannungsgeschwindigkeitsabhängige Ermüdungswiderstand mit ein und derselben Wöhlerlinie beschreiben. Der zeitvariante Temperatureinfluss wird hingegen auf der Einwirkungsseite berücksichtigt und durch die auf die 2-Hz-Versuche bezogenen temperaturabhängigen Beanspruchungsniveaus $S_{max}(T)$ bzw. $S_{min}(T)$ nach Gleichung (3-39) bzw. (3-40) beschrieben. Um diese Beanspruchungsniveaus mit der effektiven spannungsgeschwindigkeitsabhängigen Wöhlerlinie zu verknüpfen, müssen sie ebenfalls auf die effektiven Oberspannungsniveaus transformiert werden, siehe Bild 78, Schritt 2). Dies geschieht, indem in Gleichung (3-39) bzw. (3-40) die konventionellen Beanspruchungsniveaus S_{max} und S_{min} durch die effektiven spannungsgeschwindigkeitsabhängigen Beanspruchungsniveaus $S_{max,eff}$ bzw. $S_{min,eff}$ nach Gleichung (3-18) bzw. (3-19) ersetzt werden. Somit ergeben sich die effektiven, temperaturabhängigen Beanspruchungsniveaus $S_{max,eff}(T)$ bzw.

$S_{min,eff}(T)$. Um nun für jede Lastwechselzahl N_i die spannungsgeschwindigkeits- und temperaturabhängige Bruchlastwechselzahl zu errechnen, wird das effektive spannungsgeschwindigkeitsabhängige Oberspannungsniveau $S_{max,eff}$ in Gleichung (3-20) durch das effektive, temperaturabhängige Oberspannungsniveau $S_{max,eff}(T)$ ersetzt. Dadurch ergibt sich Gleichung (3-41). Diese Gleichung gilt mit ihren Konstanten zunächst lediglich für den hier untersuchten Beton und für ein Unterspannungsniveau von S_{min} = 0,05.

$$N_f = 10^{(-27{,}6778 \cdot S_{max,eff,}(T) + 22{,}4448)} \qquad (3\text{-}41)$$

mit: $S_{max,eff}(T)$ effektives, temperaturabhängiges Oberspannungsniveau

$$= S_{max,eff} \cdot \frac{(1{,}06 - 0{,}003 \cdot T_{2Hz})}{(1{,}06 - 0{,}003 \cdot T_f)}$$

$S_{max,eff}$ effektives, spannungsgeschwindigkeitsabhängiges Oberspannungsniveau

$$= S_{max} \cdot \left(\frac{0{,}5\ \text{MPa/s}}{2 \cdot f \cdot (S_{max} - S_{min}) \cdot f_{cm,0,5MPa/s}}\right)^{\alpha}$$

f Belastungsfrequenz in [Hz]

α Exponent für Druckfestigkeitssteigerung
= 0,0231

T innere Probekörpertemperatur
$= 20 + \eta \cdot \Delta T(N)$

η Umrechnungsfaktor zwischen innerer und äußerer Betonprobekörpertemperatur [-]
= 1,3

ΔT(N) äußere Temperaturerhöhung

$$= 0{,}01953 \cdot f \cdot e^{(0{,}0329 \cdot f + 7{,}7163) \cdot S_{max}}$$

$$\cdot \left(1 - e^{-(-0{,}0004199 \cdot S_{max} - 0{,}00000604 \cdot f + 0{,}00050893) \cdot \frac{N_i}{f}}\right)$$

N_i aufgebrachte Lastwechselzahl

für: S_{min} = 0,05

Der Vorzug von Gleichung (3-41) ist, dass sie den Ermüdungswiderstand mit der zeit- bzw. lastwechselvarianten, frequenzabhängigen Änderung des Beanspruchungsniveaus kombiniert. Wird in Gleichung (3-41) die Belastungsfrequenz f = 2 Hz eingesetzt, so entspricht sie Gleichung (3-20). Für andere Belastungsfrequenzen ergibt Gleichung (3-41) stets die ertragbare Lastwechselzahl N_f für das effektive Beanspruchungsniveau $S_{max,eff}(T)$, welches sich bei einer Lastwechselzahl von N_i ergibt. Die tatsächliche Bruchlastwechselzahl für eine Belastungsfrequenz $f \neq 2$ Hz wird schließlich mithilfe der allgemein anerkannten Methode der linearen Schädigungsakkumulation nach *Palmgren* [Pal-24] und *Miner* [Min-45] gewonnen, siehe Bild 78, Schritt 3). Hierzu werden die auf jedem effektiven Oberspannungsniveau $S_{max,eff}(T)$ einwirkenden Lastwechsel $N_{k,i}$ auf die auf demselben Beanspruchungsniveau ertragbaren Lastwechsel $N_{f,Ni}$ bezogen, siehe Gleichung (3-42). Die daraus errechneten Teilschädigungen D_i sind aufzusummieren, bis die Gesamtschädigung D den Wert 1 ergibt. Die dabei kumulierte Lastwechselzahl N_i entspricht der gesuchten Bruchlastwechselzahl. In Bild 79 ist der schematische Ablauf zur Bestimmung der ertragbaren Lastwechselzahl mithilfe der linearen Schädigungsakkumulation dargestellt. Erfolgt die Schädigungsberechnung auf mehreren effektiven Oberspannungsniveaus, lassen sich frequenzadaptierte effektive Wöhlerlinien erstellen, siehe Bild 78, Schritt 4). Diese können darauffolgend auf die konventionellen Oberspannungsniveaus transformiert und mit den experimentellen Wöhlerlinien verglichen werden, siehe Bild 78, Schritt 5).

$$D = \sum_{i=1}^{j} D_i = \sum_{i=1}^{j} \frac{N_{k,i}}{N_{f,N_i}} = 1{,}0 \qquad (3\text{-}42)$$

mit: $N_{k,i}$ Lastwechselzahl auf dem effektiven, temperaturabhängigen Oberspannungsniveau $S_{max.eff,i}(T)$ = konstant = 1,0 (theoretisch)

N_i kumulierte Lastwechselzahl

$$= \sum_{i=1}^{j} N_{k,i}$$

$N_{f,Ni}$ ertragbare Lastwechselzahl auf dem effektiven, temperaturabhängigen Oberspannungsniveau $S_{max.eff,i}(T)$

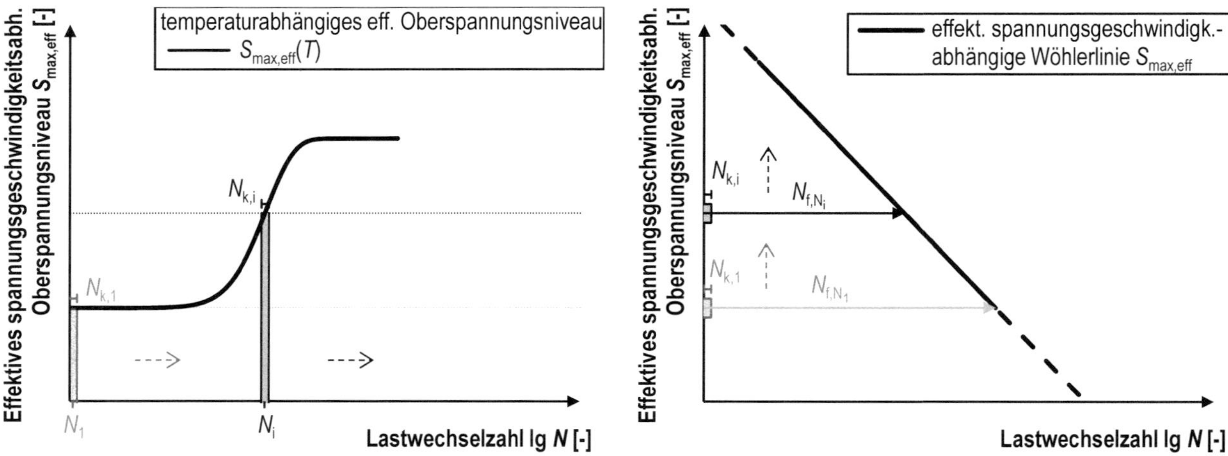

Bild 79: Schematischer Ablauf zur Bestimmung der ertragbaren Lastwechselzahl

Nachfolgend soll Gleichung (3-41) in Kombination mit der linearen Schädigungsakkumulation nach Gleichung (3-42) anhand der eigenen Versuchsergebnisse validiert werden. Ausgehend von der effektiven 2 Hz-Wöhlerlinie wurden dazu mit beiden Gleichungen die auf eine Belastungsfrequenz von $f = 4$ Hz und $f = 7$ Hz adaptierten effektiven Wöhlerlinien errechnet. In Bild 80 sind diese zusammen mit der effektiven 2-Hz-Bezugswöhlerlinie den experimentell bestimmten mittleren Bruchlastwechselzahlen der Versuche ohne Belastungspausen gegenübergestellt.

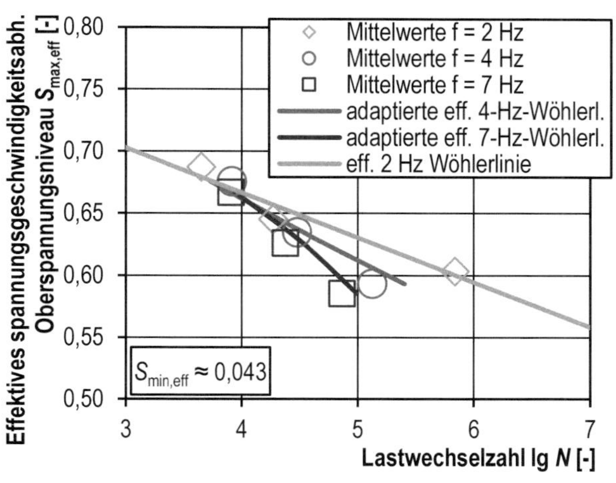

Bild 80: Vergleich der experimentellen mittleren Bruchlastwechselzahlen mit den adaptierten effektiven Wöhlerlinien

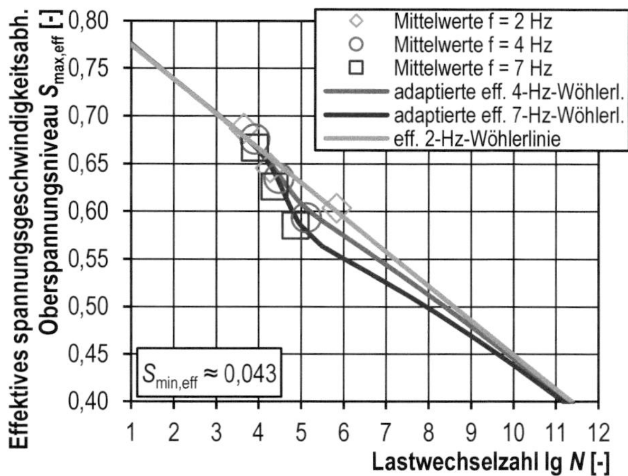

Bild 81: Extrapolation der effektiven 2-Hz-Wöhlerlinie und der adaptierten effektiven Wöhlerlinien

Mit abnehmendem Oberspannungsniveau werden die adaptierten effektiven Wöhlerlinien zunehmend zu niedrigeren Bruchlastwechselzahlen hin verschoben. Dies ist auf den zunehmenden Temperaturunterschied zwischen den höherfrequenten und den 2-Hz-Versuchen zurückzuführen. Grundsätzlich ist festzustellen, dass Gleichung (3-41) in Kombination mit der linearen Schädigungsakkumulationshypothese die experimentell beobachteten Versuchsergebnisse im Rahmen der nicht vermeidbaren Versuchsstreuung gut abbildet. Zwar werden die Bruchlastwechselzahlen nicht exakt wiedergegeben, deren tendenzielle Entwicklung kann allerdings gut vorausgesagt werden.

Die mithilfe des beschriebenen Modells bestimmten Bruchlastwechselzahlen können auch über den konventionellen Oberspannungsniveaus S_{max} dargestellt werden, siehe Bild 82 und Bild 83.

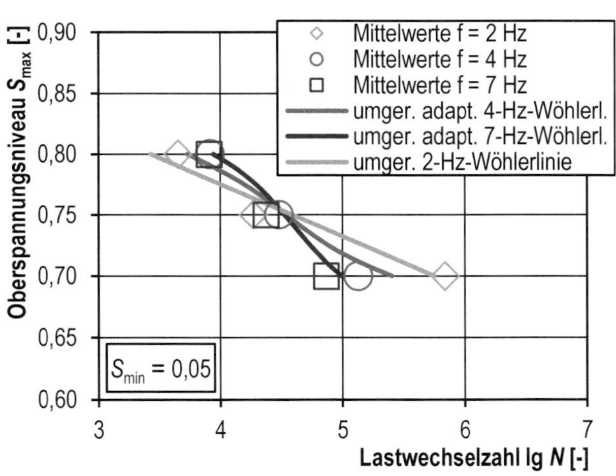

Bild 82: Vergleich der experimentellen mittleren Bruchlastwechselzahlen mit den adaptierten Wöhlerlinien

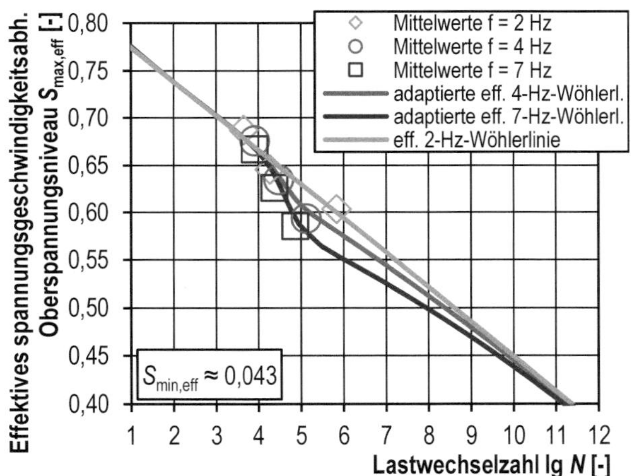

Bild 83: Extrapolation der 2-Hz-Wöhlerlinie und der adaptierten Wöhlerlinien

Die adaptieren Wöhlerlinien in Bild 82 ergeben auf dem Oberspannungsniveau S_{max} = 0,80 mit zunehmender Belastungsfrequenz höhere ertragbare Lastwechselzahlen. Auf diesem Oberspannungsniveau überwiegt der Einfluss der Spannungsgeschwindigkeit auf den mechanischen Schädigungsprozess, da sich die erhöhten Probekörpertemperaturen für die betrachteten Belastungsfrequenzen erst ab Lastwechselzahlen von etwa $N \approx$ 10.000 bemerkbar machen. Die adaptierte 7-Hz-Wöhlerlinie bildet dabei die experimentell bestimmte mittlere Bruchlastwechselzahl sehr gut ab. Auf dem Oberspannungsniveau S_{max} = 0,75 ergeben alle drei Wöhlerlinien nahezu dieselben ertragbaren Lastwechselzahlen. Dies kann bei den mittleren experimentell bestimmten Bruchlastwechselzahlen im Rahmen der üblichen Versuchsstreuung ebenfalls beobachtet werden. Auf diesem Beanspruchungsniveau heben sich sowohl bei den experimentellen Untersuchungen als auch in den adaptierten Wöhlerlinien der druckfestigkeitssteigernde Einfluss aus den erhöhten Spannungsgeschwindigkeiten und der druckfestigkeitsverringernde Einfluss aus den erhöhten Probekörpertemperaturen nahezu auf. Die adaptieren Wöhlerlinien bilden die Versuchsergebnisse gut ab. Auf dem Oberspannungsniveau S_{max} = 0,70 liefern die experimentellen Ermüdungsversuche mit steigender Belastungsfrequenz geringere Bruchlastwechselzahlen. Dies kann auch mit den entwickelten Wöhlerlinien abgebildet werden. Die adaptierten Wöhlerlinien nähern sich den experimentellen Ergebnissen gut an. Auf diesem Beanspruchungsniveau überwiegt der Einfluss des druckfestigkeitsverringernden thermischen Schädigungsprozesses, da sich die Temperaturdifferenz zwischen den Versuchen mit unterschiedlichen Belastungsfrequenzen aufgrund der längeren Versuchszeit am stärksten ausbilden kann.

Bild 83 zeigt die auf weitere Oberspannungsniveaus erweiterten adaptierten 4-Hz- und 7-Hz-Wöhlerlinien im Vergleich zur Bezugswöhlerlinie. Es ist deutlich der divergierende Einfluss der Belastungsfrequenz auf die Bruchlastwechselzahlen zu erkennen. Oberhalb von S_{max} = 0,75 führen im Modell höhere Belastungsfrequenzen zu höheren Bruchlastwechselzahlen und unterhalb von S_{max} = 0,75 zu geringeren Bruchlastwechselzahlen. Dabei treten bei den dargestellten Wöhlerlinien die größten relativen Unterschiede zur Bezugswöhlerlinie bei S_{max} = 0,70 auf. Für geringere Oberspannungsniveaus nähern sich die Wöhlerlinien einander wieder an. Für $S_{max} \leq 0,55$ treten in der einfach logarithmischen Darstellung kaum noch erkennbare Unterschiede auf, da sich die Probekörper aufgrund des geringeren Oberspannungsniveaus nur noch geringfügig erwärmen. Hierbei können höherfrequente Wöhlerlinien die 2-Hz-Bezugswöhlerlinie wieder schneiden, da der Einfluss der Spannungsgeschwindigkeit wieder dominiert.

Um die Entwicklung der Bruchlastwechselzahlen nach Gleichung (3-41) und (3-42) stärker zu verdeutlichen, sind diese in Bild 84 dreidimensional über der Belastungsfrequenz f und dem Oberspannungsniveau S_{max} dargestellt. Mit steigender Belastungsfrequenz (f > 2 Hz) ist ein temperaturbedingter, zunehmender Einbruch der Versagensfläche ersichtlich. Mit fallender Belastungsfrequenz (f < 1 Hz) ist eine generelle Abnahme der Bruchlastwechselzahlen zu beobachten, welche bei höheren Oberspannungsniveaus stärker ausgeprägt ist. Für die Interpretation von Bild 84 sei nochmal darauf hingewiesen, dass die Beanspruchungsniveaus stets in Bezug zu denen der 2-Hz-Versuche stehen. Deswegen verlaufen die Wöhlerlinien und die Versagensfläche bei einer Belastungsfrequenz von 2 Hz gemäß Gleichung (3-41) linear.

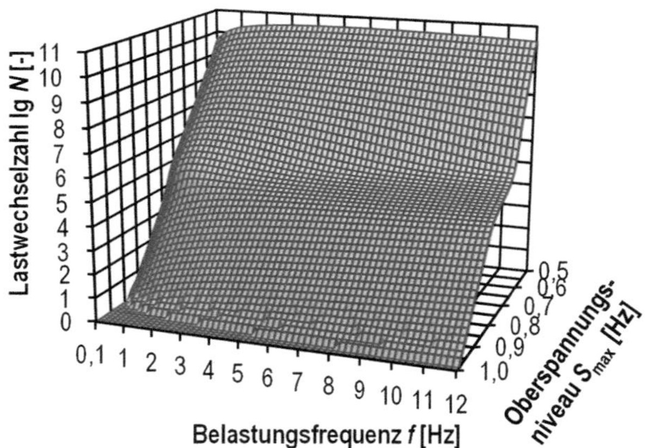

Bild 84: Darstellung der ertragbaren Lastwechselzahlen nach Gleichung (3-41) für verschiedene Belastungsfrequenzen und Oberspannungsniveaus

Um die Gültigkeit der bislang präsentierten Ergebnisse für den untersuchten Beton zu beleuchten, sind in Bild 85 die berechneten inneren Probekörpertemperaturen zum Zeitpunkt des Ermüdungsversagens dreidimensional dargestellt. Für die untersuchten Kombinationen von Beanspruchung und Belastungsfrequenz werden keine höheren inneren Probekörpertemperaturen als 80 °C erzielt. Somit wird für den untersuchten Frequenzbereich die Gültigkeitsgrenze des Materialmodells zur Berechnung von $f_{cm}(T)$ in Gleichung (3-36) nach Model Code 2010 [Fib-10] eingehalten. Darüber hinaus zeichnet sich in dieser Darstellung ein Temperaturgrat ab, welcher die höchsten Versagenstemperaturen beschreibt.

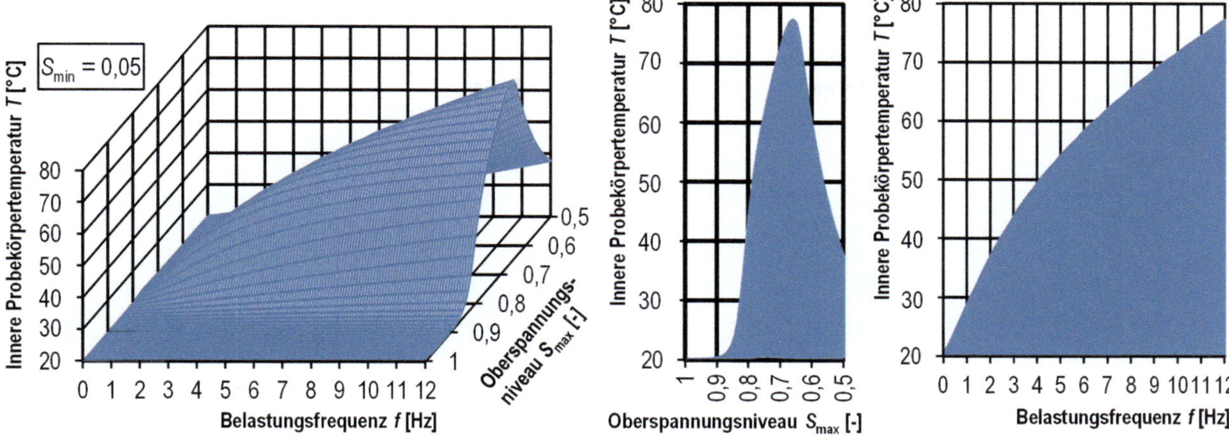

Bild 85: Berechnete innere Probekörpertemperaturen *T* beim Ermüdungsversagen

Die diesem Temperaturgrat zugehörigen Oberspannungsniveaus können als kritische Oberspannungsniveaus $S_{max,krit}$ definiert werden, auf denen der thermische Schädigungsprozess den Ermüdungswiderstand am stärksten herabsetzt. Bild 86 zeigt den Zusammenhang zwischen dem kritischen Oberspannungsniveau $S_{max,krit}$ und der Belastungsfrequenz *f*. Je höher die Belastungsfrequenz ist, desto geringer ist das kritische Oberspannungsniveau $S_{max,krit}$. Die Berechnungen bestätigen somit auch die Beobachtungen aus der Literatur, dass für die üblicherweise verwendeten Belastungsfrequenzen (1 Hz $\leq f \leq$ 10 Hz) auf Oberspannungsniveaus zwischen 0,65 $\leq S_{max} \leq$ 0,76 mit erhöhten thermisch bedingten Schädigungen zu rechnen ist.

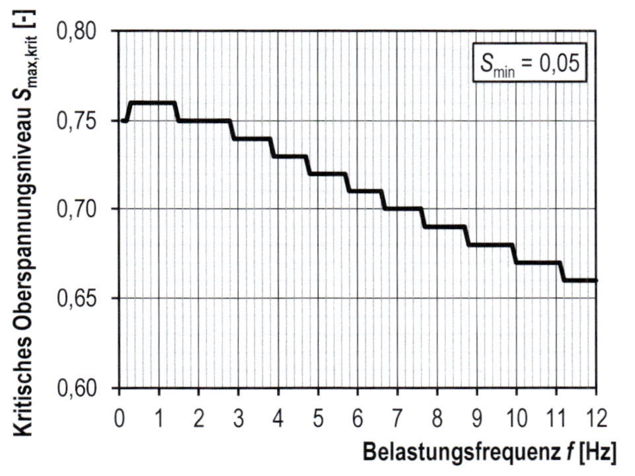

Bild 86: Kritisches Oberspannungsniveau $S_{max,krit}$ für verschiedene Belastungsfrequenzen

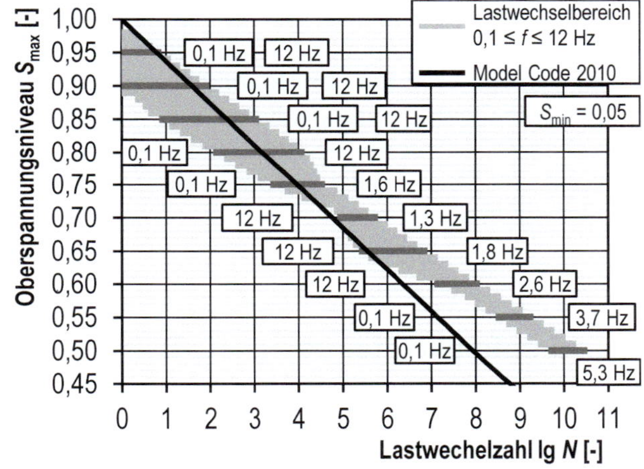

Bild 87: Bruchlastwechselzahlenbereiche mit zugehörigen Belastungsfrequenzen für minimale und maximale Bruchlastwechselzahl

Ferner lassen sich die belastungsfrequenzabhängigen Streubreiten der mittleren Bruchlastwechselzahlen darstellen und wie in Bild 87 mit der Wöhlerlinie nach Model Code 2010 [Fib-10] vergleichen. Die im Diagramm links des Streubereichs aufgeführten Belastungsfrequenzen ergeben auf den jeweiligen, dunkelgrau hinterlegten Beanspruchungsniveaus die geringste mittlere Bruchlastwechselzahl und die rechtsstehenden Belastungsfrequenzen die höchste. Führen auf Oberspannungsniveaus S_{max} > 0,75 noch die Belastungsfrequenzen 0,1 Hz und 12 Hz zu den minimalen bzw. maximalen Bruchlastwechselzahlen, so trifft dies für $S_{max} \leq$ 0,75 nicht mehr zu. Durch die gleichzeitige Wirkung des mechanischen und thermischen Schädigungsprozesses führen andere Belastungsfrequenzen zu den geringsten bzw. größten Bruchlastwechselzahlen. Darüber hinaus wird deutlich, dass je nach einwirkender Belastungsfrequenz die Bruchlastwechselzahlen oberhalb oder unterhalb der Wöhlerlinie nach Model Code 2010 liegen können.

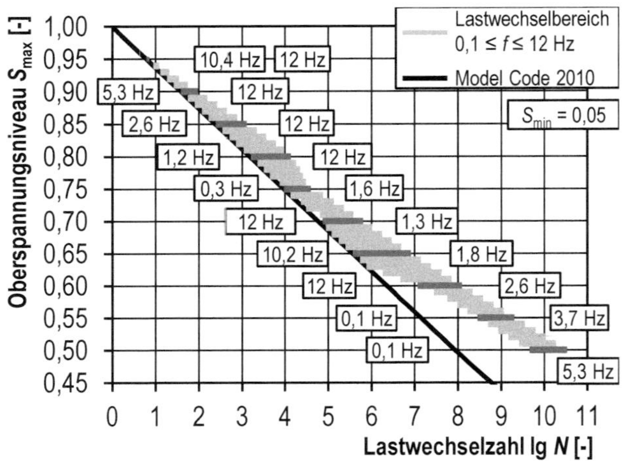

Bild 88: Bruchlastwechselzahlenbereiche oberhalb der Model Code 2010 Wöhlerlinie mit zugehörigen Belastungsfrequenzen für die minimale und maximale Lastwechselzahl

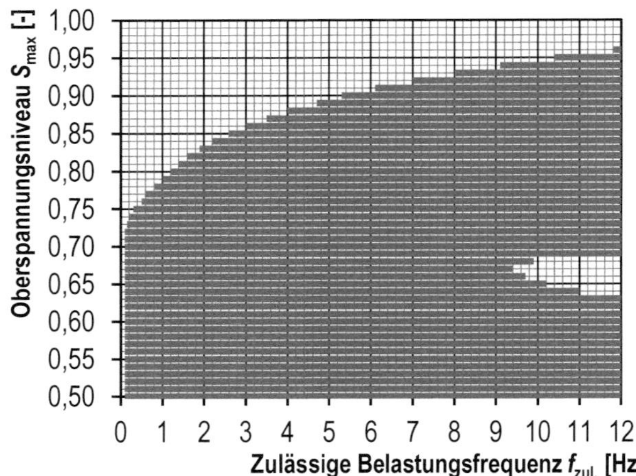

Bild 89: Zulässige Belastungsfrequenzen für Bruchlastwechselzahlenbereiche obehalb der Model Code 2010 Wöhlerlinie

So lassen sich mit Gleichung (3-41) auch die Belastungsfrequenzen ermitteln, mit denen Bruchlastwechselzahlen oberhalb eines bestimmten Mindestwiderstandes wie z. B. der Wöhlerlinie nach Model Code 2010 [Fib-10] erzielt werden können. Bild 88 zeigt für die dunkelgrau hinterlegten Streubereiche die Belastungsfrequenzen, welche die minimalen und maximalen Bruchlastwechselzahlen oberhalb der Model-Code-Wöhlerlinie erzeugen. Diese Belastungsfrequenzen grenzen dabei nur für Oberspannungsniveaus $S_{max} \geq 0,80$ den zulässigen Frequenzbereich nach unten bzw. oben ab. Für den Oberspannungsbereich von $S_{max} \leq 0,75$ ist dies durch die gleichzeitige Wirkung des Spannungsgeschwindigkeits- und Temperatureinflusses nicht der Fall. So führt z. B. auf dem Oberspannungsniveau $S_{max} = 0,75$ auch eine Belastungsfrequenz von $f = 12$ Hz zu einer Bruchlastwechselzahl, die oberhalb der Wöhlerlinie liegt. Diese ist allerdings kleiner als die mit einer Frequenz von $f = 1,6$ Hz errechnete Bruchlastwechselzahl. Die entsprechend zulässigen Belastungsfrequenzen $f_{zul.}$ sind in Bild 89 dargestellt.

3.8 Empfehlung für geeignete Belastungsfrequenzen

Die experimentelle Untersuchung des Ermüdungswiderstandes ist insbesondere auf Oberspannungsniveaus $S_{max} < 0,75$ aufgrund der hohen Lastwechselzahlen sehr zeit- und kostenintensiv. Daher liegt häufig das Bestreben in der Erhöhung der Belastungsfrequenz, um die Versuchsdauer zu reduzieren. Gleichzeitig sollte jedoch der Einfluss des thermisch induzierten Schädigungsprozesses minimiert werden, da dies ein versuchstechnischer Effekt ist, welcher in der Realität nicht in dieser Art auftritt. Der in diesem Fall dominierende, zeitinvariante Einfluss der Spannungsgeschwindigkeit auf den Ermüdungswiderstand könnte hingegen im Nachgang relativ einfach berücksichtigt werden. Die Forderung nach der höchstmöglichen Belastungsfrequenz bei minimaler thermisch induzierter Schädigung ergibt gemäß der Grundidee des vorgestellten Modells die höchstmögliche Bruchlastwechselzahl. Bild 90 zeigt die dazu aufzubringenden Belastungsfrequenzen für einen Frequenzbereich bis 10 Hz. In Bild 91 sind die zugehörigen maximalen Temperaturänderungen an der Probekörperoberfläche dargestellt. Aus Bild 90 ist ersichtlich, dass die Belastungsfrequenz f auf dem Oberspannungsniveau $S_{max} = 0,75$ deutlich reduziert werden muss. Für geringere Oberspannungsniveaus kann die Belastungsfrequenz wieder geringfügig erhöht werden. Die zugehörigen Temperaturerhöhungen in Bild 91 liegen zwischen 0,01 K bis 27,8 K. Dass auf Oberspannungsniveaus zwischen $0,76 \leq S_{max} \leq 0,80$ trotz der relativ hohen maximalen Temperaturänderungen die höchsten Bruchlastwechselzahlen erreicht werden, spiegelt den divergierenden Einfluss der beiden Schädigungsprozesse wider. Die Anzahl der unter den hohen Temperaturen stattfindenden Lastwechsel ist noch nicht ausreichend, um eine Belastungsfrequenzreduktion herbeizuführen. Erst für geringere Oberspannungsniveaus nimmt die Anzahl der Lastwechsel mit hohen Temperaturen und somit auch der Temperatureinfluss dermaßen zu, dass eine Reduktion der Spannungsgeschwindigkeiten und Probekörpertemperaturen zu den höchsten Bruchlastwechselzahlen führt.

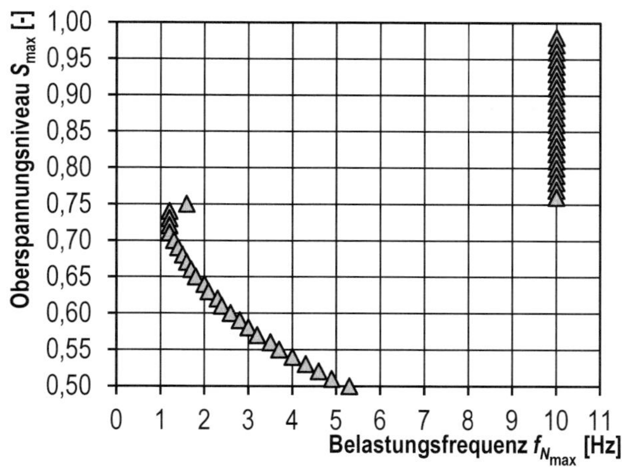

Bild 90: Zugehörige Belastungsfrequenzen *f* bei höchster Bruchlastwechselzahl

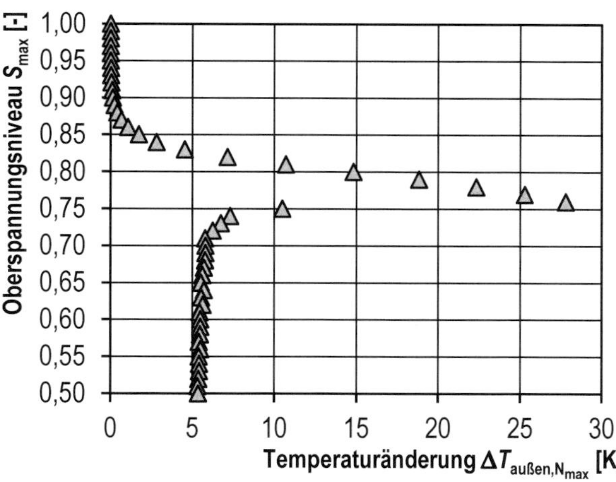

Bild 91: Maximale Temperaturänderungen $\Delta T_{max,außen}$ bei höchster Bruchlastwechselzahl

Nun könnten die in Bild 90 dargestellten Belastungsfrequenzen als Empfehlung für weitere Ermüdungsuntersuchungen an dem untersuchten hochfesten Betonen gelten. Solch stark differenzierte spannungsniveauabhängige Belastungsfrequenzen sind in ihrer Anwendung allerdings unpraktisch. Eine etwas pragmatischere Empfehlung ist hingegen in Tabelle 5 dargestellt, welche drei Frequenzbereiche definiert. Die mit diesen Belastungsfrequenzen nach Gleichung (3-41) errechneten Bruchlastwechselzahlen sind in Bild 92 dargestellt und liegen im obersten Bereich der Bruchlastwechselzahlenbereiche. Ein ausgeprägter thermisch bedingter Einbruch ist nicht vorhanden. Bei der Betrachtung der frequenzkonstanten Wöhlerlinien wird auch klar, dass an den Grenzen der in Tabelle 5 dargestellten Beanspruchungs-Frequenzbereiche die benachbarten Belastungsfrequenzen ähnliche Bruchlastwechselzahlen ergeben. So könnte auf den Bereichsgrenzen durchaus die höhere Belastungsfrequenz gewählt werden, wodurch nur geringfügig niedrigere Bruchlastwechselzahlen zu erwarten sind.

Tabelle 5: Pragmatische Empfehlung für Belastungsfrequenzen zum Erreichen hoher Bruchlastwechselzahlen für den untersuchten hochfesten Beton

d/*h* [mm]	S_{min} [-]	S_{max} [-]	*f* [Hz]
100/300	0,05	0,98–0,76	10 Hz
		0,75–0,60	2 Hz
		0,59–0,50	5 Hz

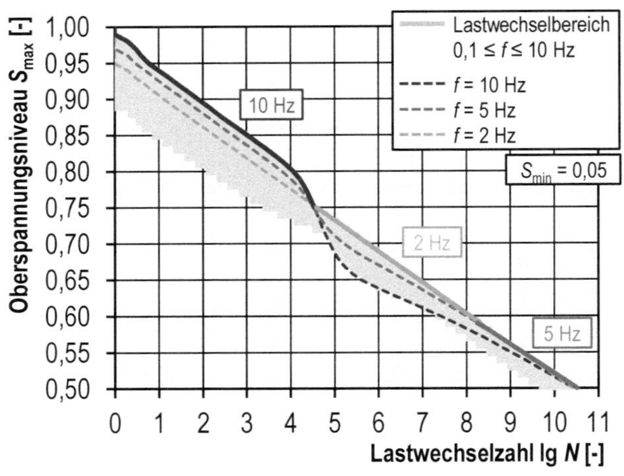

Bild 92: Bruchlastwechselzahlen infolge der in Tabelle 5 empfohlenen Belastungsfrequenzen f

Grundlage für die in Tabelle 5 dargestellten Empfehlungen sind u. a. die gemessenen Temperaturentwicklungen für den untersuchten Beton und das Materialgesetz nach Model Code 2010 [Fib-10] gemäß Gleichung (3-36). Andere Betone können durchaus andere Temperaturentwicklungen unter den beschriebenen Belastungsfrequenzen besitzen, weshalb sich die Begrenzung der maximal zulässigen Probekörpertemperatur als alternative Methode darstellt, um den Einfluss des thermischen Schädigungsprozesses zu begrenzen. Dies wird auch im Hinblick auf eine zukünftige Entwicklung einer standardisierten Prüfmethodik zur Bestimmung des Ermüdungswiderstands von Beton als realisierbar angesehen. Diese Methodik wird auch in [DIN 50100] für Ermüdungsversuche an metallischen Werkstoffen verfolgt, bei denen sich die gemessene Temperatur um maximal ΔT = 30 K bei ferritischen Stählen bzw. ΔT = 20 K bei austenitischen Stählen oder Aluminium erhöhen darf. Aufgrund der heterogenen Materialstruktur von Beton und seiner mechanischen, thermischen und hygrischen Inkompatibilitäten sowie aufgrund der Erkenntnisse aus Bild 85 wäre eine geringere zulässige Temperaturerhöhung als für metallische Werkstoffe zu erwarten. Zunächst ließen sich die in Bild 91 dargestellten Temperaturen als Grenztemperaturen definieren. Für eine verallgemeinerte Empfehlung wären solch differenzierte, oberspannungsabhängige zulässige Temperaturerhöhungen allerdings nicht praktikabel. Eine konstante zulässige Temperaturerhöhung in Anlehnung an [DIN 50100] wäre dies jedoch schon. Aus diesem Grund wird im Folgenden die Sensitivität der Temperaturerhöhung auf die Bruchlastwechselzahlen untersucht. In Bild 93 sind Wöhlerlinien nach Gleichung (3-41) für unterschiedliche maximal zulässige äußere Temperaturänderungen $\Delta T_{max,außen}$ dargestellt. Dabei ist zu beachten, dass die maximalen äußeren Temperaturänderungen aufgrund des begrenzten Frequenzbereichs von $f \leq$ 10 Hz nur auf bestimmten Oberspannungsniveaus erreicht werden, siehe Bild 94. Bei den in Bild 93 dargestellten Wöhlerlinien treten im Bereich zwischen 0,79 ≤ S_{max} ≤ 0,81 Knicke auf, die auf die Verringerung der Belastungsfrequenz zur Einhaltung der Temperaturgrenzen zurückzuführen sind. Dadurch werden die Spannungsgeschwindigkeiten reduziert, was zu einer Druckfestigkeitsreduktion führt. Diese Knicke sind für geringere zulässige äußere Temperaturänderungen wie z. B. 10 K oder 15 K stärker ausgeprägt. Demgegenüber kommt es bei diesen Wöhlerlinien nicht zu einem deutlichen thermischen Einbruch wie etwa bei jenen mit einer zulässigen äußeren Temperaturänderung von 30 K. Die thermisch bedingten Einbrüche der Bruchlastwechselzahlen bei $\Delta T_{max,außen}$ = 10 K sind vernachlässigbar, bei $\Delta T_{max,außen}$ = 15 K sehr schwach ausgeprägt und werden bei höheren Temperaturänderungen immer ausgeprägter. In Bild 95 sind die zugehörigen Belastungsfrequenzen dargestellt.

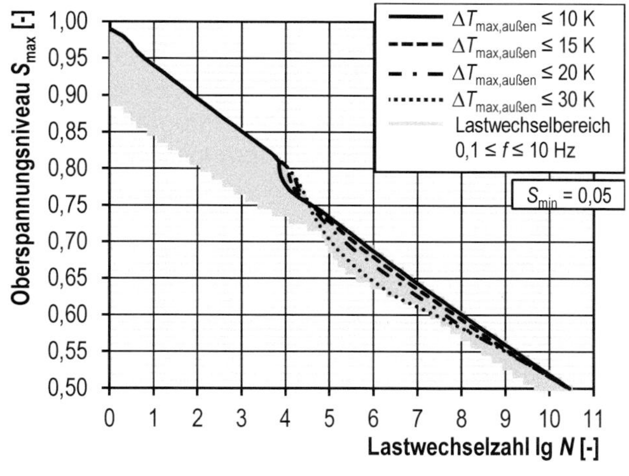

Bild 93: Wöhlerlinien für maximale Temperaturänderungen $\Delta T_{max,außen}$

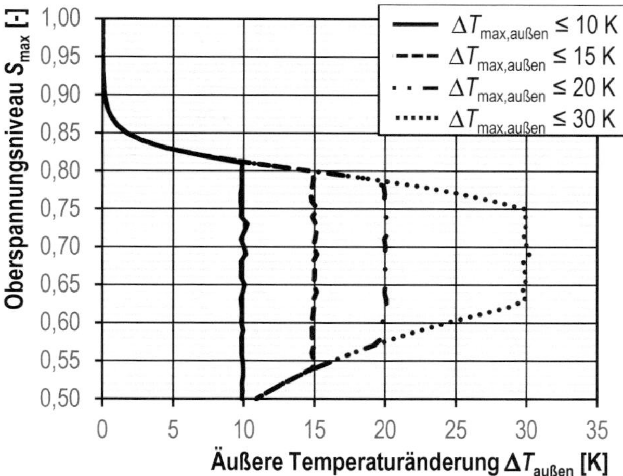

Bild 94: Äußere Temperaturänderungen $\Delta T_{außen}$

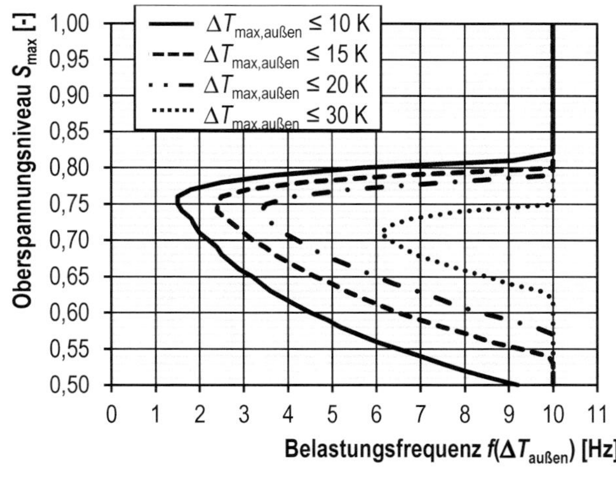

Bild 95: Zugehörige Belastungsfrequenzen f für maximale Temperaturänderungen $\Delta T_{max,außen}$

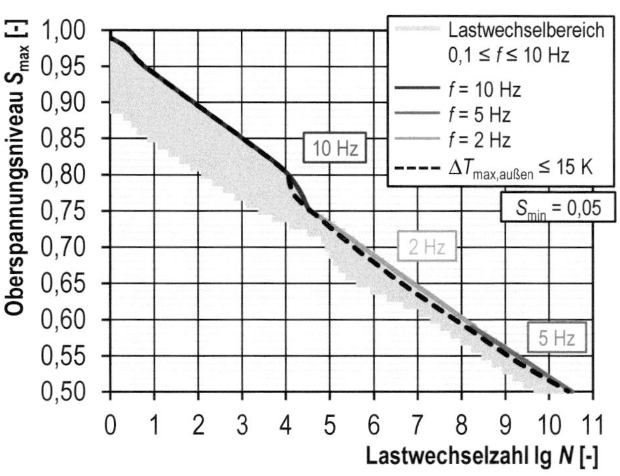

Bild 96: Vergleich der temperaturbegrenzten mit der frequenzbegrenzten Wöhlerlinie

Für weitere Ermüdungsversuche an dem untersuchten hochfesten Betonen, aber auch an weiteren hochfesten Betonen, wird aufgrund der in Bild 93 dargestellten Wöhlerlinien eine maximal zulässige äußere Temperaturerhöhung von $\Delta T_{außen} \approx 15$ K als pragmatischer Ansatz vorgeschlagen. Die zugehörige Wöhlerlinie besitzt lediglich einen schwachen Knick und einen sehr schwachen thermischen Einbruch.

Ein Vergleich zwischen dieser temperaturbegrenzten Wöhlerlinie und der frequenzbegrenzten Wöhlerlinie nach Tabelle 5 ist in Bild 96 dargestellt. Die zulässigen Belastungsfrequenzen der temperaturbegrenzten Wöhlerlinie müssen im Vergleich zur frequenzbegrenzten Wöhlerlinie im Bereich zwischen $0,76 \leq S_{max} \leq 0,80$ reduziert werden, können aber für geringere Oberspannungsniveaus erhöht werden. Die zulässigen Belastungsfrequenzen in Bild 95 können für die Oberspannungsniveaus $S_{max} \leq 0,60$ gegenüber denen in Tabelle 5 deutlich erhöht werden. Sie gelten allerdings nur für den hier untersuchten Beton und die hier verwendete Probekörpergeometrie. Andere hochfeste Betone können unter diesen Belastungsfrequenzen durchaus höhere Temperaturänderungen aufweisen. Damit dennoch während eines Ermüdungsversuchs eine Temperaturerhöhung von 15 K nicht überschritten wird, sind verschiedene Versuchskonzepte denkbar.

Ein mögliches Versuchskonzept zur Begrenzung der Probekörpertemperatur fußt auf der Einhaltung von temperaturgeregelten Belastungspausen, siehe Bild 97. Hierzu ist eine automatisierte temperaturgeregelte Versuchsdurchführung erforderlich, die mit heutigen Maschinencontrollern und Regelprogrammen ohne größere Probleme umsetzbar ist. Beim Überschreiten einer oberen Grenztemperatur, welche 1 K über der zulässigen

Temperaturerhöhung von 15 K liegt, ist die zyklische Belastung zu pausieren. Die Last ist während der Pause auf dem kriechaffinen Beanspruchungsniveau zu halten. Nachdem die Temperatur die untere Grenztemperatur erreicht hat, welche 1 K unterhalb der zulässigen Temperaturerhöhung von 15 K liegt, ist die zyklische Belastung fortzusetzen. Der vorgeschlagene Abstand zwischen der oberen und unteren Temperaturbereichsgrenze von 2 K ist ein pragmatischer Ansatz, der an die Temperaturentwicklungen der eigenen pausierten Versuche angelehnt ist.

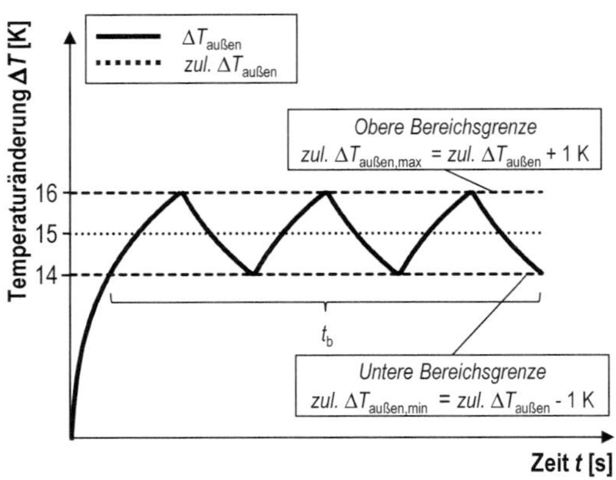

Bild 97: Temperaturerhöhung eines temperaturgeregelten Ermüdungsversuchs

Alternativ zu einer automatisierten temperaturgeregelten Versuchsdurchführung ist eine kontinuierliche Versuchsdurchführung mit einer belastungsniveauabhängigen Belastungsfrequenz möglich, die mithilfe einer mechanisch–thermischen Analyse an ein bis zwei Proben abgeschätzt wird. Hierbei sind die Probekörper zunächst auf den jeweiligen Beanspruchungsniveaus mit der höchstmöglichen Belastungsfrequenz zu beanspruchen. Nach dem Überschreiten der oberen Grenztemperatur wird die zyklische Belastung pausiert und nach dem Abkühlen bis auf die untere Grenztemperatur wieder fortgesetzt. Dieses Vorgehen wird ein- oder mehrmals wiederholt. Anschließend kann nach Gleichung (3-43) aus den innerhalb der Zeit t_b aufgebrachten Lastwechseln N_b die zulässige Belastungsfrequenz $f_{zul.}$ abgeschätzt werden. Mithilfe dieser Belastungsfrequenz lassen sich nachfolgend Ermüdungsversuche als kontinuierliche Einstufenversuche durchführen. Diese Methode unterstellt, dass die Erwärmung bzw. die Erzeugung der Dissipationsenergie während der Ermüdungsbeanspruchung frequenzunabhängig und über die Versuchsdauer konstant ist. Da bei geringeren Belastungsfrequenzen meist höhere Dissipationsenergien gemessen werden, könnten die Probekörpertemperaturen der kontinuierlichen niederfrequenten Einstufenversuche zunächst geringfügig über der beabsichtigten zulässigen Temperaturerhöhung liegen. Dies sollte bei der Anwendung dieser pragmatischen Analysemethode bedacht werden. Aus diesem Grund ist die automatisierte temperaturgeregelte Versuchsdurchführung dieser Methode vorzuziehen.

$$f_{zul.} = \frac{N_b}{t_b} \tag{3-43}$$

3.9 Normative Sicherheitsbeiwerte

Wöhlerlinien, welche mithilfe der zuvor beschriebenen Methoden erstellt werden, weisen aller Voraussicht nach, keinen ausgeprägten thermischen Einbruch der Bruchlastwechselzahlen auf. Allerdings ist zu beachten, dass die erhöhten Spannungsgeschwindigkeiten einen reduzierten mechanischen Schädigungsprozess bewirken. Realitätsnahe, geringere Belastungsfrequenzen würden geringere Ermüdungswiderstände verursachen. Die Umrechnung der ermittelten Wöhlerlinien auf andere, realitätsnahe Belastungsfrequenzen und Temperaturniveaus kann mit der in Abschnitt 3.6 vorgestellten Methode erfolgen. Dazu müssten allerdings die Modellparameter der spannungsgeschwindigkeitsabhängigen sowie temperaturabhängigen Beanspruchungsniveaus angepasst werden. Dies beinhaltet auch die Anpassung der Temperaturverläufe, um diese abzubilden und auch für nicht untersuchte Belastungsfrequenzen zu errechnen. Sollten zur Approximation der spannungsgeschwindigkeitsabhängigen und temperaturabhängigen Druckfestigkeit keine experimentellen Ergebnisse vorliegen, kann näherungsweise auf die Materialmodelle nach Gleichung (3-3) und (3-5) gemäß Model Code 2010 [Fib-10] zurückgegriffen werden.

Auf reale Tragwerke wirken mitunter Belastungen mit einer großen Bandbreite von Frequenzen ein. Deren Größe ist grundsätzlich beanspruchungs- und bauwerksspezifisch. Um ein breites Spektrum abzudecken, wird nachfolgend eine untere Frequenzgrenze von $f = 0{,}1$ Hz definiert, was einer Periodendauer von $T = 10$ s entspricht. Wird die frequenz- und temperaturbegrenzte Wöhlerlinie mit der Wöhlerlinie für eine konstante Belastungsfrequenz von $f = 0{,}1$ Hz verglichen, so erzielt diese grundsätzlich geringere Bruchlastwechselzahlen, siehe Bild 98 und Bild 99. Die prozentual stärksten Unterschiede treten auf Oberspannungsniveaus $S_{max} \geq 0{,}80$ auf und sind auf den Einfluss der Spannungsgeschwindigkeit zurückzuführen. Die geringfügige Zunahme der Bruchlastwechselzahlen der 0,1-Hz-Wöhlerlinie für Oberspannungsniveaus $S_{max} \leq 0{,}75$ liegt in der linearen Approximation der 2-Hz-Bezugswöhlerlinie in Abschnitt 6.2.1 begründet. Aus beiden Abbildungen wird jedoch klar, dass sowohl die frequenz- als auch die temperaturbegrenzte Wöhlerlinie höhere Ermüdungswiderstände aufweist als die 0,1-Hz-Wöhlerlinie. Für eine Bemessung von Bauteilen, welche unter entsprechend geringen Belastungsfrequenzen beansprucht werden, sollte daher eine Reduktion der mit beiden Wöhlerlinien ermittelten Bruchlastwechselzahlen erwogen werden. Sowohl in CEB-FIP Model Code 1990 [CEB-93] und DIN EN 1992-2 [DIN EN 1992-2] als auch in fib-Model Code 2010 [Fib-10] ist für die Berechnung der Bemessungsdruckfestigkeit unter Ermüdungsbeanspruchung $f_{cd,fat}$ der Beiwert α_{cc} (in DIN EN 1992-2) bzw. $\beta_{c,sus}(t,t_0) = 0{,}85$ (in Model Code 1990 und Model Code 2010) zu berücksichtigen. Entlehnt aus der statischen Bemessung, in der dieser Beiwert die Dauerstandsfestigkeit des Betons abbildet, soll er in der Ermüdungsbemessung den Einfluss der Belastungsfrequenz berücksichtigen. Zur Überprüfung dieses pauschalen Sicherheitsbeiwertes wurde in Bild 98 bzw. Bild 99 die frequenz- bzw. temperaturbegrenzte Wöhlerlinie auf die 0,85-fachen Oberspannungsniveaus verschoben. Die verschobenen Wöhlerlinien unterschreiten neben der 0,1-Hz-Wöhlerlinie sogar den gesamten Streubereich der mittleren Bruchlastwechselzahlen und liegen somit auf der sicheren Seite. In diesem Fall wäre sogar eine geringfügige Erhöhung des Frequenzbeiwertes möglich. Eine Wöhlerlinienerstellung mithilfe der beiden in Abschnitt 3.8 vorgeschlagenen Konzepte mit einer zusätzlichen Anwendung des pauschalen Frequenzbeiwertes von 0,85 würde somit die Bemessung von Tragwerken mit geringeren Belastungsfrequenzen ermöglichen.

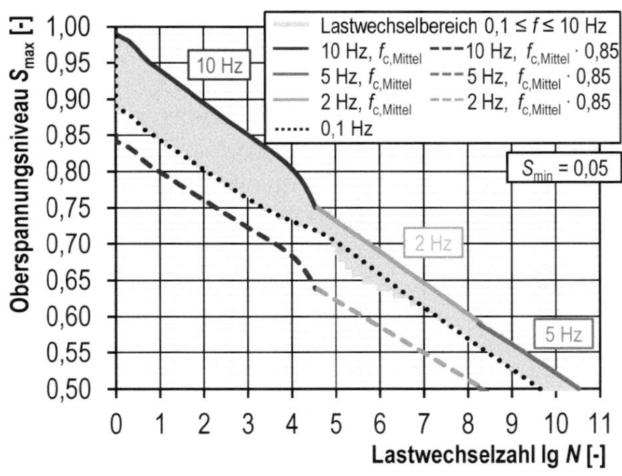

Bild 98: Frequenzbegrenzte Wöhlerlinie mit Frequenzbeiwert im Vergleich zur 0,1-Hz-Wöhlerlinie

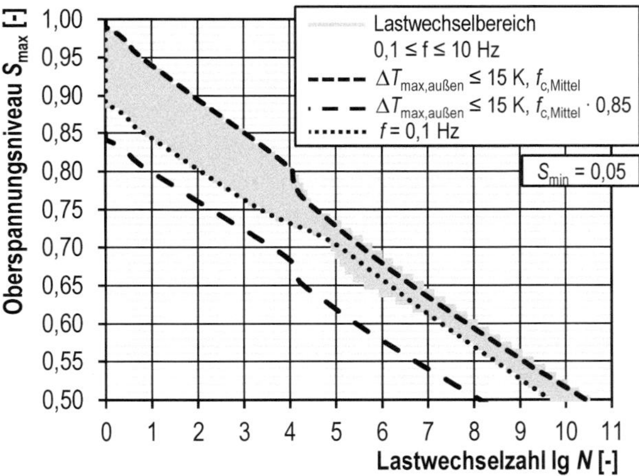

Bild 99: Temperaturbegrenzte Wöhlerlinie mit Frequenzbeiwert im Vergleich zur 0,1-Hz-Wöhlerlinie

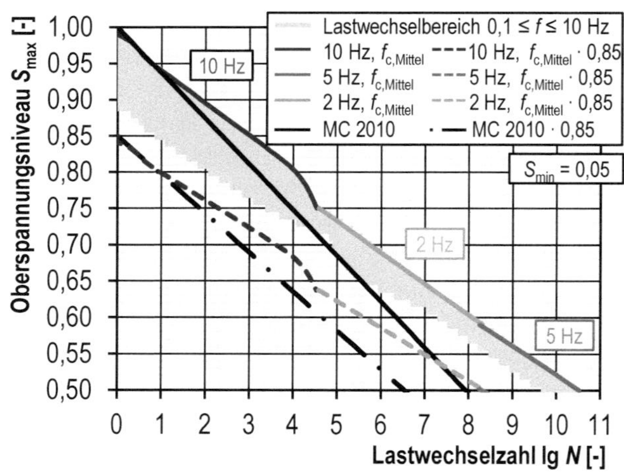

Bild 100: Frequenzbegrenzte Wöhlerlinie mit Frequenzbeiwert im Vergleich zur Wöhlerlinie gemäß Model Code 2010

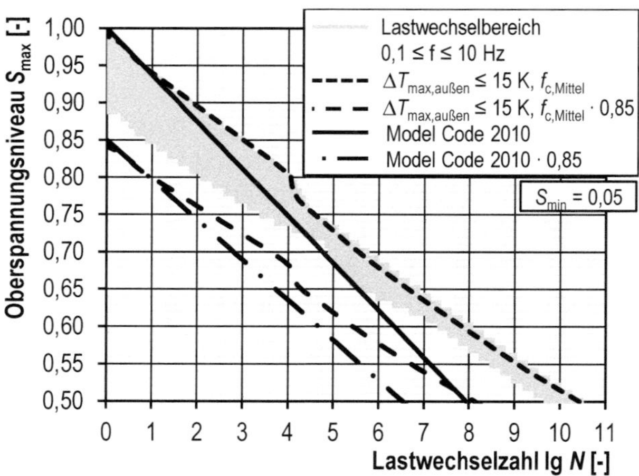

Bild 101: Temperaturbegrenzte Wöhlerlinie mit Frequenzbeiwert im Vergleich zur Wöhlerlinie gemäß Model Code 2010

Eine ähnliche Betrachtung kann auch für die Wöhlerlinie gemäß Model Code 2010 erfolgen. Werden die Gegenüberstellungen in Bild 100 und Bild 101 betrachtet, so liegt die um den Frequenzbeiwert von 0,85 verschobene Model-Code-Wöhlerlinie überwiegend unterhalb der ebenfalls um 0,85 verschobenen frequenz- und temperaturbegrenzten Wöhlerlinien. Einzig im Oberspannungsbereich $S_{max} > 0{,}80$ kommt es zu Schnittpunkten der verschobenen Wöhlerlinien. Allerdings liefern sie in diesem Bereich sehr ähnliche Bruchlastwechselzahlen. Darüber hinaus unterschreitet die verschobene, gemäß Model Code 2010 bestimmte Wöhlerlinie auch den gesamten Streubereich der mittleren Bruchlastwechselzahlen. Somit wäre auch die um den Frequenzbeiwert von 0,85 verschobene, gemäß Model Code 2010 bestimmte Wöhlerlinie für die Bemessung von Tragwerken mit geringeren Belastungsfrequenzen geeignet. Dies gilt natürlich nur unter der Voraussetzung, dass die temperatur- bzw. frequenzbegrenzten Wöhlerlinien oberhalb der Model-Code-Wöhlerlinie liegen. Aufgrund der vorangegangenen Betrachtungen wird die grundsätzliche Berücksichtigung eines Beiwertes von 0,85 sowohl in CEB-FIP Model Code 1990 [CEB-93] und DIN EN 1992-2 [DIN EN 1992-2] als auch in fib-Model Code 2010 [Fib-10] als erforderlich und sinnvoll erachtet. Darüber hinaus besitzt der pauschale Frequenzbeiwert ein gewisses, wenn auch geringes Anpassungspotenzial. Inwieweit dieser Beiwert erhöht werden kann und welche Auswirkungen er auf das eigentliche Sicherheitsniveau besitzt, ist in weiteren Untersuchungen zu überprüfen.

4 Modellhafte Beschreibung des Ermüdungswiderstandes mithilfe energetischer Schädigungsbetrachtungen

4.1 Energetisch auf der Makroebene

4.1.1 Beschreibung der Energieanteile

Sowohl das Verformungsverhalten von realen Bauwerken als auch das Materialverhalten von Probekörpern lässt sich energiebasiert durch das Zusammenspiel von Kraft und Verformung beschreiben. Einem Probekörper in einer Prüfmaschine wird mit der Belastung Energie in Form von mechanischer Arbeit hinzugefügt.

$$\Delta E = W_{mech} = \int F(\Delta l)\mathrm{d}\Delta l \qquad (4\text{-}1)$$

mit:
$F(\Delta l)$ ≙ Kraft in Abhängigkeit von der Probekörperverformung
Δl ≙ Probekörperverformung

Je nach Materialverhalten wird diese Energie auf verschiedene Weise vom Probekörper gespeichert. *Wischers* [Wis-78] beschreibt die aufgenommenen Energieinhalte mithilfe der Spannungs-Dehnungslinien für einen ideal-elastischen Werkstoff, einen elasto-plastischen Werkstoff und für Beton.

Bei einem ideal-elastischen Werkstoff (Bild 102) sind die belastungsabhängigen Verformungen komplett reversibel. Entsprechend liegen die Spannungs-Dehnungslinien der Belastung und der Entlastung übereinander. Der Bereich unterhalb der Spannungs-Dehnungslinie beschreibt die elastische Energie E_{el}. Mit der Entlastung wird die gesamte zuvor aufgebrachte Energie vom Probekörper wieder abgegeben.

Die Verformung eines elasto-plastischen Werkstoffs (Bild 103) besteht neben einem reversiblen auch aus einem irreversiblen Anteil. Durch den irreversiblen Teil wird die plastische Energie E_{pl}, welche nicht durch die Entlastung wieder abgegeben wird, beschrieben. Im Spannungs-Dehnungsdiagramm handelt es sich dabei um den Bereich zwischen der Ent- und der Belastungskurve. Die elastische Energie E_{el}, welche vom Probekörper mit der Entlastung wieder abgegeben wird, wird entsprechend durch den Bereich unterhalb des Entlastungsastes beschrieben.

In Bild 104 ist die Spannungs-Dehnungslinie für zwei weggeregelte Be- und Entlastungszyklen eines Betonprobekörpers dargestellt. Neben dem elastischen und dem plastischen Energieanteil E_{el} und E_{pl} resultiert aus dem viskosen Verformungsverhalten ein dritter Energieanteil. Dieser ergibt sich durch die geringere Verformung des zweiten Belastungsvorgangs verglichen mit der Verformung des ersten Entlastungsvorgangs. Der dazwischenliegende Bereich steht für die Dissipationsenergie E_{δ}.

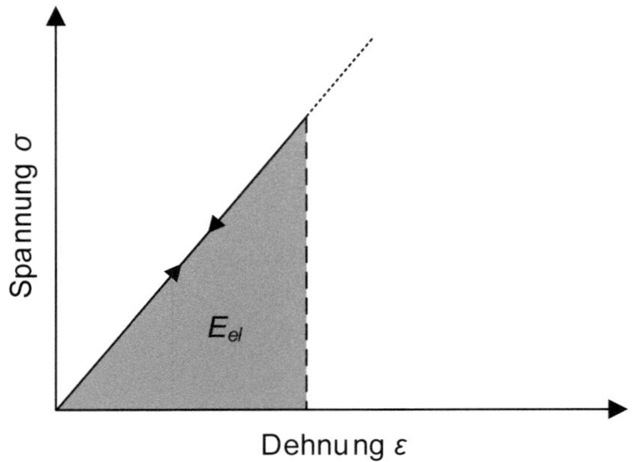

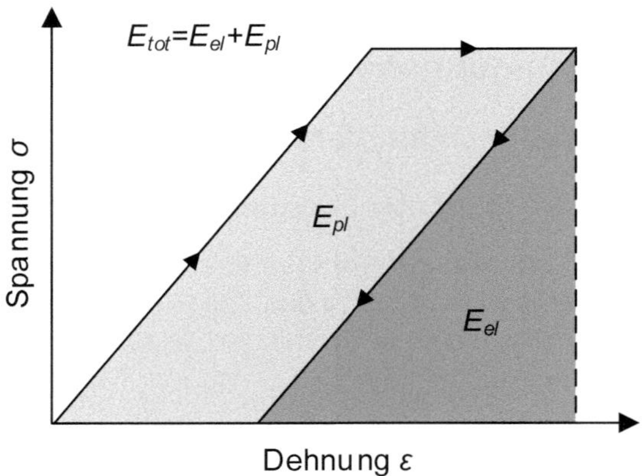

Bild 102: Ideal-elastischer Werkstoff, nach [Wis-78]

Bild 103: Elasto-plastischer Werkstoff, nach [Wis-78]

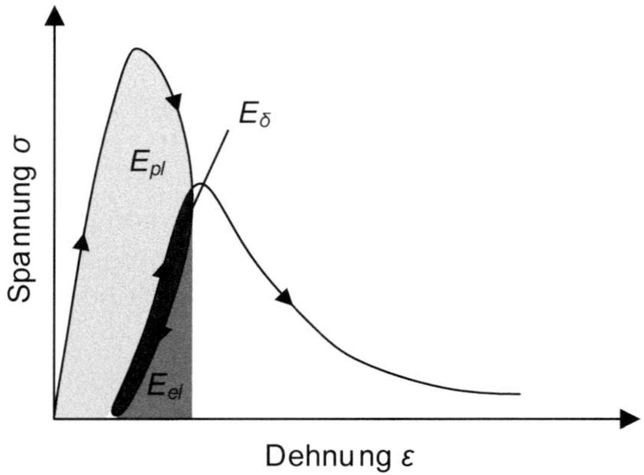

Bild 104: Spannungs-Dehnungslinie von Beton, nach [Wis-78]

Bei der Dissipationsenergie E_δ handelt es sich demnach um die Energie, die mit jedem Lastwechsel vom Probekörper dissipiert wird. Der Probekörper wirkt demnach dämpfend auf das System der Lastaufbringung. Bei der Darstellung der Spannungs-Dehnungslinie eines Betonprobekörpers bei einem kraftgeregelten zyklischen Versuch in Bild 105 sind am Ende des Versuchs, unmittelbar vor dem Bruch, die Hystereseflächen, welche die Dissipationsenergien E_δ der einzelnen Lastzyklen beschreiben, ersichtlich. Tatsächlich wird in der Regel über die gesamte Versuchslaufzeit Energie dissipiert. Aufgrund der vielfachen Überlagerung der Spannungs-Dehnungslinie sind die entsprechenden Hystereseflächen jedoch nicht erkennbar.

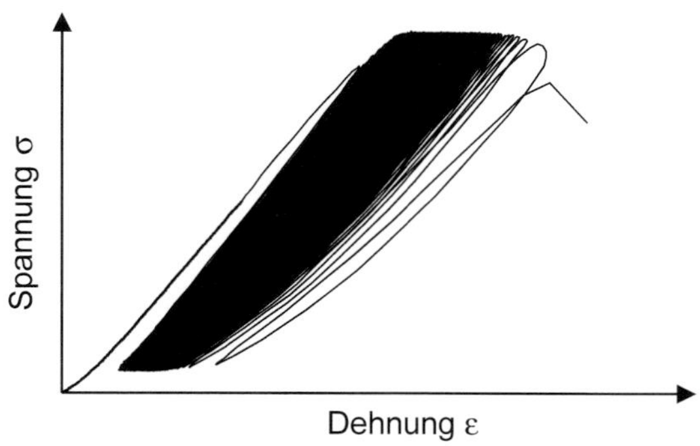

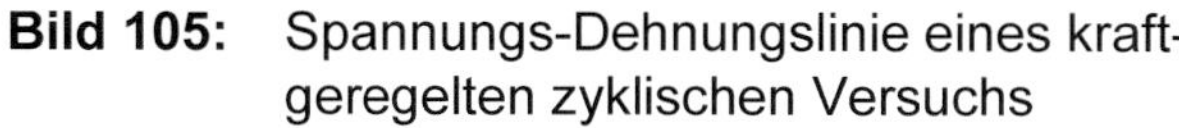

Bild 105: Spannungs-Dehnungslinie eines kraftgeregelten zyklischen Versuchs

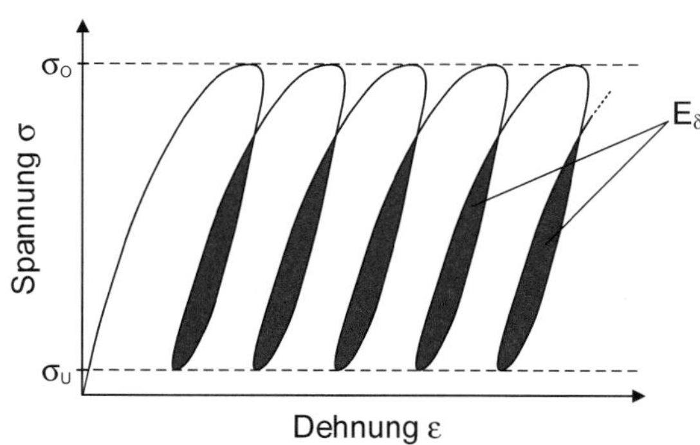

Bild 106: Schematische Darstellung der Spannungs-Dehnungslinie und der Dissipationsenergie E_δ, nach [vdHWe-16]

In der schematischen Darstellung in Bild 106 mit horizontal auseinandergezogener Spannungs-Dehnungslinie werden die Hystereseflächen und somit die Dissipationsenergien E_δ der einzelnen Lastwechsel sichtbar. Mit jedem Lastwechsel wird dieser Energieanteil dem Probekörper zugeführt, ohne dass er bei der Entlastung wieder abgegeben wird. Über die gesamte Versuchslaufzeit steigt demnach die kumulierte Dissipationsenergie ΣE_δ kontinuierlich an.

Während *Wischers* [Wis-78] und *Teichen* [Tei-68] den hier beschriebenen Energieanteil als Dämpfungsenergie bezeichnen, benutzen *Spooner und Dougill* [SpDo-75] den in dieser Arbeit verwendeten Begriff „Dissipationsenergie". In ihrer Arbeit stellen *Spooner und Dougill* die Hypothese auf, dass während des ersten Lastwechsels aufgrund der Schädigung und während der folgenden Lastwechsel aufgrund der Dämpfung Energie dissipiert wird. Bereits *Ban* machte hingegen die Aufspeicherung der dissipierten Energie für die Ermüdungsschädigung verantwortlich [Ban-33]. *Tepfers et al.* sehen den Grund für die absorbierte Energie der Probekörper in einem Zusammenspiel aus Mikrorissbildung, Spannungsumlagerungen und der Probekörpererwärmung [TeHe-84]. Allerdings beziehen sich *Tepfers et al.* auf die gesamte absorbierte Energie während eines Belastungszyklus und unterscheiden in ihren Untersuchungen nicht zwischen elastischer, plastischer und dissipierter Energie.

In neueren Veröffentlichungen werden die Verläufe der Dissipationsenergie E_δ als Schädigungsindikator verwendet ([BoMa-19b], [SeOn-19], [OtOn-19]). Nähere Untersuchungen hinsichtlich des Zusammenhangs zwischen der Schädigung und der Dissipationsenergie E_δ werden in den folgenden Kapiteln durchgeführt.

Teichen [Tei-68] und *von der Haar et al.* [vdHWe-16] kommen zu dem Schluss, dass zumindest der Großteil der dissipierten Energie E_δ in Wärme umgewandelt wird. Diese Hypothese wird in Abschnitt 4.1.5 erneut aufgegriffen und bestätigt.

4.1.2 Methode zur Auswertung der Dissipationsenergie

Zur Ermittlung der Dissipationsenergie E_δ für jeden Lastwechsel werden die Messdaten der Kraft F und der Probekörperverformung Δl in Kraftrichtung benötigt. Mit diesen beiden Messgrößen lassen sich auch die Spannungen sowie die Dehnungen während der zyklischen Versuche ermitteln und somit die in Abschnitt 4.1.1 beschriebenen und beispielhaft in Bild 107 dargestellten Hystereseflächen bestimmen. Dargestellt sind für einen Probekörper ausgewählte Lastzyklen. Dabei beschreiben die einzelnen Punkte die tatsächlich ermittelten Messpunkte, die in der Darstellung linear miteinander verbunden wurden. Auffällig ist, dass sich entgegen der schematischen Darstellung aus Bild 106 die Hystereseflächen nahezu über den gesamten Spannungsbereich eines Lastzyklus ausdehnen. Wertet man die Hystereseflächen direkt für das Kraft-Verformungsdiagramm aus (vgl. Bild 108), erhält man die entsprechende Dissipationsenergie E_δ nach Gleichung (4-2).

$$E_\delta = \int_{\Delta l_{min,i}}^{\Delta l_{s,i}} F_{Bel}(\Delta l)\mathrm{d}\Delta l - \int_{\Delta l_{min,i}}^{\Delta l_{s,i}} F_{Entl}(\Delta l)\mathrm{d}\Delta l \qquad (4\text{-}2)$$

mit:

$\Delta l_{s,i}$	≙	Probekörperverformung beim Schnittpunkt der Be- und Entlastungskurve
$\Delta l_{min,i}$	≙	Minimale Probekörperverformung während eines Lastwechsels
$F_{Bel}(\Delta l)$	≙	Kraftwert während der Belastung
$F_{Entl}(\Delta l)$	≙	Kraftwert während der Entlastung

Um die Dissipationsenergiewerte E_δ aus den Messparametern Kraft F und Probekörperverformung Δl zuverlässig und mit einem vertretbaren Rechenaufwand zu ermitteln, wurde in [BoMa-19c] ein Algorithmus entwickelt, der sich an dem Ablaufschema in Bild 108 und der Gleichung (4-2) orientiert. Der Algorithmus zur Ermittlung des Hystereseflächeninhalts und somit der Dissipationsenergie E_δ wird für jeden Lastwechsel durchlaufen. Da nur diskrete Messwerte und keine stetigen Verläufe aufgezeichnet werden, werden die aus einem Kraft- und einem Verformungswert bestehenden Messpunkte durch die später angewendete Trapezregel linear miteinander verbunden. Zunächst wird der Schnittpunkt des Belastungsastes und des vorangegangenen Entlastungsastes ermittelt. Anschließend werden die Flächen zwischen dem Schnittpunkt und dem Minimum der Probekörperverformung Δl unterhalb des Belastungsastes sowie unterhalb des Entlastungsastes ermittelt. Diese ergeben sich durch Aufsummieren der Teilflächeninhalte zwischen zwei Messpunkten. Dabei werden die Teilflächeninhalte mit der Trapezregel bestimmt. Die Differenz der beiden Flächen ergibt die Hysteresefläche und somit die Dissipationsenergie E_δ für jeden Lastwechsel.

Da die beiden Messgrößen Kraft F und Probekörperverformung Δl zum Standardmessverfahren bei Ermüdungsverfahren an Betonprobekörpern gehören, können auch vorhandene Messdaten aus vergangenen Versuchen hinsichtlich der Dissipationsenergie E_δ ausgewertet werden. Bedingung ist lediglich, dass mit einer, in Abhängigkeit von der Prüffrequenz f_p, ausreichenden Messfrequenz f_{mess} gemessen wurde. Es hat sich gezeigt, dass für beide Messgrößen mindestens 20 Messwerte pro Lastwechsel vorhanden sein sollten. Andernfalls können die Verläufe der Be- und Entlastungsäste und somit die Hystereseflächen nicht exakt genug abgebildet werden.

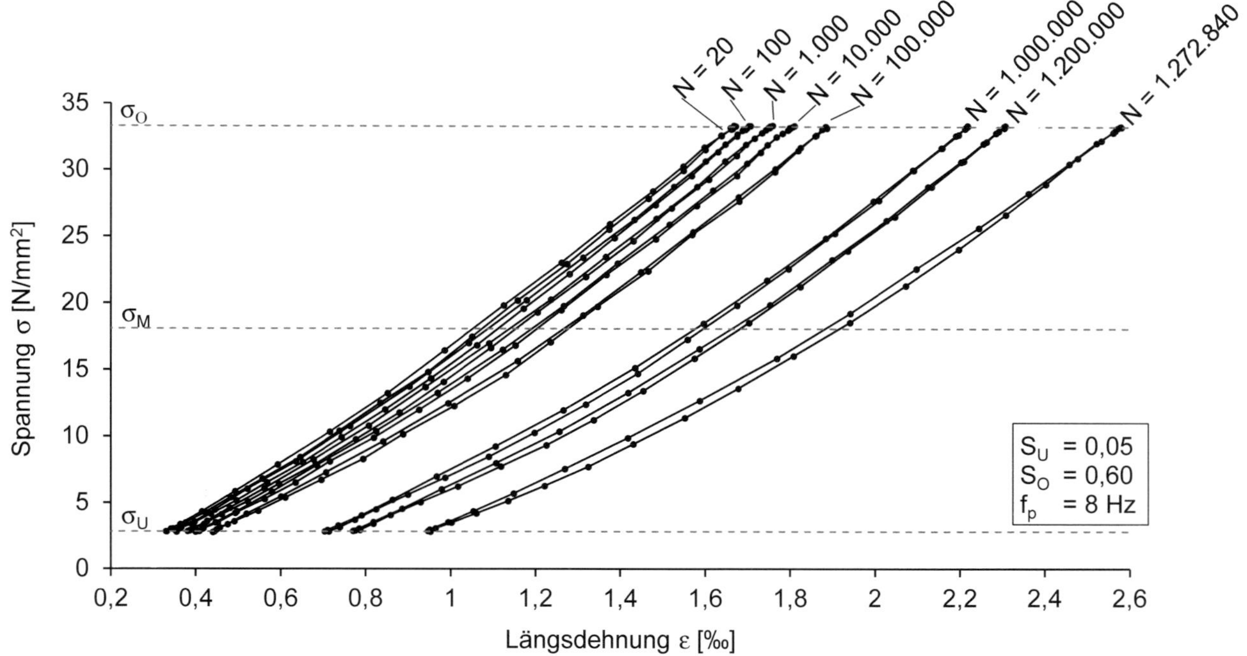

Bild 107: Spannungs-Dehnungslinien verschiedener Lastwechsel des Probekörpers ZA3.1; S_U = 0,05, S_O = 0,60, f_P = 8 Hz

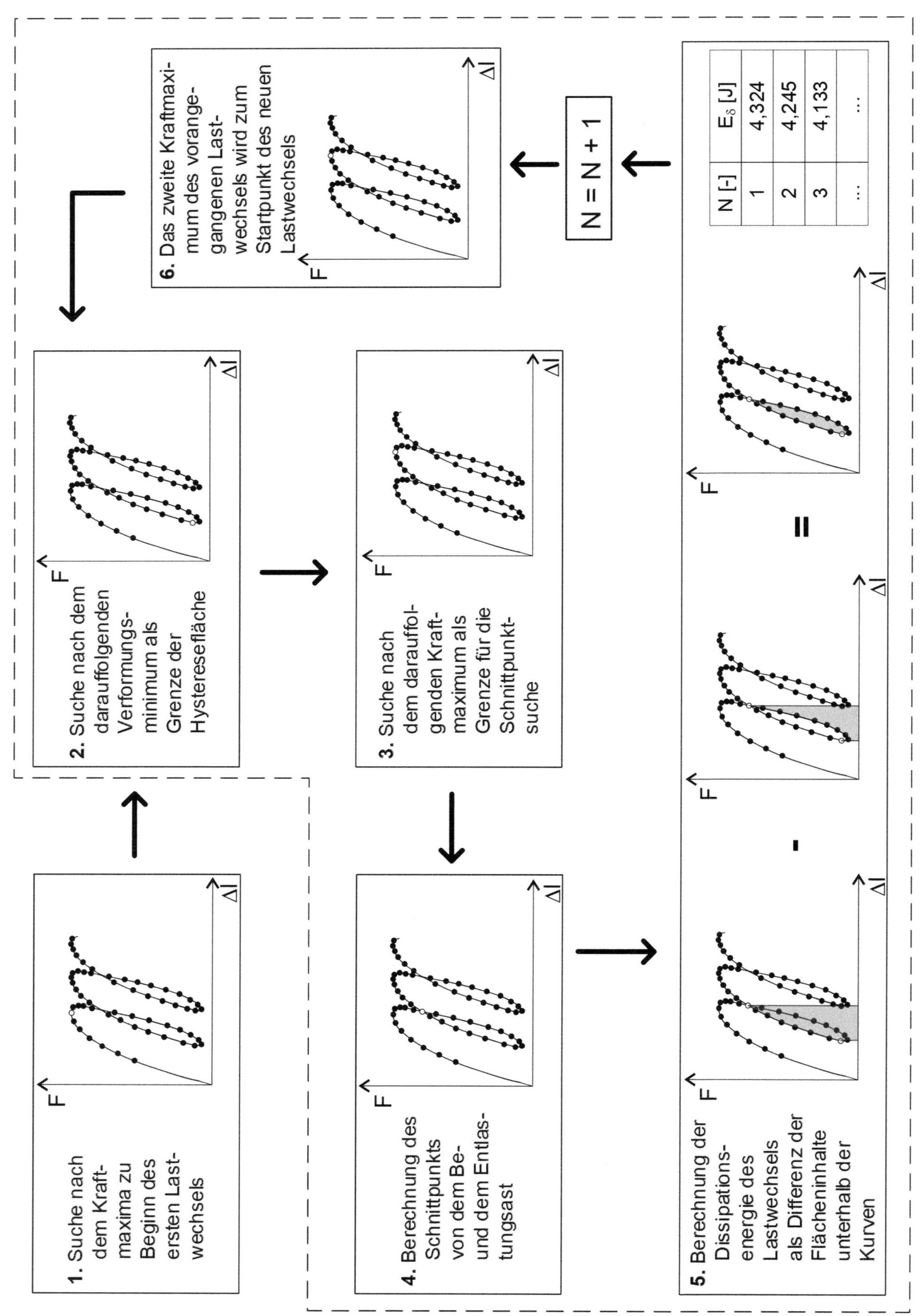

Bild 108: Ablaufschema für die Bestimmung der Dissipationsenergie E_{δ} für jeden Lastwechsel, aus [BoMa-19c]

4.1.3 Auswertung der Dissipationsenergie im Rahmen eigener experimenteller Untersuchungen

In diesem Kapitel werden die Dissipationsenergiewerte E_δ von druckschwellbeanspruchten Betonprobekörpern mit der in Abschnitt 4.1.2 beschriebenen Methodik ausgewertet. Die für die Untersuchungen herangezogene Versuchsreihe besteht aus insgesamt 33 zylindrischen Betonprobekörpern der Druckfestigkeitsklasse C55/67 mit einer Höhe von h = 300 mm und einem Durchmesser von d = 100 mm. Die Bestimmung der Druckfestigkeitsklasse erfolgte an fünf weiteren zylindrischen Probekörpern, die mit der gleichen Betoncharge hergestellt wurden. Die Abmessungen dieser Probekörper betrugen d = 150 mm und h = 300 mm. Verwendet wurde ein Portlandzement CEM I 52,5 R und eine quarzitische Gesteinskörnung mit einem Größtkorn von d_G = 8 mm. Der w/z-Wert des Betons betrug w/z = 0,50. Die Probekörper wurden nach 24 Stunden ausgeschalt und lagerten anschließend für 6 Tage unter Wasser. Daran anschließend wurden die Probekörper in einem Klimaraum bei einer Temperatur von T_L = 20°C und einer relativen Luftfeuchtigkeit von ρ_L = 65% gelagert. Um zu verhindern, dass es infolge der zu erwartenden Erwärmung während der folgenden zyklischen Versuche zu weiteren Materialumwandlungen infolge der erhöhten Temperatur kommt, wurden die Probekörper nach 28 Tagen in einem Trocknungsofen bei einer Temperatur von 105 °C bis zur Massenkonstanz getrocknet.

Nach 140 Tagen wurde mit sechs kraftgeregelten Versuchen unter monoton steigender Belastung die Referenzfestigkeit f_{ref} der zylindrischen Probekörper bestimmt. Bei diesen sechs Versuchen wurde mit $f_{cm,140d}$ = f_{ref} = 55,73 N/mm^2 eine geringere Druckfestigkeit im Vergleich zu der an fünf Probekörpern ermittelten Druckfestigkeit nach 28 Tagen von $f_{cm,28d}$ = 64,93 N/mm^2 ermittelt. Außerdem war die Streuung der Einzelwerte nach 140 Tagen mit einer Standardabweichung von $s_{fc,140d}$ = 4,36 N/mm^2 im Vergleich zur Standardabweichung nach 28 Tagen $s_{fc,28d}$ = 1,23 N/mm^2 deutlich größer. Da ein Chargeneinfluss ausgeschlossen werden kann und die optische Überprüfung der Probekörper auch keinerlei Auffälligkeiten ergab, ist davon auszugehen, dass es aufgrund der Temperaturwechsel während der Erwärmung sowie während der Abkühlung der Probekörper im Trocknungsofen zu unterschiedlich ausgeprägten Vorschädigungen der Probekörper gekommen sein muss.

Neben den Druckfestigkeitsversuchen wurden einstufige Wöhlerversuche mit sinusförmigen Belastungsfunktionen auf einer servohydraulischen 2,5-MN-Universalprüfmaschine durchgeführt. Während der gesamten Versuchsserie betrug das Unterspannungsniveau S_U = 0,05. Die Versuche wurden entsprechend Tabelle 4-1 auf Oberspannungsniveaus zwischen S_O = 0,60 und S_O = 0,80 mit den Prüffrequenzen f_p = 2 Hz und f_p = 8 Hz durchgeführt.

Tabelle 4-1: Versuchsprogramm der eigenen Untersuchungen

S_O	0,80	0,75	0,70	0,65	0,60	0,80	0,75	0,70	0,65	stat.
S_U	0,05	0,05	0,05	0,05	0,05	0,05	0,05	0,05	0,05	
f_p	8 Hz	8 Hz	8 Hz	8 Hz	8 Hz	2 Hz	2 Hz	2 Hz	2 Hz	
Anz.	3	3	3	3	3	3	3	3	3	6

Während der Versuche wurde die Kraft über einen Kraftaufnehmer aufgezeichnet. Die Wegänderung wurde über die gesamte Probekörperhöhe mit drei um je 120° in Umfangsrichtung versetzten Laserdistanzsensoren gemessen. Sowohl die Kraftmessung als auch die Wegmessung wurden mit einer Messfrequenz von f_{mess} = 300 Hz durchgeführt. Die Probekörpertemperatur wurde mit fünf über der Probekörperhöhe verteilten und mit Klebeband auf der Oberfläche befestigten Thermoelementen des Typs T gemessen. Außerdem wurden für die Kerntemperatur zusätzlich zwischen ein und drei Thermoelemente des Typs T in der Zylindermitte angebracht. Dafür wurden Löcher mit einem Durchmesser von d_B = 2 mm gebohrt, in die die Thermoelemente eingeführt wurden. Anschließend wurden die Bohrlöcher mit einem schnellhärtenden Klebstoff vollflächig verschlossen. Die Beobachtungen während der zyklischen Versuche sowie die Begutachtung der Bruchbilder ergaben keinerlei Auffälligkeiten, die auf einen Schädigungseinfluss durch die Bohrlöcher hätten schließen lassen können. Weiterhin wurden die Temperaturen der unteren und oberen Druckplatte sowie die der Probekörper umgebenden Luft messtechnisch erfasst. Zusätzlich wurde die Temperaturverteilung auf der Oberfläche mithilfe einer Thermografiekamera aufgezeichnet. Ein schematischer Versuchsaufbau kann dem Bild 109 entnommen werden.

Die Wöhlerdarstellung in Bild 110 zeigt für die verschiedenen Oberspannungsniveaus S_O und Prüffrequenzen f_p die ermittelten Bruchlastwechselzahlen N_f.

Die Bezeichnung sowie die Nummerierung der Probekörper resultiert lediglich aus der Versuchsvorbereitung und Versuchsdurchführung. Für die Auswertungen ergeben sich daraus keine besonders zu berücksichtigenden Probekörperunterschiede. Bei den mit einem Pfeil markierten Datenpunkten der Durchläuferversuche handelt es sich nicht um die tatsächliche Bruchlastwechselzahl N_f, sondern um die Lastwechselzahl N_{Gr} am Versuchsende.

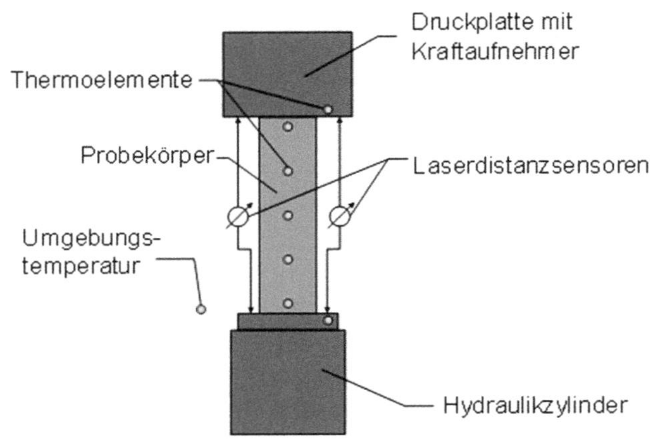

Bild 109: Schematischer Versuchsaufbau

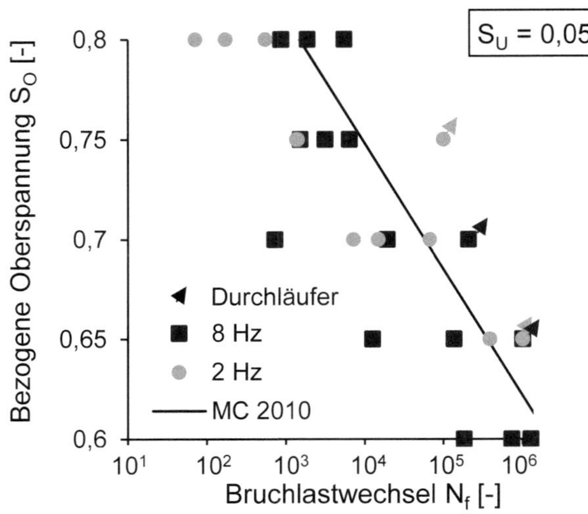

Bild 110: Wöhlerdarstellung der zyklischen Versuchsergebnisse

Während auf dem Oberspannungsniveau S_O = 0,80 die mit einer Prüffrequenz von f_p = 8 Hz getesteten Probekörper einen größeren Ermüdungswiderstand aufweisen als die mit einer Prüffrequenz von f_p = 2 Hz getesteten Probekörper, scheint diese Tendenz bei geringeren Oberspannungsniveaus und somit größeren Bruchlastwechselzahlen N_f nicht mehr vorhanden zu sein, sich gegebenenfalls sogar umzudrehen. Somit zeigen auch diese Ergebnisse einen von der bezogenen Oberspannung S_O abhängigen Frequenzeinfluss, der nach den Ausführungen in Kapitel 3 bereits in verschiedenen Untersuchungen festgestellt und analysiert wurde.

Insgesamt weisen die ermittelten Bruchlastwechselzahlen N_f eine große Streuung auf. Diese Streuung lässt sich ebenfalls mit den zuvor beschriebenen Vorschädigungen infolge der Erwärmung und Abkühlung der Probekörper während des Trocknungsprozesses erklären. Da bereits die Druckfestigkeitswerte $f_{c,i}$ bei der Ermittlung der Referenzfestigkeit f_{ref} große Streuungen aufwiesen, muss davon ausgegangen werden, dass auch die Druckfestigkeitswerte $f_{c,i}$ der für die zyklischen Versuche verwendeten Probekörper zum Teil deutlich voneinander sowie von der Referenzfestigkeit f_{ref} abweichen. Entsprechend sind die angesetzten Oberspannungsniveaus S_O nach Tabelle 4-1 nicht exakt zutreffend. In Abhängigkeit von der tatsächlichen Druckfestigkeit $f_{c,i}$ der verschiedenen Probekörper, wurden sie auf von der Versuchsplanung abweichenden Lastniveaus getestet. Da die tatsächlichen Druckfestigkeiten $f_{c,i}$ der zyklisch getesteten Probekörper unbekannt sind, lassen sich auch die tatsächlichen Spannungsniveaus S_U und S_O nicht nachträglich bestimmen. Aus diesem Grund sind die angegebenen Spannungsniveaus S_U und S_O der zyklischen Versuche als ursprünglich geplante Spannungsniveaus und nicht als exakte Spannungsniveaus anzusehen. Die folgenden Auswertungen werden daher unabhängig von den Spannungsniveaus durchgeführt. Stattdessen kann durch die erreichten Bruchlastwechselzahlen N_f auf eine breite Streuung der exakten, probekörperspezifischen Beanspruchungen geschlossen werden. Dadurch entstehen für die folgenden auf die Bruchlastwechselzahlen N_f und somit auf die Schädigungsentwicklung bezogenen Auswertungen eine Vielzahl an Stützstellen.

Durch Anwendung der in Abschnitt 4.1.2 beschriebenen Methodik konnten für die beschriebenen Ermüdungsversuche die Dissipationsenergiewerte E_δ für jeden einzelnen Lastwechsel bestimmt werden. Die ermittelten Energiewerte unterliegen einer Streuung, wie aus dem in Bild 111 dargestellten Verlauf der Dissipationsenergie E_δ je Lastwechsel des Probekörpers ZA3.4 ersichtlich.

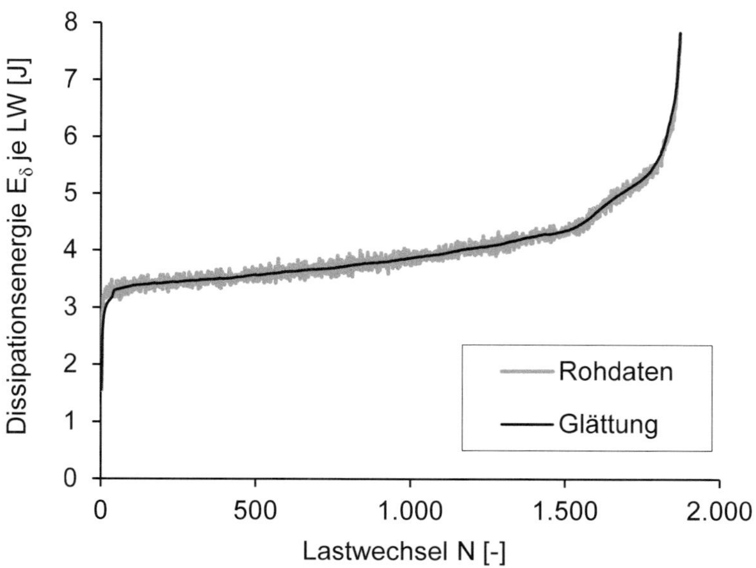

Bild 111: Dissipationsenergie E_δ je Lastwechsel des Probekörpers ZA3.4; f_p = 8 Hz, S_U = 0,05, S_O = 0,80

Die Streuung der Einzelwerte eines Probekörpers resultiert aus dem leicht variierenden Verformungsverhalten des Probekörpers während der einzelnen Lastzyklen, aus Messungenauigkeiten bei den Kraft- und Längenmessungen sowie insbesondere aus der Diskontinuität der Messung. Da die Hystereseschleifen lediglich aus einzelnen Messwertpaaren bestehen, handelt es sich bei den damit abgebildeten Hysteresen und Flächeninhalten stets um Näherungslösungen, die von der Lage der Messwertpaare entlang der tatsächlich vorhandenen Hystereseschleifen abhängig sind. Für eine bessere Veranschaulichung der Verläufe verschiedener Probekörper wurden diese jeweils geglättet und für ausgewählte Probekörper mit deutlich variierenden Bruchlastwechselzahlen N_f bezogen auf die normierte Lastwechselzahl N/N_f in Bild 112 und Bild 113 dargestellt. Aufgrund der unterschiedlich starken Beanspruchung konnten Versuche mit unterschiedlichen Bruchlastwechselzahlen N_f ausgewertet werden. Insgesamt weisen die Verläufe dabei eine vergleichbare Charakteristik auf und verlaufen annähernd parallel. Nach einer signifikanten, jedoch rückläufigen Zunahme der Dissipationsenergie E_δ je Lastwechsel zu Versuchsbeginn folgt ein annähernd linearer Verlauf. Vor Versuchsende kommt es wiederum zu einer überproportionalen Entwicklung der Energiewerte. Demnach ähnelt die Verlaufscharakteristik den bekannten dreiphasigen Verläufen weiterer Messparameter und Schädigungsindikatoren bei kraftgeregelten Druckschwellversuchen.

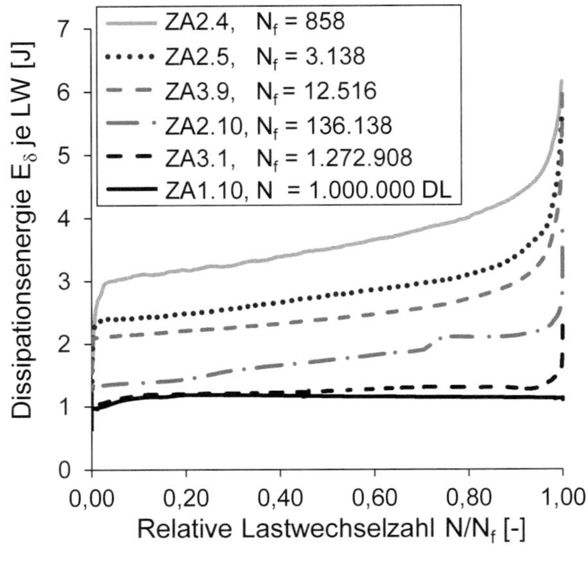

Bild 112: Dissipationsenergie E_δ je Lastwechsel; f_p = 8 Hz, S_U = 0,05

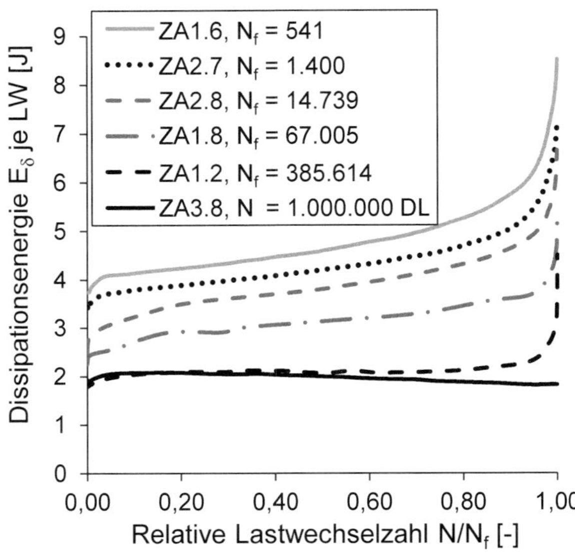

Bild 113: Dissipationsenergie E_δ je Lastwechsel; f_p = 2 Hz, S_U = 0,05

Aufgrund der stark streuenden Druckfestigkeiten und deren Einfluss auf die anvisierten Spannungsniveaus konzentriert sich die Auswertung auf die unterschiedlichen Bruchlastwechselzahlen N_f und nicht auf die unterschiedlichen Oberspannungsniveaus S_O. Es wird im Umkehrschluss davon ausgegangen, dass Probekörper mit geringen Bruchlastwechselzahlen N_f stärker beansprucht wurden als Probekörper mit größeren Bruchlastwechselzahlen N_f. Ein Vergleich der Verläufe der verschiedenen Probekörper zeigt dabei eine Abhängigkeit von der Bruchlastwechselzahl N_f. Je kleiner die Bruchlastwechselzahl N_f ist, desto größer sind die Werte der Dissipationsenergie E_δ je Lastwechsel und desto schneller steigen diese über die Versuchslaufzeit an. Bei sehr lang andauernden Versuchen mit einer großen Bruchlastwechselzahl N_f wie bei dem Probekörper ZA3.1 aus Bild 112 und dem Probekörper ZA1.2 aus Bild 113 verlaufen die Werte nach einem anfänglichen Anstieg bis kurz vor Versuchsende annähernd konstant. Somit wird bei langlaufenden Versuchen über einen Großteil der Versuchslaufzeit hinweg mit jedem Lastwechsel die gleiche Energiemenge E_δ dissipiert. Einen Extremfall stellen dabei die Durchläuferversuche dar. So nimmt die Dissipationsenergie E_δ je Lastwechsel für die Probekörper ZA1.10 aus Bild 112 und ZA3.8 aus Bild 113 nach einem anfänglichen Anstieg mit fortschreitender Versuchsdauer ab. Ebenfalls scheint die Prüffrequenz f_p einen Einfluss auf die Dissipationsenergie E_δ zu haben. So sind die Werte der Dissipationsenergie E_δ je Lastwechsel für Versuche mit vergleichbaren Bruchlastwechselzahlen N_f bei einer Prüffrequenz von f_p = 8 Hz kleiner als die Werte bei Versuchen mit einer Prüffrequenz von f_p = 2 Hz.

4.1.4 Vergleich der Energieanteile

In diesem Abschnitt werden die in Abschnitt 4.1.1 beschriebenen Energieanteile für die mit einer Belastungsfrequenz von f_p = 8 Hz beanspruchten Probekörpern ausgewertet und miteinander verglichen. Die einzelnen Werte sind in Tabelle 4-2 aufgeführt. Bei den Werten der elastischen Energie E_{el} handelt es sich jeweils um die elastische Energie, die dem Probekörper während des letzten Lastwechsels vor dem Versagen beziehungsweise vor dem Versuchsende temporär zugeführt und mit der folgenden Entlastung wieder abgegeben wird. Durch die Werte der plastischen Energie E_{pl} werden die Energiegrößen beschrieben, die durch die irreversiblen Verformungen während der gesamten Versuchslaufzeit beschrieben werden. Für die mit jedem Lastwechsel dissipierten Energiewerte E_δ ist der Wertebereich während der gesamten Versuchslaufzeit angegeben. Wie den Verläufen aus Bild 111 - Bild 113 entnommen werden kann, wird während eines Lastwechsels zu Versuchsbeginn in der Regel am wenigsten und während eines Lastwechsels unmittelbar vor dem Versagen des jeweiligen Probekörpers am meisten Energie dissipiert. Zusätzlich ist die über die gesamte Versuchslaufzeit kumulierte Dissipationsenergie ΣE_δ aufgeführt. Hier ist zu beachten, dass die entsprechenden Werte in der Einheit Kilojoule (kJ) angegeben sind. Die anderen Energiegrößen in Tabelle 4-2 sind hingegen in der Einheit Joule (J) angegeben.

Da der elastische Energieanteil E_{el} mit der Entlastung des Probekörpers jeweils wieder abgegeben wird, kann er entsprechend nicht für irreversible Prozesse und somit auch nicht für die Probekörpererwärmung verantwortlich sein. Während dieser Energieanteil mit zunehmender Bruchlastwechselzahl N_f scheinbar geringer wird, ist eine solche Tendenz beim plastischen Energieanteil E_{pl} nicht feststellbar. Im Mittel beträgt der plastische Energieanteil für die ausgewerteten Probekörper $E_{pl,m}$ = 77 J. Dies steht zunächst im Einklang mit den in Abschnitt 4.1.1 erläuterten Untersuchungsergebnissen aus [TeHe-84]. Nach *Tepfers et al.* versagen die Probekörper unabhängig von der Beanspruchung nach der gleichen absorbierten Energie, dabei blieb die dissipierte Energie E_δ jedoch unberücksichtigt. Festzuhalten ist jedoch, dass die Einzelwerte des plastischen Energieanteils E_{pl} der verschiedenen Probekörper großen Streuungen unterliegen. Bei der Betrachtung der dissipierten Energie E_δ je Lastwechsel deutet sich eine Abhängigkeit des Maximalwerts von der Anzahl der vorangegangen Lastwechsel an. Probekörper mit einer großen Bruchlastwechselzahl N_f dissipieren unmittelbar vor Versuchsende mit jedem Lastwechsel weniger Energie als die Probekörper mit geringeren Bruchlastwechselzahlen. Ein direkter qualitativer Zusammenhang zwischen der Dissipationsenergie je Lastwechsel und der Bruchlastwechsel konnte jedoch nicht gefunden werden. Eine Betrachtung der Werte der über die gesamte Versuchslaufzeit kumulierten Dissipationsenergie ΣE_δ zeigt die enormen Energiemengen, die während der zyklischen Belastung vom Probekörper dissipiert werden. Da entsprechend der Auswertungen in Abschnitt 4.1.3 mit jedem Lastwechsel neue Energie dissipiert wird, ist die kumulierte Dissipationsenergie ΣE_δ offensichtlich von der Bruchlastwechselzahl N_f abhängig. Aus diesem Grund wird in Abschnitt 4.2 die Korrelation zwischen der Schädigungsentwicklung und der kumulierten Dissipationsenergie untersucht und ein auf den Untersuchungsergebnissen aufbauendes Schädigungsmodell vorgestellt. Der Vergleich der Energiegrößen in Tabelle 4-2 unterstützt ebenfalls die bereits in Abschnitt 4.1.1 beschriebene Hypothese von *Teichen* [Tei-68], wonach die Dissipationsenergie für die Probekörpererwärmung erforderlich sind. Während die elastische Energie E_{el} reversibel ist und somit nicht für die Probekörpererwärmung verantwortlich sein kann, sind die Werte der plastischen Energieanteile E_{pl} deutlich zu gering, um für die beobachteten Probekörpererwärmungen verantwortlich zu sein. In Abschnitt 4.1.5 wird der Zusammenhang zwischen der Temperaturentwicklung der Probekörper und der dissipierten Energie für die vorgestellten experimentellen Untersuchungen analysiert.

Tabelle 4-2: Vergleich der unterschiedlichen Energieanteile der druckschwellbeanspruchten Probekörper

Probekörper	N_f [-]	S_O [-]	S_U [-]	f_p [Hz]	E_{el} [J]	E_{pl} [J]	E_δ [J]	ΣE_δ [kJ]
ZA2.4	858	0,80	0,05	8	131	82	2,0 - 8,2	3,11
ZA3.4	1.870	0,80	0,05	8	135	94	1,8 - 9,5	7,52
ZA5.3	5.490	0,80	0,05	8	130	70	1,7 - 6,7	16,04
ZA1.5	1.517	0,75	0,05	8	135	93	1,3 - 8,0	5,54
ZA2.5	3.138	0,75	0,05	8	117	82	1,3 - 6,6	8,93
ZA2.6	6.418	0,75	0,05	8	114	96	1,5 - 6,5	19,07
ZA1.7	19.246	0,70	0,05	8	97	61	1,0 - 6,0	39,66
ZA3.7	717	0,70	0,05	8	106	64	1,4 - 7,3	2,40
ZA4.5	206.640 DL	0,70	0,05	8	(80)	(31)	(1,1 - 1,8)	(325,50)
ZA2.10	136.138	0,65	0,05	8	82	62	1,3 - 4,0	239,26
ZA3.9	12.516	0,65	0,05	8	100	95	1,2 - 6,1	31,20
ZA1.10	1.000.000 DL	0,65	0,05	8	(69)	(39)	(0,9 - 1,2)	(1.145,37)
ZA3.1	1.272.908	0,60	0,05	8	76	68	1,0 - 2,3	1.580,46
ZA2.11	182.710	0,60	0,05	8	78	57	1,0 - 4,0	267,45
ZA1.12	730.335	0,60	0,05	8	67	76	0,9 - 2,7	981,61

4.1.5 Analyse zwischen der Dissipationsenergie und der Probekörpererwärmung

Die in diesem Kapitel vorgestellten Ergebnisse wurden in einem gemeinsamen Forschungsprojekt mit der Bauhaus-Universität Weimar gewonnen und bereits in [VoVö-20] veröffentlicht. Es wurde das Erwärmungsverhalten der Probekörper während der in Kapitel 4.1.1 beschriebenen Versuchsserie ZA numerisch untersucht. Ziel der Untersuchungen war die Überprüfung der Hypothese von *Teichen,* gemäß der es sich bei der

Dissipationsenergie E_δ um die für die Probekörpererwärmung verantwortliche thermische Energie handelt [Tei-68].

Für die thermischen Untersuchungen wurde der Probekörper zusammen mit Teilen des Versuchsstands im Finite-Elemente-Programm ANSYS modelliert. Die im Modell angesetzten bauphysikalischen Parameter Wärmeleitfähigkeit, spezifische Wärmekapazität und der Temperaturausdehnungskoeffizient des für die Probekörper verwendeten Betons wurden zuvor experimentell ermittelt.

Neben dem Probekörper wurde ebenfalls dessen thermische Umgebung modelliert. Um die genauen Wärmeübergangsbedingungen zwischen dem Probekörper und der umgebenden Luft sowie zwischen dem Probekörper und den Druckplatten der Prüfmaschine kalibrieren zu können, wurden bei der Durchführung der Ermüdungsversuche zahlreiche thermische Messungen durchgeführt. Die Temperatur wurde im Probekörperkern, an verschiedenen Messpunkten auf der Probekörperoberfläche, auf den Druckplatten sowie in unterschiedlichen Entfernungen im Umfeld des Probekörpers gemessen. Außerdem wurde der Wärmestrom mit Thermo-Anemometern aufgezeichnet.

Nach der Kalibrierung wurde das thermische Verhalten der Probekörper infolge der zyklischen Belastung für 14 Probekörper mit dem Modell simuliert. Dabei handelt es sich um diejenigen Probekörper der Versuchsserie ZA, bei denen es während der experimentellen Untersuchungen zu nennenswerten Probekörpererwärmungen gekommen ist. Neben den zuvor ermittelten thermischen Materialeigenschaften und Umgebungsbedingungen wurden die experimentell ermittelten und in Kapitel 4.1.3 dargestellten Verläufe der dissipierten Energie E_δ dem jeweiligen Probekörper als thermische Energie zugefügt. Die mechanische Beanspruchung auf die Probekörper wurde nicht implementiert. Einziger Freiheitsgrad des Modells ist die Probekörpertemperatur.

Der Vergleich der sich ergebenden simulierten Temperaturverläufe mit den experimentell ermittelten Temperaturverläufen für verschiedene Messpunkte zeigt sehr gute Übereinstimmungen mit nur geringen Unterschieden. Bei keinem der Probekörper stellt sich bis kurz vor dem Versuchsende eine größere Abweichung als ΔT_{sim} = 2,5 K zwischen dem Verlauf der maximal gemessenen Probekörpertemperatur und dem Verlauf der maximalen Probekörpertemperatur aus der numerischen Simulation ein.

Erst unmittelbar vor dem Probekörperversagen ergibt sich bei einigen Probekörpern eine geringfügig größere Temperaturabweichung ΔT_{sim}. Bei diesen Probekörpern steigt kurz vor dem Versagen die experimentell ermittelte maximale Probekörpertemperatur stärker an. Dies kann auf eine verstärkte lokale Rissentwicklung zurückgeführt werden. Wie in [BoMa-19] beschrieben, erwärmt sich der Probekörper am Ort der größten Schädigung am stärksten. Dadurch ergeben sich insbesondere kurz vor dem Versagen infolge des instabilen Risswachstums lokale Unterschiede hinsichtlich der Energiedissipation und der Temperaturentwicklung. Befindet sich ein Temperatursensor im Bereich eines solchen Temperatur-Hotspots, wird diese überdurchschnittliche Temperaturerhöhung aufgezeichnet. Bei den numerischen Untersuchungen wird hingegen die experimentell ermittelte Dissipationsenergie E_δ dem Probekörper als thermische Energiequelle gleichmäßig, über das gesamte Volumen verteilt, zugefügt. Lokale Unterschiede hinsichtlich der Energiedissipation bleiben somit unberücksichtigt.

Exemplarisch sind in Bild 114 und Bild 115 für die Probekörper ZA2.11 und ZA3.1 jeweils drei Temperaturverläufe dargestellt, die während der Ermüdungsversuche aufgezeichnet wurden. Diese werden mit den numerisch ermittelten Verläufen der maximalen Probekörpertemperatur, die aus der thermischen Energiezufuhr mit den in Abschnitt 4.1.3 experimentell ermittelten Verläufen der Dissipationsenergie E_δ resultieren, verglichen. Dabei zeigen sich über die gesamte Versuchslaufzeit sehr gute Übereinstimmungen zwischen den gemessenen und den berechneten Temperaturverläufen. Sowohl die Verlaufscharakteristik als auch die Temperaturgrößen können auf Grundlage der ausgewerteten Dissipationsenergie E_δ numerisch simuliert werden. Somit konnte die Hypothese von *Teichen* [Tei-68] bestätigt werden. Bei der Dissipationsenergie E_δ handelt es sich um die thermische Energie, die für die Probekörpererwärmung verantwortlich ist.

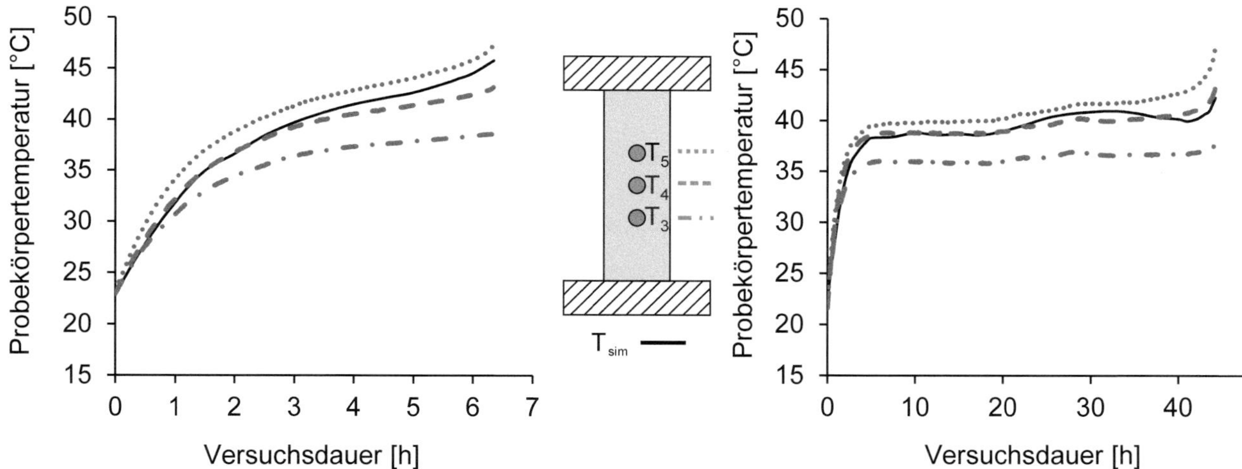

Bild 114: Vergleich der gemessenen Temperaturverläufe während der Versuchsdurchführung mit den simulierten Temperaturverläufen für den Probekörper ZA2.11; fp = 8 Hz, S_U = 0,05, S_O = 0,60, Nf = 182.710, nach [VoVö-20]

Bild 115: Vergleich der gemessenen Temperaturverläufe während der Versuchsdurchführung mit den simulierten Temperaturverläufen für den Probekörper ZA3.1; fp = 8 Hz, S_U = 0,05, S_O = 0,60, Nf = 1.272.908, nach [VoVö-20]

4.2 Zusammenhang zwischen der kumulierten Dissipationsenergie mit der Schädigungsentwicklung

4.2.1 Analyse der kumulierten Dissipationsenergie

In diesem Kapitel werden die einzelnen zyklischen Versuche hinsichtlich ihrer kumulierten Dissipationsenergie ΣE_δ ausgewertet. Für vier ausgewählte Probekörper ist in Bild 116 die kumulierte Dissipationsenergie ΣE_δ über die Lastwechselzahl N aufgezeigt.

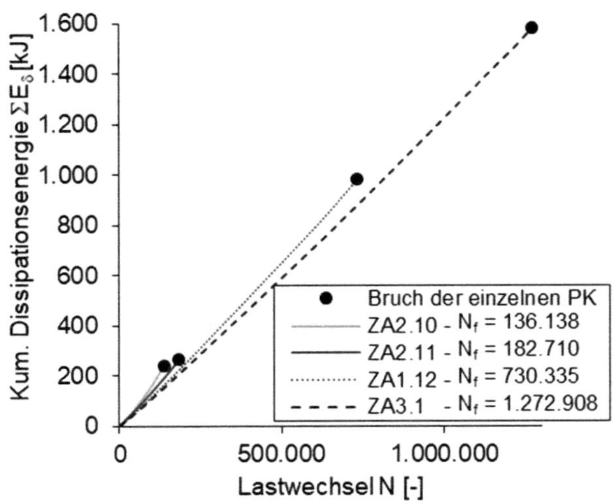

Bild 116: Verläufe der kumulierten Dissipationsenergie ΣE_δ für vier ausgewählte Probekörper; f_p = 8 Hz, S_U = 0,05

Da mit jedem Lastwechsel erneut Energie E_δ dissipiert wird, steigt die kumulierte Dissipationsenergie ΣE_δ eines Versuchs stetig an. Die Punkte markieren dabei jeweils den Zeitpunkt des Versagens der jeweiligen Probekörper, und somit die jeweilige Bruchlastwechselzahl N_f sowie die während der gesamten Versuchsdauer kumulierte Dissipationsenergie ΣE_δ. Da die in Abschnitt 4.1.3 beschriebenen Verläufe die Werte der Dissipationsenergie E_δ für einzelne Lastwechsel darstellen, handelt es sich bei den Werten entsprechend um die Steigung der hier betrachteten Verläufe der kumulierten Dissipationsenergie ΣE_δ. Somit nimmt die Steigung des Verlaufs der kumulierten Dissipationsenergie ΣE_δ des Probekörpers ZA2.10 mit fortschreitender Versuchsdauer zu, da der in Bild 112 dargestellte Verlauf des Probekörpers ansteigt. Aufgrund des größtenteils konstanten Verlaufs der Dissipationsenergie E_δ je Lastwechsel beim Probekörper ZA3.1 ist der daraus resultierende Verlauf der kumulierten Dissipationsenergie ΣE_δ für diesen Probekörper annähernd linear.

In Tabelle 4-3 sind für alle 27 dynamisch beanspruchten Probekörper der Versuchsserien ZA die Bruchlastwechselzahlen N_f sowie die bis zum Versagen des Probekörpers kumulierte Dissipationsenergie ΣE_δ aufgeführt.

Tabelle 4-3: Kumulierte Dissipationsenergie ΣE_δ der Versuchsserie ZA

Probekörper	N_f [-]	f_p [Hz]	ΣE_δ [kJ]	Probekörper	N_f [-]	f_p [Hz]	ΣE_δ [kJ]
ZA3.7	717	8	2,40	ZA5.4	67	2	0,35
ZA2.4	858	8	3,11	ZA3.5	168	2	0,96
ZA1.5	1.517	8	5,54	ZA1.6	541	2	2,60
ZA3.4	1.870	8	7,52	ZA3.6	1.352	2	5,57
ZA2.5	3.138	8	8,93	ZA2.7	1.400	2	6,06
ZA5.3	5.490	8	16,04	ZA2.9	7.193	2	24,00
ZA2.6	6.418	8	19,07	ZA2.8	14.739	2	57,39
ZA3.9	12.516	8	31,20	ZA1.8	67.005	2	211,14
ZA1.7	19.246	8	39,66	ZA4.4	100.000*	2	302,44
ZA2.10	136.138	8	239,26	ZA1.2	385.614	2	815,03
ZA2.11	182.710	8	267,45	ZA4.6	1.000.000*	2	1.925,78
ZA4.5	206.640*	8	325,50	ZA3.8	1.000.000*	2	1.971,65
ZA1.12	730.335	8	981,61	* ≙ Durchläufer			
ZA1.10	1.000.000*	8	1.145,37				
ZA3.1	1.272.908	8	1.580,46				

Es ist ersichtlich, dass die Werte der kumulierten Dissipationsenergie ΣE_δ mit ansteigender Bruchlastwechselzahl N_f zunehmen. Dies ist insbesondere in Bild 117 und Bild 118 zu erkennen. Dort sind für sämtliche Versuche, bei denen es zum Versagen des Probekörpers kam, die kumulierten Dissipationsenergien ΣE_δ gegenüber der jeweiligen Bruchlastwechselzahl N_f in doppelt-logarithmischer Darstellung aufgetragen. Demnach handelt es sich bei den einzelnen Punkten um die verschiedenen Probekörper mit den Werten aus Tabelle 4-3.

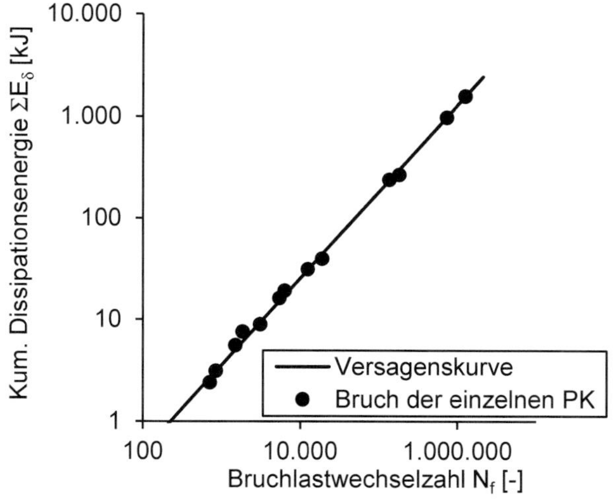

Bild 117: Kumulierte Dissipationsenergie ΣE_δ zum Zeitpunkt des Versagens der einzelnen Probekörper in doppelt-logarithmischer Darstellung; $f_p = 8$ Hz, $S_U = 0{,}05$

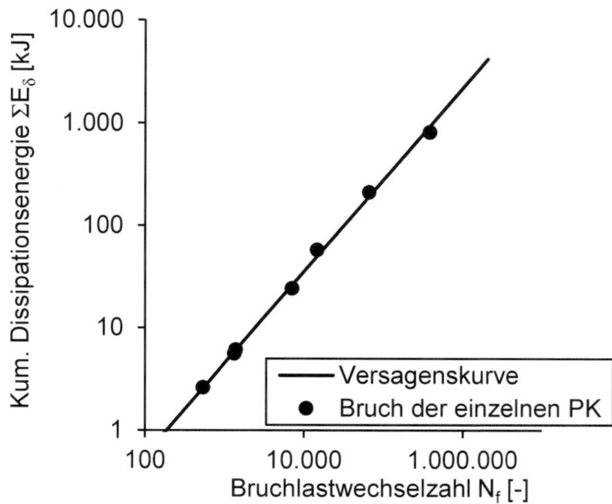

Bild 118: Kumulierte Dissipationsenergie ΣE_δ zum Zeitpunkt des Versagens der einzelnen Probekörper in doppelt-logarithmischer Darstellung; $f_p = 2$ Hz, $S_U = 0{,}05$

Die doppelt-logarithmische Darstellung ist erforderlich, um die Ergebnisse aller Versuche anschaulich darstellen zu können. Es zeigt sich, dass die sogenannten Versagenspunkte der einzelnen Probekörper bei gleicher Prüffrequenz f_p auf einer Kurve liegen. Eine solche Kurve, die von der Prüffrequenz f_p abhängt, beschreibt demnach den Wert der kumulierten Dissipationsenergie ΣE_δ, der für die jeweilige Bruchlastwechselzahl N_f zu erwarten ist. Entsprechend werden die beiden Kurven in Bild 117 und Bild 118 als Versagenskurven bezeichnet.

Für diese Versagenskurven liefern Potenzfunktionen die beste Näherung. Über die Methode der kleinsten Fehlerquadrate ergaben sich folgende Funktionen zur Beschreibung der kumulierten Dissipationsenergie ΣE_δ in Abhängigkeit von der Bruchlastwechselzahl N_f:

$$\Sigma E_{\delta,\mathrm{Vers,8Hz}}(N_\mathrm{f}) = 0{,}0107\ \mathrm{kJ} \cdot N_\mathrm{f}^{0{,}844} \qquad (4\text{-}3)$$

$$\Sigma E_{\delta,\mathrm{Vers,2Hz}}(N_\mathrm{f}) = 0{,}0090\ \mathrm{kJ} \cdot N_\mathrm{f}^{0{,}897} \qquad (4\text{-}4)$$

Der Vergleich der Verläufe der kumulierten Dissipationsenergie ΣE_δ von einzelnen Probekörpern zusammen mit der ermittelten Versagenskurve für die Prüffrequenz $f_p = 8$ Hz in Bild 119 zeigt, dass der Verlauf eines einzelnen Probekörpers unterhalb der für die Versuchsserie ermittelten Versagenskurve liegt.

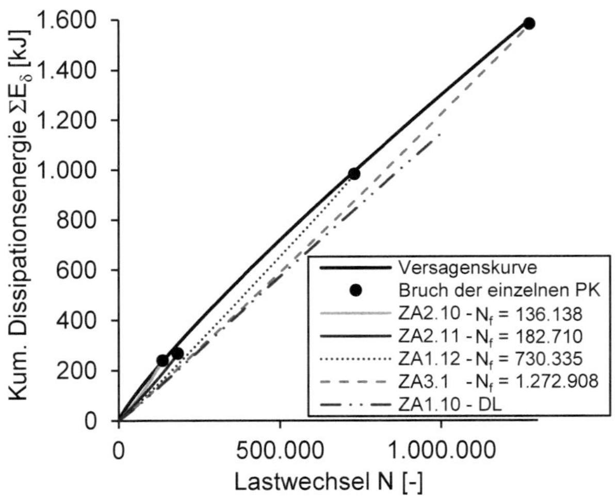

Bild 119: Verläufe der kumulierten Dissipationsenergie ΣE_δ für fünf ausgewählte Probekörper und Darstellung der Versagenskurve der Versuchsserie ZA; f_p = 8 Hz, S_U = 0,05

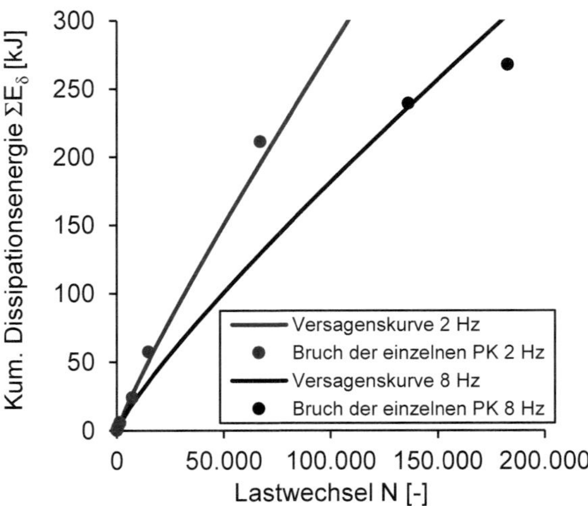

Bild 120: Vergleich der Versagenskurven der Versuchsserien ZA für f_p = 8 Hz und f_p = 2 Hz, S_U = 0,05

Zu beachten ist, dass die Verläufe in Bild 119 im Gegensatz zu den vorangegangenen Darstellungen in Bild 117 und Bild 118 nicht mehr im doppelt-logarithmischen Maßstab dargestellt sind. Während die Steigung der Versagenskurve abnimmt, nehmen die Steigungen der Probekörperverläufe zu oder bleiben wie für Probekörper ZA3.1 annähernd konstant. Sobald die Steigung der kumulierten Dissipationsenergie ΣE_δ gleich oder größer als die Steigung der Versagenskurve für die entsprechende (Bruch-)Lastwechselzahl ist, nähern sich die Kurven solange an, bis sie sich schneiden. Dieser Schnittpunkt, bei dem die kumulierte Dissipationsenergie ΣE_δ eines Probekörpers genauso groß ist wie der Wert der Versagenskurve für die entsprechende (Bruch-)Lastwechselzahl, beschreibt den Zeitpunkt des Versagens eines Probekörpers. Da die Versagenskurve eine Näherungslösung ist, handelt es sich entsprechend um einen theoretischen Versagenszeitpunkt. Der tatsächliche Versagenszeitpunkt eines Probekörpers kann geringfügig von dem Schnittpunkt abweichen (siehe Bild 119).

Entsprechend der beschriebenen Bedeutung der Versagenskurve kann für jeden weiteren Versuch der Versuchsserie durch Betrachtung der kumulierten Dissipationsenergie ΣE_δ der Versagenszeitpunkt abgeschätzt werden. Bei dem Verlauf der kumulierten Dissipationsenergie ΣE_δ des Probekörpers ZA1.10, bei dem es sich um einen Durchläufer handelt, kommt es zu keiner deutlichen Annäherung an die Versagenskurve. Da bei Versuchsende der Abstand zur Versagenskurve ebenfalls relativ groß war, kann davon ausgegangen werden, dass ein Versagen des Probekörpers nicht unmittelbar bevorstand. Ein auf die hier beschriebenen Zusammenhänge aufbauender Schädigungsindikator wird im folgenden Kapitel vorgestellt. Außerdem wird mit dem Schädigungsindikator ein Schädigungsmodell beschrieben.

Der Unterschied zwischen den Versagenskurven für die beiden Prüffrequenzen f_p = 8 Hz und f_p = 2 Hz, die mit den Gleichungen (4-3) und (4-4) beschrieben werden, wird in Bild 120 deutlich. Die Versagenskurve der 2 Hz-Versuche verläuft steiler, wodurch sich der Abstand der beiden Versagenskurven mit zunehmender Bruchlastwechselzahl N_f vergrößert. Diese Frequenzabhängigkeit resultiert aus den bereits in Abschnitt 4.1.3 beschriebenen größeren Werten der Dissipationsenergie E_δ der 2 Hz-Versuche gegenüber den Werten der 8 Hz-Versuche bei vergleichbaren Bruchlastwechselzahlen N_f. Aufgrund der Exponenten der Funktionen der Versagenskurven, die kleiner als eins sind, ergibt sich für beide Versagenskurven eine abnehmende Steigung. Diese abnehmende Steigung lässt sich analog zu den Ausführungen in Abschnitt 4.1.4 ebenfalls mit der Abhängigkeit der Dissipationsenergie E_δ von der Anzahl der vorangegangenen Lastwechsel erklären. Diese Abhängigkeit bewirkt, dass das Verhältnis der Dissipationsenergie E_δ je Lastwechsel zur Schädigung mit zunehmender Lastwechselzahl N abnimmt. Entsprechend versagt auch der Probekörper ZA3.1. Im Gegensatz zur Entwicklung der Dissipationsenergie E_δ je Lastwechsel (vgl. Bild 112) nimmt die Schädigung des Probekörpers ZA3.1

offensichtlich zu. Somit kommt es auch zu einem Schnittpunkt zwischen der Versagenskurve und der kumulierten Dissipationsenergie ΣE_δ des Probekörpers in Bild 119.

Weitere Auswertungen der kumulierten Dissipationsenergie und die entsprechenden Versagenskurven für verschiedene Versuchsserien wurden in [Bod-20] aufgezeigt. Es zeigt sich, dass für jede Versuchsserie die Werte der kumulierten Dissipationsenergie zum Versagenszeitpunkt analog zu den Gleichungen (4-3) und (4-4) ebenfalls durch Potenzfunktionen mit einem Exponenten kleiner als 1,0 angenähert werden können. Die entsprechenden Versagenskurven weisen eine Abhängigkeit vom verwendeten Beton, von der Belastungsfrequenz f_P, dem Unterspannungsniveau S_U und der Probekörpergeometrie auf.

Für die Bewertung eines Probekörpers wird in Abschnitt 4.2.2 ein neuer Schädigungsindikator unter Verwendung der entsprechenden Versagenskurve der jeweiligen Versuchsserie vorgestellt. Auf Basis dieses Schädigungsindikators wird wiederum ein Schädigungsmodell beschrieben.

4.2.2 Einführung eines auf der Dissipationsenergie basierenden Schädigungsmodells

Aufbauend auf den Erläuterungen im vorangegangenen Kapitel wird nun die kumulierte Dissipationsenergie ΣE_δ als Schädigungsindikator verwendet und darauf aufbauend ein Schädigungsmodell erstellt. Dieses Schädigungsmodell ist zunächst auf druckschwellbeanspruchte Einstufenversuche mit festen Ober- und Unterspannungsniveaus limitiert.

Aus den Auswertungen in Abschnitt 4.2.1 geht hervor, dass die Versagenskurve einer Versuchsserie die bis zum Versagenszeitpunkt kumulierte Dissipationsenergie $\Sigma E_{\delta,\mathrm{Vers}}$ in Abhängigkeit von der Bruchlastwechselzahl N_f beschreibt. Zum Versagen eines Probekörpers kommt es sobald die kumulierte Dissipationsenergie $\Sigma E_{\delta,\mathrm{vorh}}$ genauso groß ist wie die kumulierte Dissipationsenergie der Versagenskurve $\Sigma E_{\delta,\mathrm{Vers}}$ für die entsprechende (Bruch-) Lastwechselzahl (vgl. Bild 119):

$$\Sigma E_{\delta,\mathrm{vorh}}(N) = \Sigma E_{\delta,\mathrm{Vers}}(N) \tag{4-5}$$

Aus den Verläufen der kumulierten Dissipationsenergie $\Sigma E_{\delta,\mathrm{vorh}}(N)$ einzelner Probekörper wird ersichtlich, dass mit fortschreitender Versuchsdauer der relative Abstand zur Versagenskurve $\Sigma E_{\delta,\mathrm{Vers}}(N)$ kleiner wird. Basierend auf diesen Erkenntnissen wird nach Gleichung (4-6) der Schädigungsparameter D(N) mit dem Verhältnis der kumulierten Dissipationsenergie $\Sigma E_{\delta,\mathrm{vorh}}(N)$ des Probekörpers zur kumulierten Dissipationsenergie der Versagenskurve $\Sigma E_{\delta,\mathrm{Vers}}(N)$ beschrieben. Mit diesem Schädigungsparameter D wird durch die Festlegung des Wertebereichs ein neues Schädigungsmodell eingeführt. Der theoretische Wertebereich liegt zwischen D(N) = 0, wenn keinerlei Energie dissipiert wurde und entsprechend keine Schädigung vorliegt, sowie D(N) = 1,0, sobald die Versagenskurve erreicht wird und es zum Versagen des Probekörpers kommt.

$$D(N) = \frac{\sum E_{\delta,\mathrm{vorh}}(N)}{\sum E_{\delta,\mathrm{Vers}}(N)} \leq 1{,}0 \tag{4-6}$$

Anzumerken ist, dass nach Gleichung (4-6) nicht pauschal von einem linearen Zusammenhang zwischen dem Schädigungsparameter D und der kumulierten Dissipationsenergie ΣE_δ ausgegangen werden kann. Die Lastwechselzahl N beeinflusst indirekt über die Versagenskurve den genauen Zusammenhang. Durch den Bezug zu der Versagenskurve für die entsprechende Lastwechselzahl N wird die in Abschnitt 4.1.3 beschriebene Veränderung des Verhältnisses zwischen der Dissipationsenergie E_δ und dem Schädigungsgrad berücksichtigt. Dies führt dazu, dass sich bei zwei Probekörpern einer Versuchsserie aus gleich großen Werten der kumulierten Dissipationsenergie ($\Sigma E_{\delta,\mathrm{vorh}}(N_1) = \Sigma E_{\delta,\mathrm{vorh}}(N_2)$) unterschiedlich große Werte des Schädigungsparameters ($D(N_1) \neq D(N_2)$) ergeben. Grund hierfür sind die unterschiedlichen Werte der Versagenskurve $\Sigma E_{\delta,\mathrm{Vers}}(N)$ für unterschiedliche Lastwechselzahlen ($N_1 \neq N_2$).

Da nicht davon auszugehen ist, dass es während eines zyklischen Versuchs zu einer Heilung von bestehenden Rissen kommt, bleibt eine einmal eintretende Schädigung immer vorhanden. Entsprechend sollte über die Versuchslaufzeit der Wert des Schädigungsparameters D(N) nie abnehmen.

Die mit Gleichung (4-6) ermittelten Schädigungsverläufe D(N) von den Versuchen der Versuchsserie ZA mit einer Prüffrequenz von f_p = 8 Hz sind in Bild 121 aufgeführt.

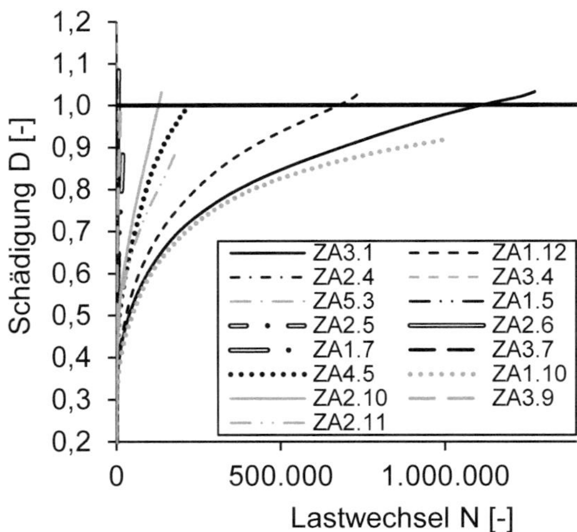

Bild 121: Darstellung der Schädigungsverläufe D(N) der Versuchsserie ZA; f_p = 8 Hz

Es zeigt sich, dass für alle Versuche der Schädigungsparameter D(N) stetig zunimmt. Wie zu erwarten, hängt die Steigung der Verläufe von der Bruchlastwechselzahl N_f ab. Je kleiner die Bruchlastwechselzahl N_f, desto schneller nimmt die Steigung zu. Bei den beiden gepunkteten Verläufen handelt es sich um Durchläuferversuche, bei denen es nicht zum Versagen des Probekörpers kam. Beide Verläufe erreichen nicht den theoretischen Schädigungswert für ein Versagen des Probekörpers von D = 1,0. Während entsprechend des Verlaufs beim Probekörper ZA4.5 ein Versagen anscheinend unmittelbar bevorstand, wären für ein Versagen des Probekörpers ZA1.10 zahlreiche weitere Lastwechsel erforderlich gewesen. Zum Versagenszeitpunkt liegen die Schädigungswerte $D(N_f)$ sämtlicher Probekörper im Bereich von $D(N_f)$ = 0,87 und $D(N_f)$ = 1,21.

Für einen relativen Vergleich der Schädigungsentwicklung sind die Verläufe in **Bild 122** in Abhängigkeit von der relativen Lastwechselzahl N/N_f dargestellt. Die gepunkteten Linien geben wiederum die Verläufe der Versuche, bei denen kein Versagen stattgefunden hat, an. Für diese Versuche wurden die relativen Lastwechselzahlen N/N_f auf die Lastwechselzahl N_{Gr} am Versuchsende bezogen. Auch hier wird der Eindruck bestätigt, dass beim Probekörper ZA4.5 ein Versagen unmittelbar bevorstand und sich beim Probekörper ZA1.10 am Versuchsende noch kein Versagen ankündigte.

Für die Versuche, bei denen es zu einem Versagen kam, ergeben sich annähernd parallele Verläufe mit einem starken Anstieg zu Beginn. Die Steigung nimmt fortschreitend ab bis es ab einer relativen Lastwechselzahl von $N/N_f \approx 0{,}20$ zu einem annähernd linearen Verlauf kommt. Kurz vor dem Versagen nimmt die Steigung nochmals zu. Es ergibt sich analog zu dem Verlauf der Dissipationsenergie E_δ je Lastwechsel sowie anderer bekannter Schädigungsindikatoren (Dehnungsentwicklung, Elastizitätsmodul, Ultraschallgeschwindigkeit, etc.) auch hier ein dreiphasiger Verlauf. Mit dem Verlauf des Probekörpers ZA3.4 scheint es lediglich einen Ausreißer zu geben, wobei auch hier zumindest der qualitative Verlauf deutliche Ähnlichkeiten zu den anderen Probekörperverläufen aufweist.

Verläufe des Schädigungsparameters $D(N/N_f)$ der mit einer Prüffrequenz von f_p = 2 Hz beanspruchten Probekörper der Versuchsserie ZA sind in Bild 123 aufgezeigt. Auch für diese Probekörper ergeben sich dreiphasige Schädigungsverläufe. Die Schädigungswerte am Versuchsende liegen dabei zwischen $D(N_f)$ = 0,89 und $D(N_f)$ = 1,16. Bei den Verläufen der drei nicht versagten Probekörper ZA3.8, ZA4.4 und ZA4.6 gibt es hingegen keine dritte Phase mit einem erneuten Anstieg der Schädigungszunahme. Gemeinsam mit den geringen Schädigungswerten D(N) zum Versuchsende lässt sich für die Probekörper ZA3.8 und ZA4.6 schlussfolgern, dass ein Versagen nicht unmittelbar bevorstand. Der Verlauf des dritten Durchläufers ZA4.4 liegt hingegen ab der relativen Lastwechselzahl $N/N_f \approx 0{,}6$ oberhalb des theoretischen Schädigungswerts für ein Versagen von D(N) = 1,0, trotzdem kam es nicht zum Versagen des Probekörpers.

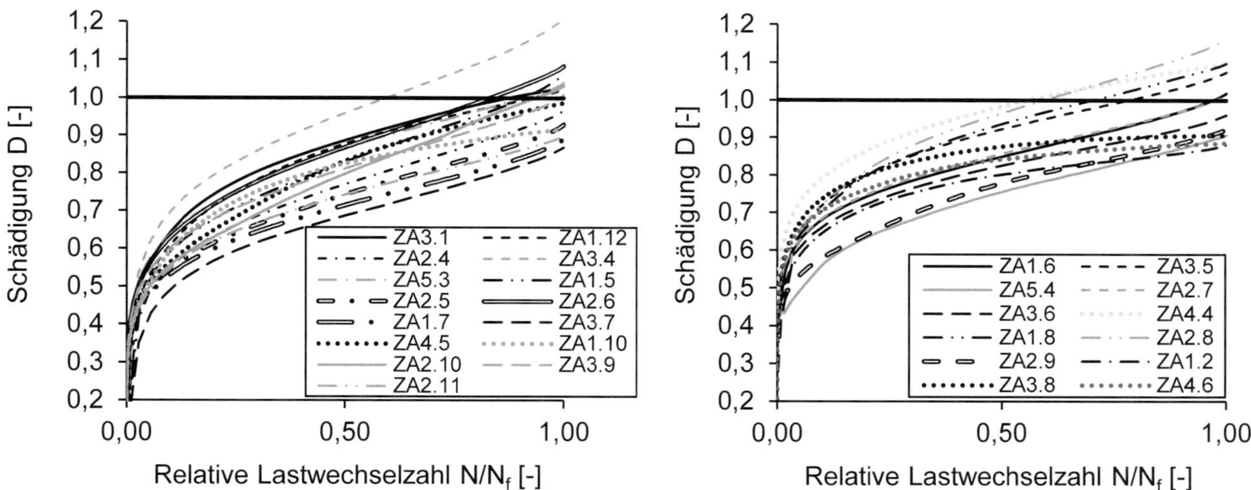

Bild 122: Darstellung der auf die normierten Lastwechselzahlen bezogenen Schädigungsverläufe D(N/Nf) der Versuchsserie ZA; fp = 8 Hz

Bild 123: Darstellung der auf die normierten Lastwechselzahlen bezogenen Schädigungsverläufe $D(N/N_f)$ der Versuchsserie ZA; f_p = 2 Hz

Gemäß dem Schädigungsparameter D(N) nach Gleichung (4-6) und den entsprechenden Verläufen aus **Bild 122** und Bild 123 beträgt die Schädigung bereits nach weniger als N/N_f = 10 % der Versuchsdauer über 50 %. In der Folge verringert sich der Schädigungszuwachs kontinuierlich. Dieser nichtlineare Schädigungszuwachs steht im Widerspruch zur Schädigungsakkumulationshypothese von *Palmgren* und *Miner* [Pal-24], [Min-45]. Beachtet man, dass aufgrund der für jeden Probekörper festgelegten Ober- und Unterspannungsniveaus S_O und S_U die Größe der Beanspruchung konstant bleibt und sich mit jedem Lastwechsel lediglich wiederholt, erscheinen diese Verläufe sinnvoll.

Einerseits sind durch Vorschädigungen bereits vor Versuchsbeginn Mikrorisse vorhanden, andererseits entstehen weitere Mikrorisse mit dem Aufbringen der Mittellast vor dem ersten Lastwechsel sowie anschließend während des ersten Belastungszyklus. Ein Großteil dieser Mikrorisse wird dabei durch mechanische sowie auch thermische und hygrische Inkompatibilitäten verursacht und befindet sich an den Korngrenzen der Gesteinskörnung [Kel-91]. Entsprechend kommt es bereits mit dem ersten Lastwechsel zu Reibprozessen der vorhandenen sowie der neu entstehenden Mikrorisse. Im Gegensatz zu den meisten anderen Schädigungsindikatoren, bei denen lediglich die Veränderung über die Versuchslaufzeit ausgewertet wird, wird in dem hier beschriebenen Schädigungsmodell und den resultierenden Verläufen die Vorschädigung der Probekörper mitberücksichtigt.

Während der weiteren Lastwechsel wird die Beanspruchung nicht erhöht, sodass Energie hauptsächlich aufgrund der Reibung von vorhandenen Rissen sowie der Reibung einiger neuer Risse dissipiert wird. Die Schädigungszunahme orientiert sich dabei an der Dehnungsentwicklung und der Steifigkeitsdegradation. Mit jedem Lastwechsel zu Versuchsbeginn wird die Veränderung des Schädigungsindikators D im Vergleich zum jeweils vorangegangenen Lastwechsel kleiner. Die Auswertungen der Schallemissionsanalyse bei weggeregelten Ermüdungsversuchen von *Spooner und Dougill* [SpDo-75] bestätigen qualitativ die Schädigungsverläufe aus **Bild 122** und Bild 123. Die von *Spooner und Dougill* aufgeführten Ergebnisse der Schallemissionsanalyse zeigen, dass nach vielen hohen Signalamplituden während der Erstbelastung bei den nachfolgenden Lastzyklen erst weitere Signalamplituden aufgezeichnet werden, sobald die maximale Dehnung ε_O des vorangegangenen Lastzyklus überschritten wird. Da zu Versuchsbeginn bei kraftgeregelten Ermüdungsversuchen die Dehnungszunahme schnell abnimmt, kann entsprechend davon ausgegangen werden, dass auch die Schädigungszunahme deutlich abnimmt. Auch der dreiphasige Verlauf des schädigungsinduzierten Dehnungsanteils ε_d nach *von der Haar und Marx* [vdHMa-17] entspricht qualitativ den hier aufgezeigten Verläufen des Schädigungsparameters D. Außerdem betragen die Werte des schädigungsinduzierten Dehnungsanteils ε_d nach N/N_f = 10% der Versuchsdauer bereits bis zu $\varepsilon_d/\varepsilon_{d,f}$ = 50% des schädigungsinduzierten Dehnungsanteils $\varepsilon_{d,f}$ beim Versagen des jeweiligen Probekörpers [vdH-17].

Mit dem entwickelten Schädigungsmodell kann somit für die Probekörper der qualitative Schädigungsverlauf über die Versuchslaufzeit beschrieben werden. Die aufgezeigten Verläufe des Schädigungsparameters D sind plausibel und entsprechen qualitativ den Verläufen verschiedener Schädigungsindikatoren. Bei Verfügbarkeit einer Versagenskurve der jeweiligen Versuchsserie ist es neben der Darstellung des individuellen Schädigungsverlaufs eines Probekörpers ebenfalls möglich, bereits während der Versuchsdurchführung auf den aktuellen Schädigungszustand zu schließen.

In Tabelle 4-4 sind die Werte des Schädigungsparameters $D(N_f)$ nach Gleichung (4-6) zum Zeitpunkt des Probekörperversagens für die gesamte Versuchsserie ZA ausgewertet. Außerdem wurden die Werte des Schädigungsparameters $D(N_f)$ nach der Schädigungsakkumulationshypothese von *Palmgren* und *Miner* ermittelt ([Pal-24], [Min-45]). Diese Auswertung erfolgte auf Grundlage der theoretischen Bruchlastwechselzahlen N_f aus dem Model Code 2010 [Fib-13]. Es zeigt sich, dass die Werte $D(N_f)$ nach der Schädigungsakkumulationshypothese von *Palmgren* und *Miner* stärker variieren und im Mittel deutlich stärker von dem zu erwartenden Schädigungswert $D(N_f)$ = 1,0 abweichen. Ein Grund dafür wird in unterschiedlichen Vorschädigungen der Probekörper infolge des Trocknungsprozesses im Trocknungsofen vermutet. Diese finden bei der Auswertung des Schädigungsparameters D nach Gleichung (4-6) Berücksichtigung, jedoch nicht bei der Auswertung nach der Schädigungsakkumulationshypothese von *Palmgren* und *Miner*. Insgesamt resultieren aus der Auswertung des Schädigungsparameters $D(N_f)$ nach Gleichung (4-6) in Tabelle 4-4 deutlich realistischere Werte mit geringeren Streuungen. Dies unterstreicht den Vorteil und die Plausibilität des in diesem Kapitel vorgestellten Schädigungsmodells.

Dieses Schädigungsmodell, dessen Anwendung in Bild 124 nochmals mithilfe eines Flussdiagramms erläutert wird, ist zunächst auf Einstufenversuche begrenzt. Erste weiterführende Untersuchungen in [Bod-20] zeigen eine grundsätzliche Eignung des Modells auf Ermüdungsversuche mit wechselnden Oberspannungsniveaus S_O.

Tabelle 4-4: Vergleich der Werte der Schädigungsparameter $D(N_f)^1$ nach Gleichung (4-6) und $D(N_f)^2$ nach der Schädigungsakkumulationshypothese von *Palmgren* und *Miner* ([Pal-24], [Min-45]) auf Basis der theoretischen Bruchlastwechselzahlen N_f nach dem Model Code 2010 [Fib-13]

PK	S_O [-]	S_U [-]	f_p [Hz]	N_f [-]	N_f [-] MC 2010	$D(N_f)^{1)}$ [-]	$D(N_f)^{2)}$ [-]
ZA2.4	0,80	0,05	8	858		0,97	0,58
ZA3.4				1.870	1.490	1,21	1,26
ZA5.3				5.490		1,04	3,68
ZA1.5	0,75	0,05	8	1.517		1,06	0,16
ZA2.5				3.138	9.254	0,93	0,34
ZA2.6				6.418		1,08	0,69
ZA1.7	0,70	0,05	8	19.246		0,89	0,33
ZA3.7				717	57.489	0,87	0,01
ZA4.5				206.640*		0,99	3,59
ZA2.10	0,65	0,05	8	136.138		1,03	0,38
ZA3.9				12.516	357.145	1,01	0,04
ZA1.10				1.000.000*		0,92	2,80
ZA3.1	0,60	0,05	8	1.272.908		1,03	0,57
ZA2.11				182.710	2.218.750	0,90	0,08
ZA1.12				730.335		1,02	0,33
ZA1.6	0,80	0,05	2	541		1,02	0,36
ZA3.5				168	1.490	1,07	0,11
ZA5.4				67		0,91	0,04
ZA3.6	0,75	0,05	2	1.352		0,96	0,15
ZA4.4				100.000*	9.254	1,10	10,81
ZA2.7				1.400		1,01	0,15
ZA1.8	0,70	0,05	2	67.005		1,10	1,17
ZA2.8				14.739	57.489	1,16	0,26
ZA2.9				7.193		0,92	0,13
ZA3.8	0,65	0,05	2	1.000.000*		0,91	2,80
ZA4.6				1.000.000*	357.145	0,89	2,80
ZA1.2				385.614		0,88	1,08

* Durchläufer

1) $D(N_f)$ nach Gl. 7.2

2) $D(N_f)$ nach der Palmgren-Miner-Hypothese auf Basis des MC2010

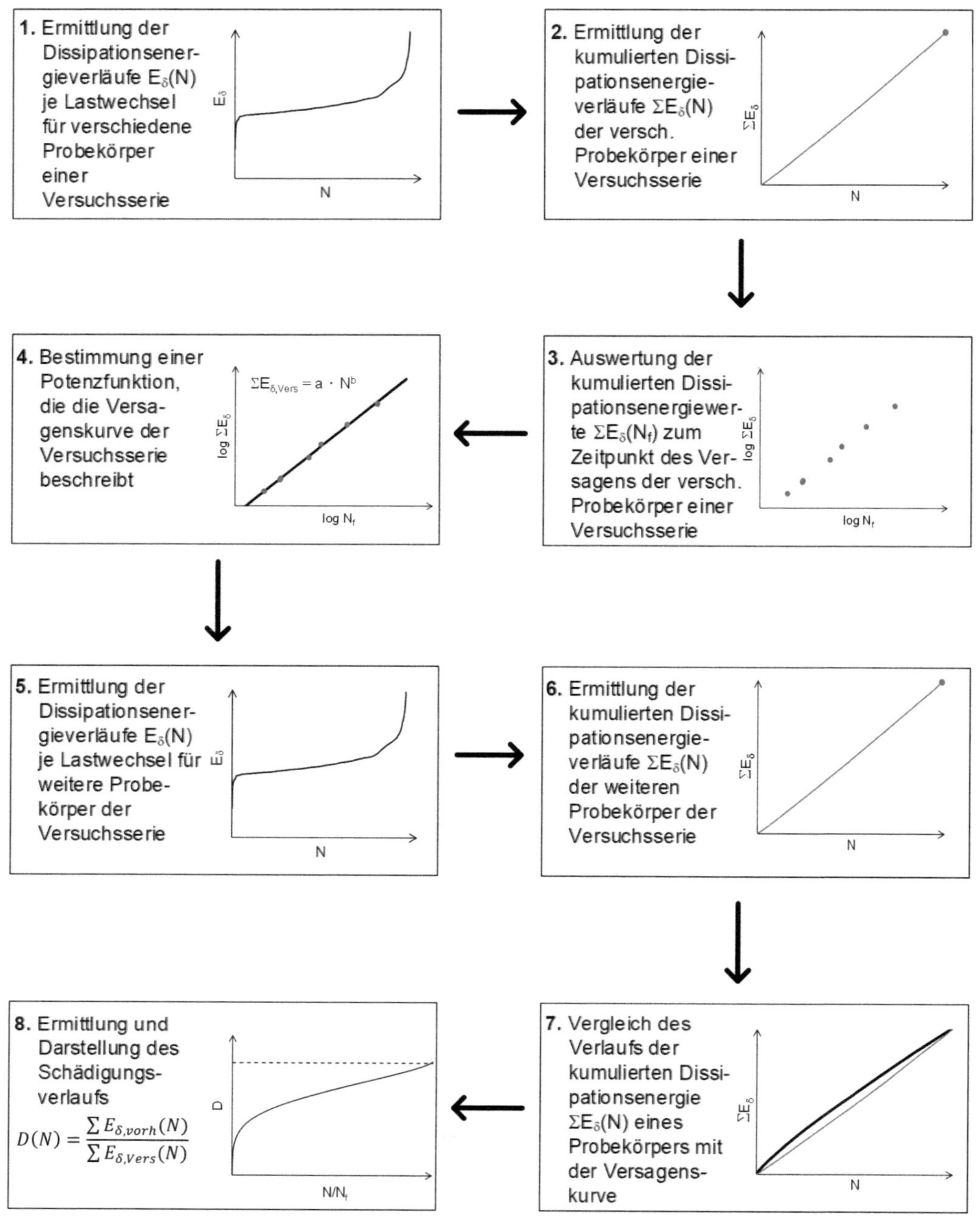

Bild 124: Ablaufschema zur Ermittlung der Verläufe des Schädigungsparameters D(N)

5 Zusammenfassung

Durch die Zunahme des dynamischen Beanspruchungsanteils gegenüber dem Anteil der ständigen Beanspruchungen bei Brückenbauwerken und Windenergieanlagen ergibt sich ein großer Forschungsbedarf im Bereich der Betonermüdung. Daher wurde in den letzten Jahrzehnten der Ermüdungswiderstand von Beton zunehmend erforscht, wobei häufig Belastungsfrequenzen zwischen 1 Hz und 10 Hz verwendet wurden. Anhand der Ergebnisse erkannte man früh, dass die Belastungsfrequenz einen Einfluss auf den Ermüdungswiderstand ausübt. Höhere Belastungsfrequenzen schienen höhere Bruchlastwechselzahlen zu erzeugen. Neuere Ergebnisse zeigten, dass dies jedoch nur für hohe Oberspannungen von ca. $S_{max} > 0{,}75$ zutrifft. Für geringere Oberspannungen kehrte sich dieser Einfluss um, wobei zusätzliche signifikante Temperaturanstiege beobachtet wurden. Somit führt eine Änderung der Belastungsfrequenz zu einer Änderung der einwirkenden Belastungsgeschwindigkeit als auch der Probekörpertemperatur. In diesem Heft werden daher zwei Konzepte zur Beschreibung des Ermüdungswiderstandes von druckschwellbeanspruchtem Beton vorgestellt. Das Erste beschreibt den Einfluss der Belastungsfrequenz auf den Ermüdungswiderstand, wobei die einwirkenden Belastungsgeschwindigkeiten und Probekörpertemperaturen Beachtung finden. Das Zweite beschreibt die für die Probekörpererwärmung verantwortliche Dissipationsenergie, welche die Grundlage für einen neuen Schädigungsparameter und ein entsprechendes Schädigungsmodell bildet.

Im Zuge des ersten Konzeptes wurden für in trockener Umgebung ermüdungsbeanspruchten hochfesten Beton zwei grundlegende Schädigungsprozesse identifiziert, welche von der Belastungsfrequenz beeinflusst werden. Dies ist zum einen der mechanische Schädigungsprozess, der zeitinvariant von der einwirkenden Spannungsgeschwindigkeit abhängt. Dabei bedingen erhöhte Belastungsfrequenzen erhöhte Spannungsgeschwindigkeiten, welche aufgrund unterschiedlicher meso- und mikroskopischer Effekte zu höheren Betondruckfestigkeiten führen. Diese verringern das effektive, ermüdungswirksame Beanspruchungsniveau und bewirken schließlich einen erhöhten Ermüdungswiderstand. Gleichzeitig erwärmt sich ermüdungsbeanspruchter Beton, sodass zum anderen ein thermisch induzierter Schädigungsprozess auftritt. Eine erhöhte Belastungsfrequenz verursacht eine zeitvariante Erwärmung und führt zu höheren Probekörpertemperaturen. Aufgrund weiterer meso- und mikroskopischer Effekte wie den thermischen Inkompatibilitäten, geänderten Porenwasserdrücken und der Änderung der Van-der-Waals-Kräfte verringert sich die Betondruckfestigkeit mit ansteigender Temperatur. Dadurch erhöht sich letztlich das effektive, ermüdungswirksame Beanspruchungsniveau, was eine zeit- bzw. lastwechselvariante Reduktion des Ermüdungswiderstands bewirkt.

Eigene Ermüdungsuntersuchungen an einem hochfesten Beton auf einem Unterspannungsniveau von $S_{min} = 0{,}05$ und mit Belastungsfrequenzen von $f = 2$ Hz, $f = 4$ Hz und $f = 7$ Hz bestätigten den divergierenden Einfluss der Belastungsfrequenz auf den Ermüdungswiderstand. Mithilfe von Ermüdungsversuchen mit Belastungspausen und Belastungsfrequenzen von $f = 4$ Hz und $f = 7$ Hz wurde darüber hinaus die Temperaturentwicklung der Probekörper erfolgreich an die der kontinuierlichen Versuche mit einer Belastungsfrequenz von 2 Hz angepasst. Hierbei zeigte sich, dass bei angeglichenen Probekörpertemperaturen auch auf niedrigen Beanspruchungsniveaus höhere Belastungsfrequenzen höhere Bruchlastwechselzahlen bewirken.

Gemäß der entwickelten Modellvorstellung treten unter Ermüdungsbeanspruchungen beide erwähnten Schädigungsprozesse gleichzeitig auf, wobei sich der Einfluss der Spannungsgeschwindigkeit auf den mechanischen Schädigungsprozess als zeitinvariant und der thermische Schädigungsprozess sich als zeitvariant darstellt. Ermüdungsversuche mit hohen Oberspannungsniveaus ($S_{max} \geq 0{,}80$) erwärmen sich aufgrund ihrer kurzen Versuchslaufzeiten nur geringfügig. Aus diesem Grund ist auf diesen Beanspruchungsniveaus der Einfluss der Spannungsgeschwindigkeit auf den mechanischen Schädigungsprozess dominant und höhere Belastungsfrequenzen verursachen höhere Bruchlastwechselzahlen. Auf niedrigeren Oberspannungsniveaus ($S_{max} < 0{,}80$) können sich die Probekörper aufgrund der längeren Versuchszeiten stärker erwärmen und der thermisch induzierte Schädigungsprozess nimmt an Einfluss zu. Der thermische Schädigungsprozess übersteigt den erstgenannten Effekt, sodass nunmehr höhere Belastungsfrequenzen geringere Bruchlastwechselzahlen verursachen. Für ein Unterspannungsniveau von $S_{min} = 0{,}05$ und Oberspannungsniveaus zwischen $0{,}75 \geq S_{max} \geq 0{,}65$ zeichnen sich dabei die prozentual stärksten thermisch bedingten Einbrüche ab. Diese Effekte können mithilfe des entwickelten Modells abgebildet werden. Darüber hinaus erlaubt das Modell, Bruchlastwechselzahlen für unterschiedliche Belastungsfrequenzen innerhalb eines Frequenzbereichs von $0{,}1\ \text{Hz} \leq f \leq 12\ \text{Hz}$ ineinander umzurechnen.

Für zukünftige Ermüdungsversuche sollte der Einfluss des thermischen Schädigungsprozesses möglichst minimiert werden, da er zum einen in dieser Art nur bei Versuchen und nicht in der Realität vorkommt und sein Einfluss zum anderen nur bei Kenntnis der betonspezifischen Temperaturentwicklung und des Temperaturverhaltens berücksichtigt werden kann. Daher wurden Empfehlungen für einzuhaltende Belastungsfrequenzen erarbeitet. Alternativ wird anstelle der Einhaltung von Belastungsfrequenzen die Begrenzung der zulässigen Temperaturerhöhung an der Oberfläche von ermüdungsbeanspruchten Probekörpern auf 15 K vorgeschlagen. Mithilfe der entwickelten Modellvorstellung wurden für beide Konzepte nur geringfügige thermisch bedingte Bruchlastwechselzahleneinbrüche prognostiziert. Um die zulässige Temperaturerhöhung einzuhalten, wird ferner die Durchführung von temperaturgeregelten Ermüdungsversuchen empfohlen, bei denen infolge einer Temperaturüberschreitung die Ermüdungsbeanspruchungen automatisch pausiert werden. Alternativ kann im Vorfeld anhand einer beanspruchungsniveauabhängigen experimentellen mechanischen–thermischen Analyse die zulässige Belastungsfrequenz für Ermüdungsversuche ohne Belastungspausen festgelegt werden. Gegenüber realen Beanspruchungssituationen könnten durch die beschriebenen Versuchskonzepte aufgrund der höheren Belastungsfrequenzen höhere Bruchlastwechselzahlen erzeugt werden. Dies hätte zur Folge, dass das reale Sicherheitsniveau niedriger läge als das der Versuchsergebnisse. Um diesen Umstand zu berücksichtigen, ist der in mehreren Normen angeführte pauschale Sicherheitsbeiwert von 0,85 zur Berechnung der Betondruckfestigkeit unter Ermüdungsbeanspruchungen ausreichend.

Grundsätzlich hat sich gezeigt, dass die Probekörpertemperatur einen entscheidenden Einfluss auf den Ermüdungswiderstand ausübt. Mit dem zweiten Konzept wird die für die Probekörpererwärmung verantwortliche Dissipationsenergie beschrieben und für ein neues Schädigungsmodell genutzt.

Für die Erhöhung der Probekörpertemperaturen müssen nennenswerte Anteile der von der Prüfmaschine aufgebrachten mechanischen Arbeit innerhalb des Probekörpers in thermische Energie umgewandelt werden. Mithilfe der Spannungs-Dehnungslinien von ermüdungsbeanspruchten Betonprobekörpern kann zwischen dem elastischen und dem plastischen Energieanteil sowie der Dissipationsenergie unterschieden werden. Die Dissipationsenergie wird im Spannungs-Dehnungsdiagramm durch die Fläche der zwischen dem Be- und dem Entlastungsast eingeschlossenen Hystereseschleife beschrieben. Entsprechend wird mit jedem Lastwechsel Energie dissipiert.

Im Rahmen der Auswertung eigener Druckschwellversuche konnte eine Korrelation zwischen dem Erwärmungsverhalten der Probekörper und der Schädigungsentwicklung festgestellt werden. Eine erste Auswertung der elastischen und plastischen Energieanteile zeigte dabei, dass insbesondere die Dissipationsenergie für die Erwärmung verantwortlich sein muss. Dieser Zusammenhang wurde durch zusätzliche numerische Untersuchungen nochmals bestätigt.

Zunächst wurden die Dissipationsenergien für jeden Lastwechsel der Druckschwellversuche bestimmt und deren Verläufe ausgewertet. Dabei ergaben sich qualitative Zusammenhänge zwischen den Verläufen der mit jedem Lastwechsel dissipierten Energie und anderen Schädigungsparametern. Allerdings ergab sich kein direkter quantitativer Zusammenhang zwischen dem Wert der Dissipationsenergie eines Lastwechsels und der Bruchlastwechselzahl des jeweiligen Probekörpers. Die anschließende Auswertung der bis zum Versagen der Probekörper kumulierten Dissipationsenergie ergab hingegen einen eindeutigen funktionalen Zusammenhang bezogen auf die Bruchlastwechselzahl. Für Versuchsserien bei denen die Versuchsrandbedingungen für alle Probekörper gleich sind, liegen alle durch die zum Versagenszeitpunkt kumulierte Dissipationsenergie und die zugehörige Bruchlastwechselzahl beschriebenen Auswertungspunkte auf einer Kurve. Zu den innerhalb einer Versuchsserie konstant zu haltenden Randbedingungen zählen die Probekörpergeometrie, der verwendete Beton, die Prüffrequenz und das Unterspannungsniveau. Die entsprechenden Kurven lassen sich durch Potenzfunktionen annähern und beschreiben die zu erwartende kumulierte Dissipationsenergie für die jeweilige Bruchlastwechselzahl. Daher werden diese Kurven als Versagenskurven bezeichnet. Es zeigt sich ferner, dass die Verläufe der kumulierten Dissipationsenergie der einzelnen Probekörper unterhalb der entsprechenden Versagenskurve liegen. Erst zum Versagenszeitpunkt sind die Werte der vorhandenen kumulierten Dissipationsenergie genauso groß wie die der kumulierten Dissipationsenergie der Versagenskurve für die entsprechenden (Bruch-)Lastwechselzahlen.

Auf der Basis dieser Auswertungsergebnisse wurde außerdem ein Schädigungsparameter eigeführt und darauf aufbauend ein Schädigungsmodell entwickelt. Über das Verhältnis der vorhandenen kumulierten Dissipationsenergie eines Probekörpers zur kumulierten Dissipationsenergie der Versagenskurve für die entsprechende (Bruch-)Lastwechselzahl wird der Schädigungsparameter D(N) berechnet. Sobald dieser den Wert D(N) = 1,0 erreicht, kommt es entsprechend der Modellüberlegung zum Versagen. Die daraus resultierenden Verläufe der einzelnen Probekörper über die Versuchslaufzeit zeigen ebenfalls einen dreiphasigen Verlauf mit deutlichen Parallelen zu anderen Schädigungsindikatoren. Mit dem Schädigungsmodell kann ebenfalls der vorhandene Schädigungsgrad eines Probekörpers während des Versuchs bewertet und somit auf die verbleibende Versuchslaufzeit geschlossen werden.

Ein Vergleich mit bisherigen energetischen Schädigungsmodellen für die Betonermüdung zeigt die Vorteile und Besonderheiten des im Rahmen dieser Arbeit entwickelten Schädigungsmodells. Der große Unterschied befindet sich dabei in der Bewertung des Zusammenhangs zwischen Energiegröße und Schädigungsgrad. Die bisherigen Schädigungsmodelle basieren darauf, dass die jeweils betrachtete Energiegröße Ursache für die Schädigung ist und ein Versagen eintritt, sobald die Energiegröße überschritten ist. Das hier entwickelte Schädigungsmodell betrachtet hingegen die vorhandene Schädigung als Ursache für die betrachtete Energiegröße. Da die Größe der Dissipationsenergie von der Anzahl und Größe der vorhandenen Risse abhängt, lässt sich die Schädigung über die kumulative Dissipationsenergie beschreiben. Auch Vorschädigungen im Beton werden durch den Schädigungsparameter berücksichtigt. Denn auch durch die Reibung von zu Versuchsbeginn bereits vorhandenen Rissen wird Energie dissipiert.

In dieser Arbeit wurde somit eine Korrelation zwischen der Schädigung und der Dissipationsenergie aufgezeigt. Mithilfe des eingeführten Schädigungsparameters können die Schädigungsentwicklung und der Schädigungsgrad der zyklisch-mechanisch beanspruchten Probekörper beschrieben werden. Aus den ersten Untersuchungen mit dem neu entwickelten und auf dem Schädigungsparameter aufbauenden Schädigungsmodell resultierten vielversprechende Ergebnisse.

6 Literatur

[BaAs-10] Bastami, M., Aslani, F., Omran Esmaeilnia, M.: *High-Temperature Mechanical Properties of Concrete*. International Journal of Civil Engineering, Vol. 8, No. 4, December 2010.

[Ban-33] Ban, S.: Der Ermüdungsvorgang von Beton. Der Bauingenieur (1933), S. 188–192.

[BiPe-91] Bischoff, P. H., Perry, S. H.: *Compressive behaviour of concrete at high strain rates*. Materials and Structures, Volume 24, 1991, pp. 425-450.

[Bod-20] Bode, M.: *Energetische Schädigungsanalyse von ermüdungsbeanspruchtem Beton*. Dissertation. Instituts für Massivbau, Leibniz Universität Hannover, 2020.

[Bol-18] Bolte, E.: *Elektrische Maschinen*. 2. Auflage, Springer Vieweg, 2018.

[BoMa-19] Bode, M., Marx, S.: *Heat generation during fatigue tests on concrete specimens*. fib Symposium Kraków 27-29 May 2019.

[BoMa-19b] Bode, M., Marx, S.: *Energetische Schädigungsanalyse der Betonermüdung*: Hannover, Institutionelles Repositorium der Leibniz Universität Hannover 2019.

[BoMa-19c] Bode, M., Marx, S., Vogel, A., Völker, C.: Dissipationsenergie bei Ermüdungsversuchen an Betonprobekörpern. Beton- und Stahlbetonbau 114 (2019), S. 548–556.

[Bud-89] Budelmann, H.: *Verhalten von Beton bei mäßig erhöhten Betriebstemperaturen*. Deutscher Ausschuss für Stahlbeton, Heft 404, Beuth, Berlin, 1989.

[CEB-88] CEB – Comité Euro – International du Béton: Concrete Structures under Impact and Impulsive Loading. Bulletin d'Information No. 187, Lausanne, 1988.

[CEB-93] CEB – Comité Euro – International du Béton: CEB-FIP Model Code 1990. Bulletin d'Information No. 213/214, Thomas Telford Ltd, 1993.

[ChKh-01] Cheyrezy, M., Khoury, G., Behloul, M.: *Mechanical properties of four high-performance concretes in compression at high temperatures*. Revue Française de Génie Civil, Vol. 5, Issue 8, pp. 1159-1180, 2001.

[ChKo-04] Cheng, F. P., Kodur, V. K. R., Wang, T. C.: *Stress-Strain Curves for High Strength Concrete at Elevated Temperatures*. Journal of Materials in Civil Engineering, No. 1, Vol. 16, pp. 84-90, 2004.

[Cur-87] Curbach, M.: *Festigkeitssteigerung von Beton bei hohen Belastungsgeschwindigkeiten*. Dissertation, Schriftenreiche des Instituts für Massivbau und Baustofftechnologie, Heft 1, Universität Karlsruhe, 1987.

[Det-62] Dettling, H.: *Die Wärmedehnung des Zementsteines, der Gesteine und der Betone*. Otto-Graf-Institut, Amtliche Forschungs- und Materialprüfanstalt für das Bauwesen, Technische Hochschule Stuttgart, 1962.

[DeTr-19] Deutscher, M., Tran, N. L., Scheerer, S.: *Experimental investigation of load-induced temperature development in UHPC subjected to cyclic loading*. Proceedings of the fib Symposium 2019, S. 1904–1911.

[DeMa-20] Deutscher, M., Markert, M., Tran, N. L., Scheerer, S.: *Influence of the compressive strength of concrete on the temperature increase due to cyclic loading*. Proceedings of the fib Symposium Shanghai 2020, pp.773 – 780.

[DiJu-89] Diederichs, U., Jumppanen, U.-M., Penttala, V.: *Behaviour of high strength concrete at high temperatures*. Helsinki University of Technology, Department of Structural Engineerung, Report 92, Espoo, 1989.

[EiSc-99] Eibl, J., Schmidt-Hurtienne, B.: *Betonstoffgesetze für hochdynamische Beanspruchungen*. Beton- und Stahlbetonbau, Jahrgang 91, Heft 7, 1999, S. 278-288.

[Els-15] Elsmeier, K.: *Influence of temperature on the fatigue behaviour of concrete*. Concrete – Innovation and Design, fib Symposium, Copenhagen May 18-20, 2015.

[Els-19] Elsmeier, K.: *Einfluss der Probekörpererwärmung auf den Ermüdungswiderstand von hochfestem Vergussbeton*. Dissertation, Berichte aus dem Institut für Baustoffe, Heft 18, Leibniz Universität Hannover, 2019.

[Fib-07] FIB – Fédération internationale du béton: Fire design of concrete structures – materials, structures and modelling. Bulletin 38, 2007.

[Fib-10] FIB – Fédération internationale du béton: fib Model Code for Concrete Structures 2010. Ernst & Sohn, 2013.

[Fib-13] FIB – Fédération internationale du béton: Code-type models for concrete behavior. Bulletin 70, 2013.

[Fur-84] Furtak, K.: *Ein Verfahren zur Berechnung der Betonfestigkeit unter schwellenden Belastungen*. Cement and Concrete Research, Vol. 14, pp. 855-865, 1984.

[GrGö-13] Grünberg, J., Göhlmann, J.: Concrete Structures for Wind Turbines. Berlin: Ernst & Sohn 2013.

[GrOn-11] Grünberg, J., Oneschkow, N.: *Gründung von Offshore-Windenergieanlagen aus filigranen Betonkonstruktionen unter besonderer Beachtung des Ermüdungsverhaltens von hochfestem Beton*. Abschlussbericht zum BMU-Verbundforschungsprojekt FKZ 0327673A, Institut für Massivbau, Leibniz Universität Hannover, 2011.

[HiKe-66] Hilsdorf, H. K., Kesler, C. E.: *Fatigue strength of concrete under varying flexural stresses*. Journal of the American Concrete Institute, Vol. 63, No. 10, pp. 1059-1076, 1966.

[Hin-87] Hinrichsmeyer, K.: *Strukturorientierte Analyse und Modellbeschreibung der thermischen Schädigung von Beton*. Dissertation. Institut für Baustoffe, Massivbau und Brandschutz, Technische Universität Braunschweig, Heft 74, 1987.

[Hoh-04] Hohberg, R.: *Zum Ermüdungsverhalten von Beton*. Dissertation, Fakultät VI Bauingenieurwesen und Angewandte Geowissenschaften, Technische Universität Berlin, 2004.

[Hol-79] Holmen, J. O.: *Fatigue of concrete by constant and variable amplitude loading*. Division of Concrete Structures, The Norwegian Institute of Technology, The University of Trondheim, 1979.

[Hsu-81] Hsu, T. T. C.: *Fatigue of plain concrete*. ACI Journal, Vol. 78, No. 4, July-August, pp. 292-305, 1981.

[Hui-10] Huismann, S.: *Materialverhalten von hochfestem Beton unter thermomechanischer Beanspruchung*. Dissertation, Fakultät für Bauingenieurwesen, Technische Universität Wien, 2010.

[Ili-15] Ilias, O.: *Zur Abhängigkeit der Betondruck- und Zugfestigkeit von der Belastungsgeschwindigkeit*. Bachelorarbeit, Institut für Massivbau, Leibniz Universität Hannover, 2015.

[Kel-91] Keller, T.: Dauerhaftigkeit von Stahlbetontragwerken. Dissertation: Birkhäuser Basel 1991.

[KoSe-79] Kottas, R., Seeberger, J., Hilsdorf, H. K.: *Strength characteristics of concrete in the temperature range of 20 °C to 200 °C*. 5th International Conference on Structural Mechanics in Reactor Technology, SMiRT 5, Berlin, 1979.

[Lin-05] Lin, F.: *Materialmodelle und Querschnittsverhalten von Stahlbetonbauteilen unter extrem dynamischer Beanspruchung*. Disserstation, Lehrstuhl für Stahlbeton- und Spannbetonbau, Ruhr-Universität Bochum, 2005.

[MaLa-20] Markert, M., Laschewski, H.: Influence factors on the temperature development in cyclic compressive fatigue tests: an overview. Otto Graf Journal, Volume 19. Otto-Graf-Institute, University of Stuttgart, 2020.

[MeZh-15] Medeiros, A., Zhang, X., Ruiz, G., Yu, R. C., de Souza Lima Velasco, M.: *Effect of the loading frequency on the compressive fatigue behavior of plain concrete and fiber reinforced concrete*. International Journal of Fatigue, Vol. 70, pp. 342-350, 2015.

[Min-45] Miner, M. A.: Cumulative Damage in Fatigue. Journal of Applied Mechanics (1945), S. A159-A164.

[Nöl-10] Nöldgen, M.: *Modellierung von ultrahochfestem Beton (UHPC) unter Impaktbelastung*. Dissertation, Schriftenreihe Baustoffe und Massivbau, Heft 14, Universität Kassel, 2010.

[One-14] Oneschkow, N.: *Analyse des Ermüdungsverhaltens von Beton anhand der Dehnungsentwicklung*. Dissertation, Berichte aus dem Institut für Baustoffe, Heft 13, Leibniz Universität Hannover, 2014.

[OtLo-18] Otto, C., Lohaus, L., Cotardo, D.: Premature failure of high-strength grouts due to the warming of specimen during cyclic loading. Proceedings of 5 th International fib Congress, 7.-11.10.2018, Melbourne, Australia.

[OtOn-19] Otto, C., Oneschkow, N., Lohaus, L.: Differences between the fatigue behaviour of high-strenght grout and high-strenght concrete: Proceedings of the fib Symposium 2019, S. 1936–1943.

[Paj-11] Pająk, M: The influence of the strain rate on the strength of concrete taking into account the experimental techniques. ACEE Journal, 3/2011, pp. 77-86.

[Pal-24] Palmgren, A.: Die Lebensdauer von Kugellagern. Zeitschrift des Vereins deutscher Ingenieure 68 (1924), S. 339–341.

[Ras-62] Rasch, C.: *Spannungs-Dehnungs-Linien des Betons und Spannungsverteilung in der Biegedruckzone bei konstanter Dehngeschwindigkeit*. Deutscher Ausschuss für Stahlbeton, Heft 154, Ernst & Sohn Verlag, 1962.

[ReSt-78] Reinhardt, H. W., Stroeven, P., den Uijl, J. A., Kooistra, T. R., Vrencken, J. H. M.: *Einfluß von Schwingbreite, Belastungshöhe und Frequenz auf die Schwingfestigkeit von Beton bei niedrigen Bruchlastwechselzahlen*. Betonwerk + Fertigteil-Technik, Heft 9, 1978, S. 498-503.

[SaYu-13] Saucedo, L., Yu, R. C., Medeiros, A., Zhang, X., Ruiz, G.: *A probabilistic fatigue model based on the initial distribution to consider frequency effect in plain and fiber reinforced concrete*. International Journal of Fatigue, Vol. 48, pp. 308-318, 2013.

[Sch-82] Schneider, U.: *Verhalten von Beton bei hohen Temperaturen*. Deutscher Ausschuss für Stahlbeton, Heft 337, Ernst & Sohn Verlag, 1982.

[Sch-21] Schneider, S. *Frequenzabhängigkeit des Ermüdungswiderstandes von hochfestem Beton*. Dissertation. Instituts für Massivbau, Leibniz Universität Hannover, 2020.

[ScHü-18] Schneider, S., Hümme, J., Marx, S., Lohaus, L.: *Untersuchungen zum Einfluss der Probekörpergröße auf den Ermüdungswiderstand von hochfestem Beton*. Beton- und Stahlbetonbau, Heft 1, Jahrgang 113, S. 58-67.

[ScVö-12] Schneider, S., Vöcker, D., Marx, S.: Zum Einfluss der Belastungsfrequenz und der Spannungsgeschwindigkeit auf die Ermüdungsfestigkeit von Beton. Beton- und Stahlbetonbau 107 (2012), S. 836–845.

[SeKr-85] Seeberger, J., Kropp, J., Hilsdorf, H. K.: Festigkeitsverhalten und Strukturveränderungen von Beton bei Temperaturbeanspruchung bis 250 °C. Deutscher Ausschuss für Stahlbeton, Heft 360, Beuth, Berlin, 1985.

[SeOn-19] Scheiden, T., Oneschkow, N., Löhnert, S., Patel, R.: Fatigue damage of high-strength concrete with basalt aggregate: Proceedings of the fib Symposium 2019, S. 1896–1903.

[SpDo-75] Spooner, D. C., Dougill, J. W.: A quantitative assessment of damage sustained in concrete during compressive loading. Magazine of Concrete Research 27 (1975), S. 151–160.

[SpMe-73] Sparks, P. R., Menzies, J. B.: *The effect of rate of loading upon the static and fatigue strengths of plain concrete in compression*. Magazine of Concrete Research, No. 83, Vol. 25, 1973, pp. 73-80.

[StLa-06] Stempniewski, L., Larcher, M., Steiner, S.: *Beton unter hochdynamischer Belastung*. Beton- und Stahlbetonbau, Heft 3, Jahrgang 101, 2006, S. 152-162.

[TeGö-73] Tepfers, R., Görlin, J., Samuelsson, T.: *Concrete subjected to pulsating load and pulsating deformation of different pulse waveforms*. Nordisk Betong, Vol. 17, No. 4, pp. 27-36, 1973.

[TeHe-84] Tepfers, R., Hedberg, B., Szczekocki, G.: Absorption of energy in fatigue loading of plain concrete. Matériaux et Constructions 1984, S. 59–64.

[Tei-68] Teichen, K.-T.: Über die innere Dämpfung von Beton. Dissertation. Stuttgart 1968.

[Thi-93] Thienel, K.-C.: *Festigkeit und Verformung von Beton bei hoher Temperatur und biaxialer Beanspruchung - Versuche und Modellbildung*. Dissertation. Institut für Baustoffe, Massivbau und Brandschutz, Technische Universität Braunschweig, Heft 104, 1993.

[Urr-18] Urrea, F. A.: *Influence of elevated temperatures up to 100 °C on the mechanical properties of concrete*. Dissertation, Institut für Massivbau und Baustofftechnologie, Materialprüfungs- und Forschungsanstalt, MPA Karlsruhe, KIT Scientific Publishing, Heft 84, 2018

[vdH-17] von der Haar, C.: *Ein mechanisch basiertes Dehnungsmodell für ermüdungsbeanspruchten Beton*. Dissertation. Berichte des Instituts für Massivbau der Universität Hannover, Heft 11, 2017.

[vdHHü-15] von der Haar, C., Hümme, J., Marx, S., Lohaus, L.: *Untersuchungen zum Ermüdungsverhalten eines höherfesten Normalbetons*. Beton- und Stahlbetonbau, Heft 10, Jahrgang 110, 2015, S. 699-709.

[vdHMa-17] von der Haar, C., Marx, S.: Ein additives Dehnungsmodell für ermüdungsbeanspruchten Beton. Beton- und Stahlbetonbau 112 (2017), S. 31–40.

[vdHWe-16] von der Haar, C., Wedel, F., Marx, S.: Numerical and Experimental Investigations of the Warming of fatigue-loaded Concrete. fib Symposium Cape Town 21.-23.11.2016.

[VoVö-20] Vogel, A., Völker, C., Bode, M., Marx, S.: *Messung und Simulation der Erwärmung von ermüdungsbeanspruchten Betonprobekörpern*. Bauphysik, Heft 2, Jahrgang 42, 2020, S. 86-93.

[WeFr-71] Weigler, H., Freitag, W.: *Dauerschwell- und Betriebsfestigkeit von Konstruktionsleichtbeton*. Forschungsvorhaben des Bundesministeriums für Verkehr. A.Z. W6-6024 W69, 1971.

[Wha-71] Whaley, C. P.: The creep of concrete under cyclic uniaxial compression 1971.

[Wis-78] Wischers, G.: Aufnahme und Auswirkungen von Druckbeanspruchung auf Beton. Beton (1978), S. 63–67.

[Wit-77] Wittmann, F. H.: *Grundlagen eines Modells zur Beschreibung charakteristischer Eigenschaften des Beton*. Deutscher Ausschuss für Stahlbeton, Heft 290, Ernst & Sohn Verlag, 1977.

[ZhPh-96] Zhang, B., Phillips, D. V., Wu, K.: *Effects of loading frequency and stress reversal on fatigue life of plain concrete*. Magazine of Concrete Research, Vol. 48, No. 177, 1996, pp. 361–375.

[ZiKl-79] Ziegeldorf, S., Kleiser, K., Hilsdorf, H. K.: *Vorherbestimmung und Kontrolle des thermischen Ausdehnungskoeffizienten von Beton*. Deutscher Ausschuss für Stahlbeton, Heft 305, Ernst & Sohn Verlag, 1979.

7 Anhang

7.1 Versuchsergebnisse unter monoton steigender Belastung

Tabelle A-1: Ergebnisse der Versuche unter monoton steigender Belastung des C120

Pk	Alter [d]	$\dot{\sigma}$ [MPa/s]	f_c [MPa]	f_{cm} [MPa]	s [MPa]	ε_c [‰]	ε_{cm} [‰]
1	109	0,5	121,9	120,7	1,2	-3,180	-3,167
2	109	0,5	121,1			-3,183	
3	109	0,5	120,5			-3,189	
4	109	0,5	119,0			-3,179	
6	109	0,5	120,9			-3,102	
31	152	0,5	120,4	118,2	4,3	-3,177	-3,048
32	152	0,5	121,0			-3,132	
33	152	0,5	113,2			-2,824	
34	152	361,3	140,2	138,6	3,2	-3,455	-3,382
35	152	361,3	140,7			-3,428	
36	152	361,3	134,9			-3,265	
37	153	722,5	143,1	140,7	2,3	-3,348	-3,395
38	153	722,5	138,6			-3,361	
40	153	722,5	140,3			-3,475	
41	153	1445,1	143,4	145,4	1,8	-3,524	-3,514
42	153	1445,1	145,8			-3,476	
44	153	1445,1	146,9			-3,543	
12	243	0,5	126,3	125,0	1,32	-3,136	-3,074
23	243	0,5	123,6			-3,028	
49	253	0,5	125,0			-3,057	

7.2 Versuchsergebnisse unter zyklischer Belastung

Tabelle A-2: Bruchlastwechselzahlen der Versuche mit und ohne Belastungspause des C120

PK	Alter	f_{cm}	f_P	S_{min}	S_{max}	N	log N	log N_m
	[d]	[MPa]	[Hz]	[-]	[-]	[-]	[-]	[-]
7	110	120,4	2	0,05	0,80	4.530	3,66	
8	110	120,4	2	0,05	0,80	6.031	3,78	3,65
9	110	120,4	2	0,05	0,80	2.923	3,47	
10	111	120,4	2	0,05	0,75	14.833	4,17	
15	132	120,4	2	0,05	0,75	19.431	4,29	4,27
26	134	120,4	2	0,05	0,75	21.557	4,33	
27	137	120,4	2	0,05	0,70	327.704	5,52	
28	140	120,4	2	0,05	0,70	1.118.921	6,05	5,84
29	147	120,4	2	0,05	0,70	74.526	4,87	
16 D)	817	125,1	2	0,05	0,70	1.228.501 A)	6,09 A)	
16	370	125,0	4	0,05	0,80	7.237	3,86	
18	370	125,0	4	0,05	0,80	8.887	3,95	3,92
8 D)	787	125,1	4	0,05	0,80	8.608	3,93	
13	243	125,0	4 B)	0,05	0,80	6.310	3,80	
17	217	120,4	4 B)	0,05	0,80	8.265	3,92	3,83
19	244	125,0	4 B)	0,05	0,80	5.825	3,77	
20	391	125,0	4	0,05	0,75	31.778	4,50	
10 D)	809	125,1	4	0,05	0,75	32.974	4,52	4,48
11 D)	809	125,1	4	0,05	0,75	25.727	4,41	
24	250	125,0	4 B)	0,05	0,75	48.495	4,69	
57	250	125,0	4 B)	0,05	0,75	15.900	4,20	4,63
53	252	125,0	4 B)	0,05	0,75	62.175	4,79	
22	397	125,0	4	0,05	0,70	209.975	5,32	
14 D)	815	125,1	4	0,05	0,70	117.422	5,07	5,13
15 D)	816	125,1	4	0,05	0,70	76.312	4,88	

Tabelle A-3: Bruchlastwechselzahlen der Versuche mit und ohne Belastungspause des C120

PK	Alter	f_{cm}	f_P	S_{min}	S_{max}	N	log N	log N_m
	[d]	[MPa]	[Hz]	[-]	[-]	[-]	[-]	[-]
64	267	125,0	4 [B)]	0,05	0,70	4.129.920 [A)]	6,62 [A)]	6,59 [A)]
56	218	120,4	4 [B)]	0,05	0,70	3.598.080 [A)]	6,56 [A)]	
67	370	125,0	7	0,05	0,80	7.904	3,90	
14	370	125,1	7	0,05	0,80	7.335	3,87	3,91
7 [D)]	787	125,1	7	0,05	0,80	9.046 [E)]	3,96	
54	259	125,0	7 [B)]	0,05	0,80	10.868 [C)]	4,04	
60	259	125,0	7 [B)]	0,05	0,80	10.140	4,01	3,99
58	260	125,0	7 [B)]	0,05	0,80	8.185	3,91	
68	390	125,0	7	0,05	0,75	25.006	4,40	
51	390	125,0	7	0,05	0,75	22.488	4,35	4,37
9 [D)]	808	125,1	7	0,05	0,75	23.416	4,37	
59	265	125,0	7 [B)]	0,05	0,75	25.733	4,41	
62	266	125,0	7 [B)]	0,05	0,75	26.973	4,43	4,50
63	267	125,0	7 [B)]	0,05	0,75	42.139	4,62	
55	392	125,0	7	0,05	0,70	89.222	4,40	
12 [D)]	810	125,1	7	0,05	0,70	75.162	4,35	4,37
13 [D)]	813	125,1	7	0,05	0,70	23.416	4,37	
65	298	125,0	7 [B)]	0,05	0,70	3.102.720 [A)]	6,49 [A)]	6,50 [A)]
39	316	125,0	7 [B)]	0,05	0,70	3.235.200 [A)]	6,51 [A)]	

[A)] Durchläufer

[B)] Versuche mit Belastungspause

[C)] davon 484 Lastwechsel mit f_P = 8 Hz

[D)] Charge B

[E)] davon 57 Lastwechsel mit f_P = 6 Hz

7.3 Modellparameter für den Beton HPC 1

Tabelle A-4: Parameter für die Ausgleichskurven nach Gleichung (3-27) zur Berechnung der zeitlichen Temperaturänderung $\Delta T(t)$

S_{min} [-]	S_{max} [-]	f [Hz]	$\Delta T_{stationär,mittel}$ [K]	k_{mittel} [-]
0,05	0,80	2	22,0[I)]	0,000139
		4	44,0[I)]	0,000138
		7	77,0[I)]	0,000131
0,05	0,75	2	12,0	0,000199
		4	28,5	0,000173
		7	52,3[I)]	0,000152
0,05	0,70	2	10,1	0,000203
		4	20,0	0,000178
		7	34,8	0,000173
[I)] Annahme von $\Delta T_{stationär,mittel}$				

7.4 Modellanwendung an einem weiteren hochfesten selbstverdichtenden Beton HPC 2

In einer weiteren Untersuchung wurde geprüft, ob die in Kapitel 3.6 beschriebenen Modellüberlegungen auch die Approximation von frequenzabhängigen Bruchlastwechselzahlen eines weiteren hochfesten selbstverdichtenden Betons ($f_c \approx 100$ MPa) ermöglichen. Um die dazu notwendigen Modellanpassungen vorzunehmen, wurden für diesen Beton eigene experimentelle Untersuchungen in Anlehnung an das Versuchsprogramm durchgeführt, welches schon in Abschnitt 3.5.2 beschrieben wurde. Es wurden ebenfalls Druckfestigkeitsuntersuchungen mit unterschiedlichen Spannungsgeschwindigkeiten als auch pausierte und unpausierte Ermüdungsversuche durchgeführt. Auf Druckfestigkeitsuntersuchungen unter erhöhten Probekörpertemperaturen musste aufgrund der geringen Probenanzahl verzichtet werden. Stattdessen wurde das Materialmodell gemäß Model Code 2010 [Fib-10] nach Gleichung (3-5) verwendet. Die groben Angaben über die Betonzusammensetzung des Betons HPC 2 sind in Tabelle A-5 angegeben. Allerdings wurden lediglich zwei Probekörper auf jedem Ermüdungslastniveau geprüft.

Tabelle A-5: Betonzusammensetzung

Zement	W/Z-Wert	Gesteinskörnung	Größtkorndurchmesser
CEM I 52,5 R	0,47	50 % Quarzkies 50 % Kalkstein	16 mm

In Bild 125 sind die Bruchlastwechselzahlen der Versuche ohne Belastungspausen dargestellt. Bild 126 bildet zusätzlich zu den Bruchlastwechselzahlen der kontinuierlichen 2-Hz-Versuche auch die der pausierten 4-Hz- und 7-Hz-Versuche ab. Hierbei ist besonders auf die hohe Streuung der Ergebnisse der pausierten 7-Hz-Versuche auf dem Oberspannungsniveau S_{max} = 0,70 hinzuweisen.

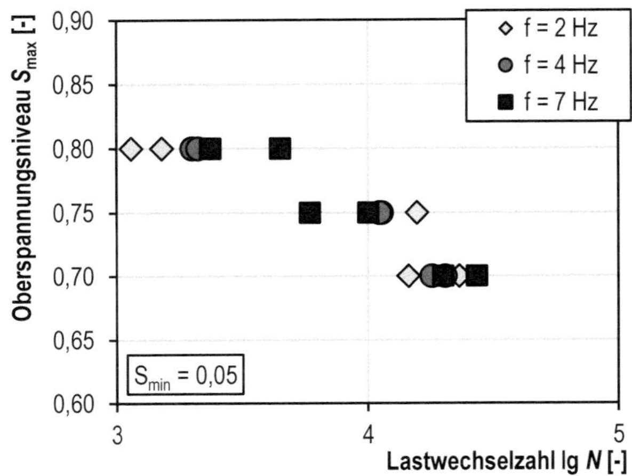

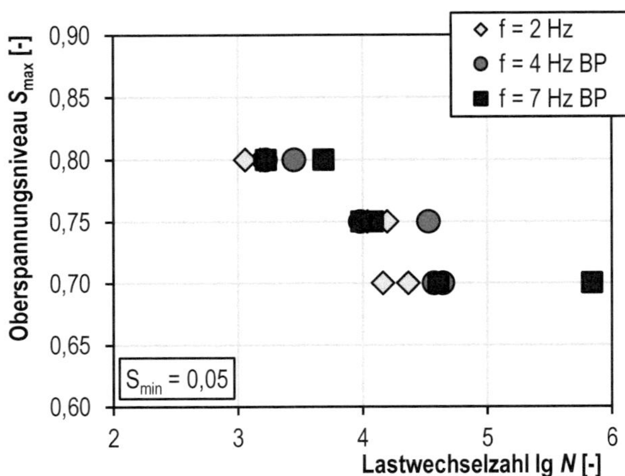

Bild 125: Bruchlastwechselzahlen der Versuche ohne Belastungspausen des HPC 2

Bild 126: Bruchlastwechselzahlen der Versuche mit Belastungspausen (BP) des HPC 2

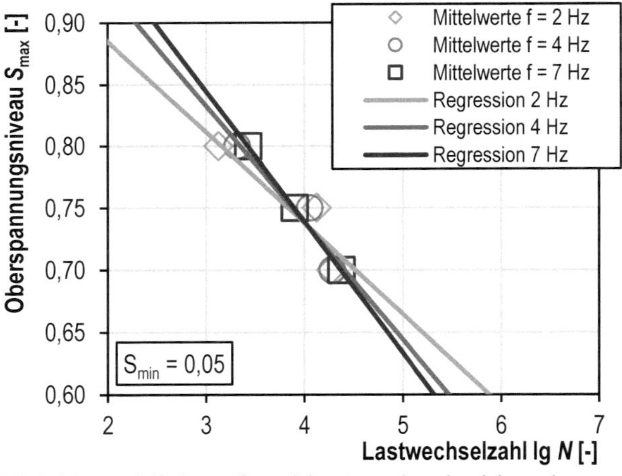

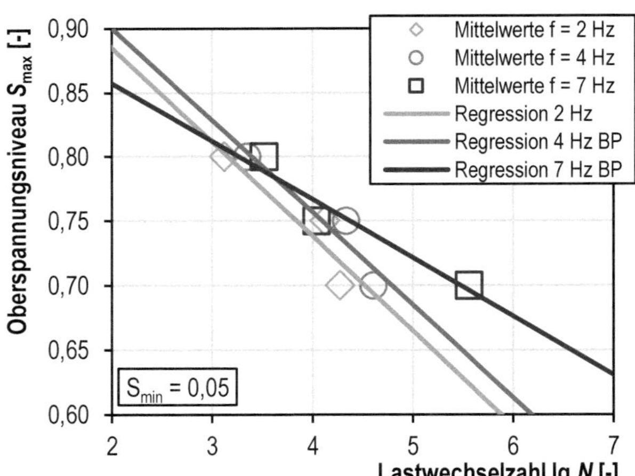

Bild 127: Mittlere Bruchlastwechselzahlen der Versuche ohne Belastungspausen des HPC 2

Bild 128: Mittlere Bruchlastwechselzahlen der Versuche mit Belastungspausen (BP) des HPC 2

In Bild 127 und Bild 128 sind die jeweiligen mittleren Bruchlastwechselzahlen und die daraus entwickelten Regressionsgeraden zu sehen. Grundsätzlich ist festzustellen, dass der HPC 2 einen geringeren Ermüdungswiderstand aufweist als der in Abschnitt 3.4 und 3.6 beschriebene Beton. Dennoch schneiden sich die Regressionslinien der ununterbrochenen Versuche im Bereich zwischen 0,75 > S_{max} > 0,70, siehe Bild 127.

Die Wöhlerlinien der 2-Hz-Versuche und der pausierten 4-Hz-Versuche liegen wie erwartet parallelverschoben nebeneinander, siehe Bild 128. Die Wöhlerlinie der pausierten 7-Hz-Versuche besitzt aufgrund der hohen Streuung der beiden Einzelergebnisse auf dem Oberspannungsniveau S_{max} = 0,70 einen flacheren Verlauf. Hier wäre eine höhere Stichprobenanzahl wünschenswert gewesen. Die auch für diesen Beton experimentell bestimmte Abhängigkeit der Druckfestigkeit von der Spannungsgeschwindigkeit ist in Anhang 7.1 dargestellt. Die damit errechnete effektive, spannungsgeschwindigkeitsabhängige 2-Hz-Wöhlerlinie und die pausierte effektive 4-Hz-Wöhlerlinie fallen wie erwartet zusammen, siehe Bild 129. Dies gilt für die pausierte effektive 7-Hz-Wöhlerlinie aufgrund ihrer hohen Ergebnisstreuung nicht. Die errechneten effektiven spannungsgeschwindigkeitsabhängigen Wöhlerlinien der ununterbrochenen Versuche liegen aufgrund des Temperatureinflusses nicht übereinander, siehe Bild 130. Dies entspricht den Beobachtungen von Abschnitt 3.6.2.

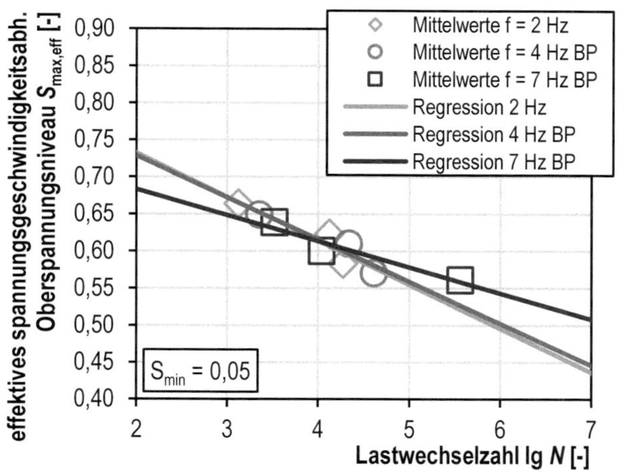

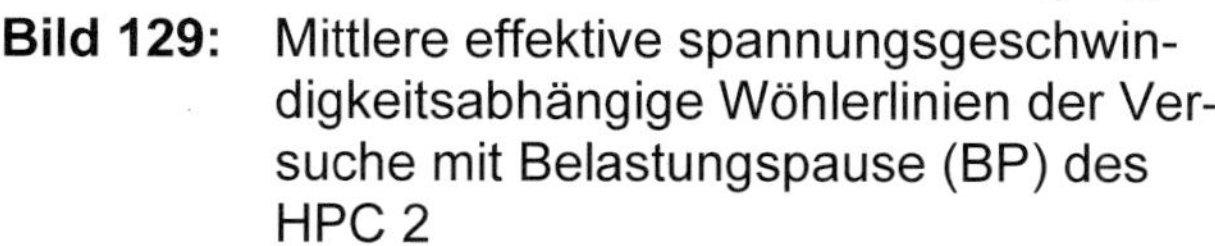

Bild 129: Mittlere effektive spannungsgeschwindigkeitsabhängige Wöhlerlinien der Versuche mit Belastungspause (BP) des HPC 2

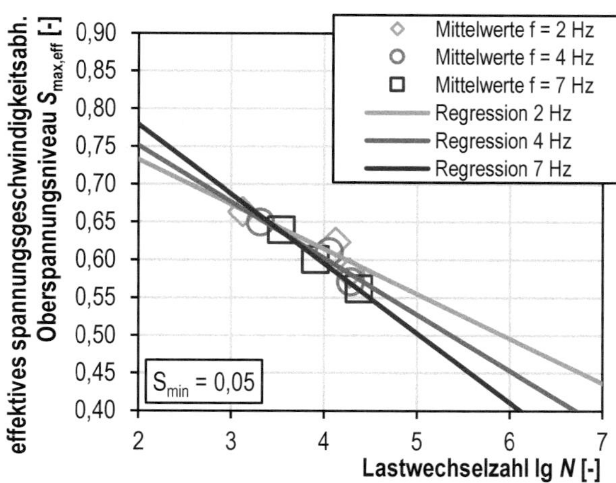

Bild 130: Mittlere effektive spannungsgeschwindigkeitsabhängige Wöhlerlinien der Versuche ohne Belastungspause des HPC 2

Gegenüber dem zuvor untersuchten Beton wies der HPC 2 eine deutlich schnellere und höhere Temperaturzunahme auf, siehe Anhang 7.1. Eine Approximation der Temperaturentwicklung war für diesen Beton ebenfalls möglich, jedoch stellte sie sich aufgrund der überwiegend linearen Temperaturzunahmen als schwieriger und für eine Extrapolation als weniger genau dar, siehe Anhang 7.1. Mit der nach Gleichung (A-8) angepassten Modellvorstellung konnte die in Bild 131 dargestellte effektive 2-Hz-Wöhlerlinie in eine effektive 4-Hz- bzw. 7-Hz-Wöhlerlinie adaptiert, und mit den mittleren Bruchlastwechselzahlen verglichen werden. Die adaptierten effektiven Wöhlerlinien können den Einbruch der Bruchlastwechselzahlen bei $S_{max,eff}$ < 0,6 tendenziell abbilden, unterschätzen jedoch leicht die quantitative Auswirkung. Gleiches gilt für die konventionellen Wöhlerlinien in Bild 132 auf dem Oberspannungsniveau S_{max} = 0,70. Dennoch wird die Entwicklung der mittleren Bruchlastwechselzahlen qualitativ angemessen abgebildet.

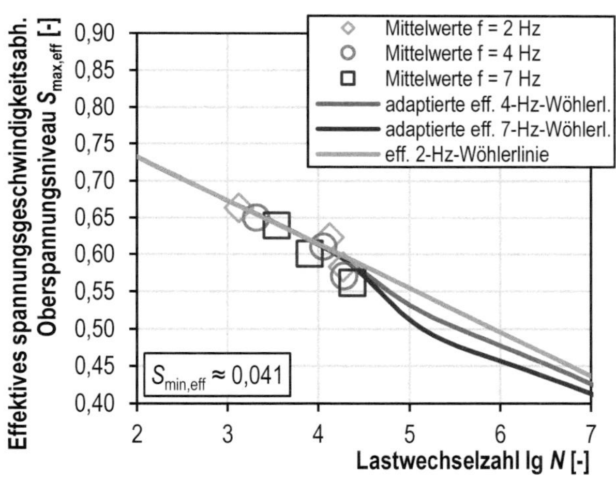

Bild 131: Extrapolation der effektiven 2-Hz-Wöhlerlinie und der adaptierten effektiven Wöhlerlinien

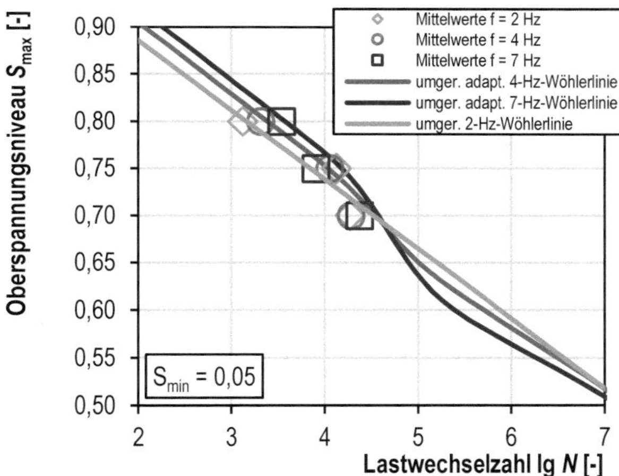

Bild 132: Extrapolation der 2-Hz-Wöhlerlinie und der adaptierten Wöhlerlinien

Aufgrund dieser Ergebnisse wird vermutet, dass der HPC 2 mit einer stärkeren Verringerung der Druckfestigkeit reagiert als es mithilfe von Gleichung (3-36) abgebildet werden kann. Als Grund wird der 50 %ige Anteil von Kalkstein an der verwendeten Gesteinskörnung und der höhere W/Z-Wert vermutet. In Abschnitt 3.2.2 wurde gezeigt, dass Kalkstein aufgrund seines im Vergleich zum Zement geringeren Wärmeausdehnungskoeffizienten α zu stärkeren thermischen Inkompatibilitäten führt als quarzitische Gesteinskörnung. Aufgrund dessen kann es bei einer Erwärmung zu einer verstärkten Haftrissbildung und einer stärkeren Druckfestigkeitsreduktion kommen. Darüber hinaus könnten durch den höheren W/Z-Wert wassergefüllte Kapillarporen gebildet werden, die den feuchte-induzierten Schädigungsprozess begünstigen. Auch aus diesen Gründen scheint der geringere Ermüdungswiderstand des Betons HPC 2 im Vergleich zu dem zuvor untersuchten Beton mit vollständig quarzitischer Gesteinskörnung und einem W/Z-Wert von 0,35 plausibel.

Zusammenfassend lässt sich sagen, dass sich mit der in Abschnitt 3.7 entwickelten und mit Gleichung (A-8) an den HPC 2 adaptierten Modellvorstellung die qualitative und teils quantitative Entwicklung frequenzabhängiger Bruchlastwechselzahlen abbilden lässt. Der quantitative Verlauf der Bruchlastwechselzahlen wurde aller Voraussicht nach aufgrund der Wahl einer linearen 2-Hz-Bezugswöhlerlinie anstatt einer nichtlinearen, der verwendeten Gesteinskörnung aus Kalksplitt und den dadurch stärker auftretenden thermischen Inkompatibilitäten sowie eines höheren W/Z-Werts, für Oberspannungsniveau $S_{max} < 0,70$ noch nicht vollkommen zutreffend abgebildet. Der für die Modelladaption verwendete geringe Stichprobenumfang von lediglich zwei Versuchen je Lastniveau und Belastungsfrequenz ist bei der Bewertung dieser Ergebnisse ebenfalls zu bedenken.

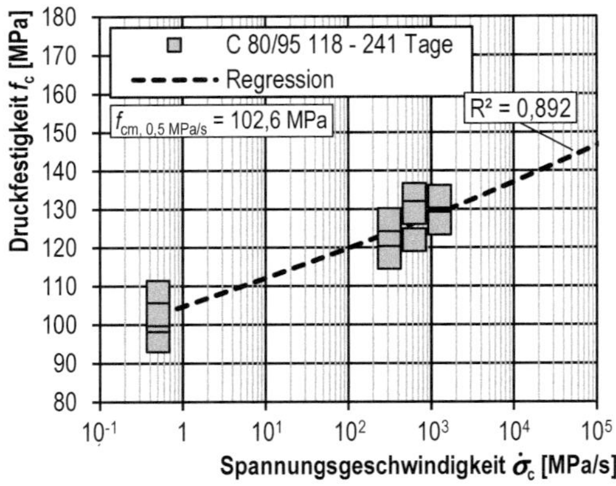

Bild 133: Druckfestigkeiten in Abhängigkeit von der Spannungsgeschwindigkeit

$$\frac{f_c}{f_{cm,0,5MPa/s}} = \left(\frac{\dot{\sigma}_c}{\dot{\sigma}_{c0}}\right)^{\alpha} \quad \text{(A-1)}$$

mit:

$\dot{\sigma}_{c0}$	= 0,5 MPa/s
$\dot{\sigma}_c$	Spannungsgeschwindigkeit in MPa/s
f_c	Druckfestigkeit in MPa
$f_{cm,0,5MPa/s}$	Mittlere Druckfestigkeit bei 0,5 MPa/s in MPa = 102,6MPa
α	= 0,0292

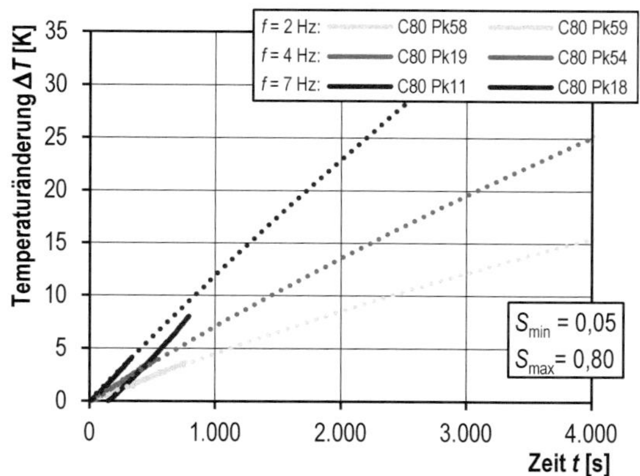

Bild 134: Gemessene Temperaturänderungen und Ausgleichskurven nach Gl. (3-27) für Smin/Smax = 0,05/0,80 des HPC 2

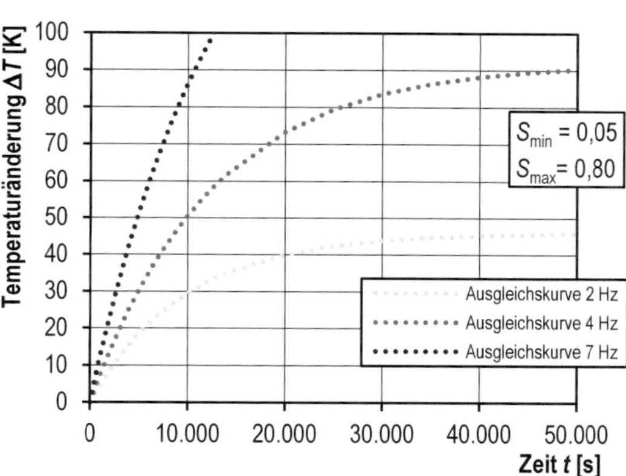

Bild 135: Ausgleichskurven nach Gl. (3-27) für Temperaturänderung für S_{min}/S_{max} = 0,05/0,70 des HPC 2

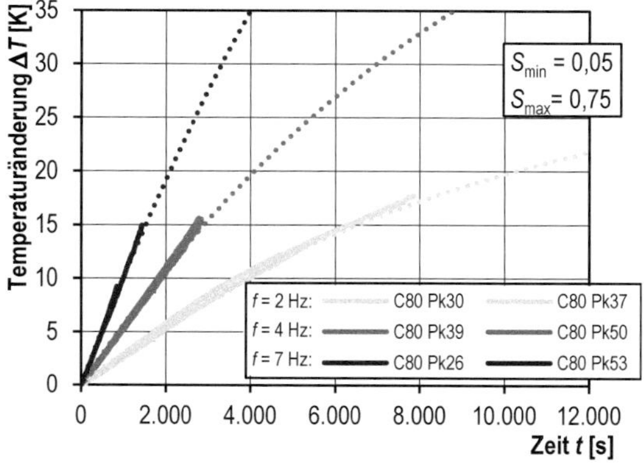

Bild 136: Gemessene Temperaturänderungen und Ausgleichskurven nach Gl. (3-27) für Smin/Smax = 0,05/0,75 des HPC 2

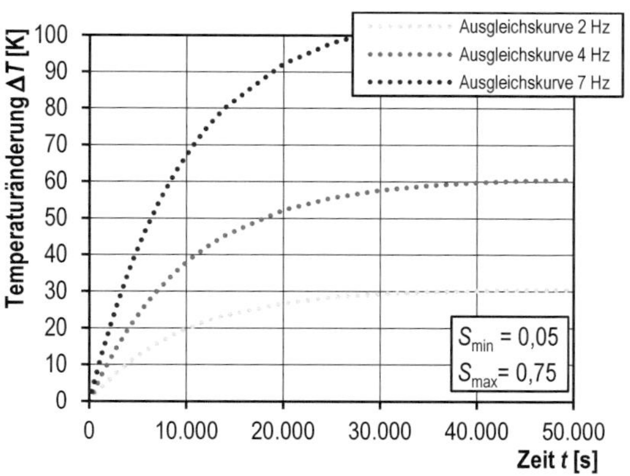

Bild 137: Ausgleichskurven nach Gl. (3-27) für Temperaturänderung für S_{min}/S_{max} = 0,05/0,75 des HPC 2

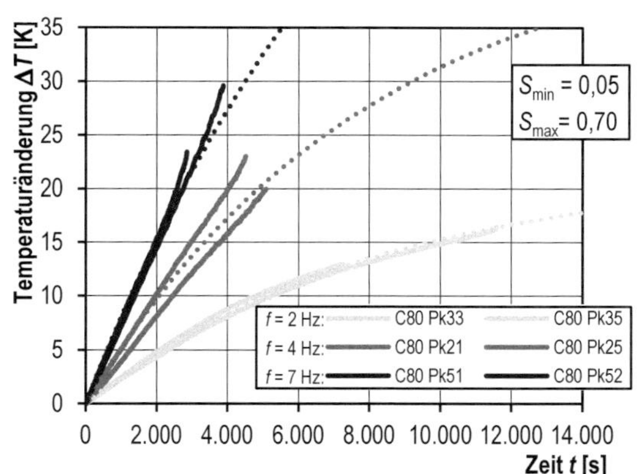

Bild 138: Gemessene Temperaturänderungen und Ausgleichskurven nach Gl. (3-27) für Smin/Smax = 0,05/0,70 des HPC 2

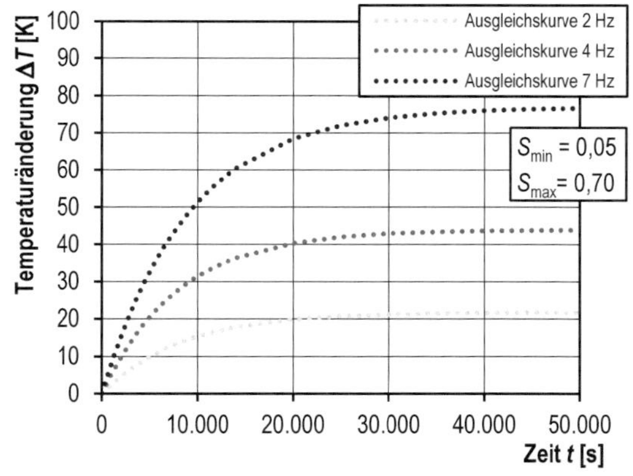

Bild 139: Ausgleichskurven nach Gl. (3-27) für Temperaturänderung für Smin/Smax = 0,05/0,70 des HPC 2

Tabelle A-6: Parameter für die Ausgleichskurven nach Gleichung Gl. (3-27) zur Berechnung der zeitlichen Temperaturänderung $\Delta T(t)$ des HPC 2

S_{min} [-]	S_{max} [-]	f_P [Hz]	$\Delta T_{stationär,mittel}$ [K]	k_{mittel} [-]
0,05	0,80	2	46,0 [I)]	0,000102
		4	92,0 [I)]	0,000079
		7	161,0 [I)]	0,000077
0,05	0,75	2	30,8 [I)]	0,000103
		4	61,0 [I)]	0,000097
		7	107,0 [I)]	0,000099
0,05	0,70	2	21,7	0,000121
		4	44,0 [I)]	0,000125
		7	77,0 [I)]	0,000110
[I)] Annahme von ein oder mehreren Werten für $\Delta T_{stationär,mittel}$				

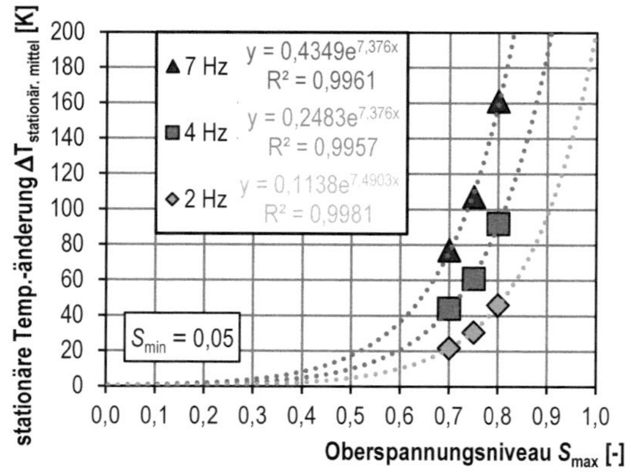

Bild 140: Stationäre Temperaturerhöhungen $\Delta T_{stationär}$ und Regressionskurven des HPC 2

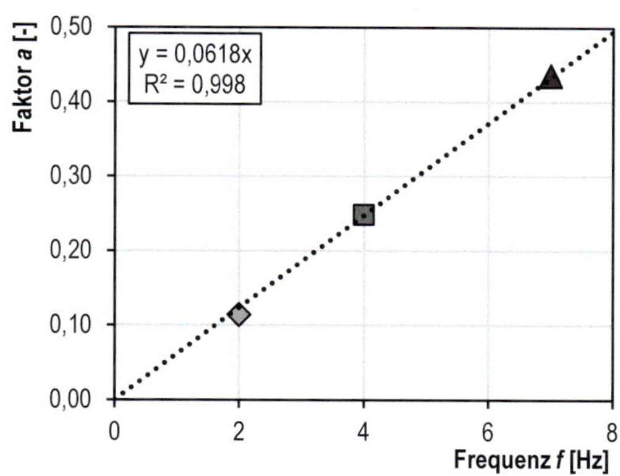

Bild 141: Approximation des Faktors a in Gleichung (A-2)

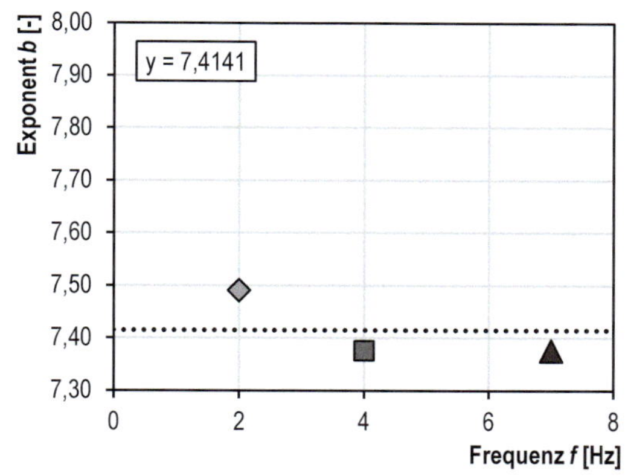

Bild 142: Approximation des Exponenten b in Gleichung (A-2)

$$\Delta T_{\text{stationär}} = a \cdot e^{b \cdot S_{max}} \tag{A-2}$$

$$a = 0{,}0618 \cdot f \tag{A-3}$$

$$b = 7{,}4141 \tag{A-4}$$

$$\Delta T_{\text{stationär}} = 0{,}0618 \cdot f \cdot e^{7{,}4141 \cdot S_{max}} \tag{A-5}$$

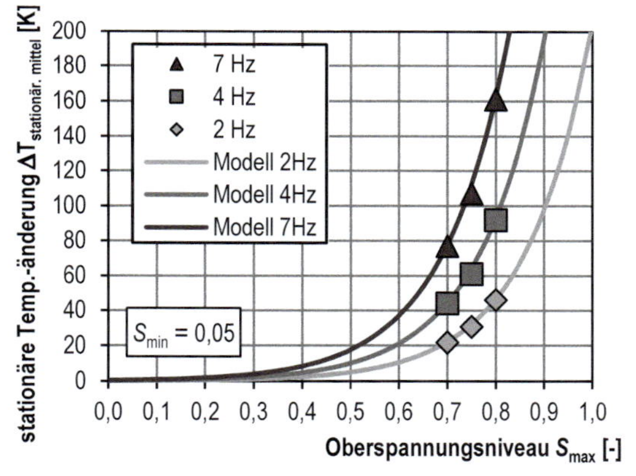

Bild 143: Vergleich des Modellgleichung (A-5) mit $\Delta T_{\text{stationär,mittel}}$

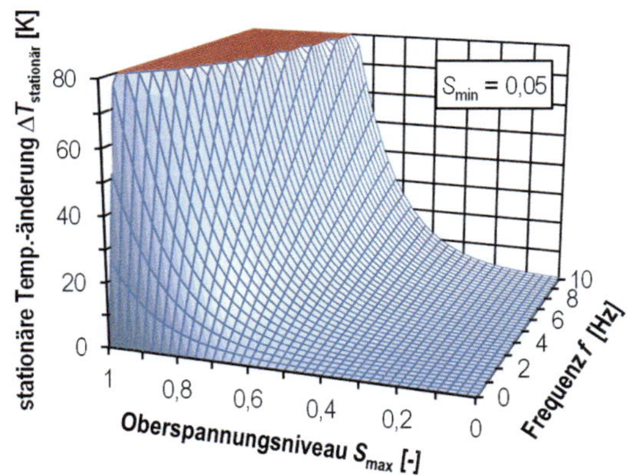

Bild 144: Anwendung der Modellgleichung (A-5) für verschiedene S_{max} und f

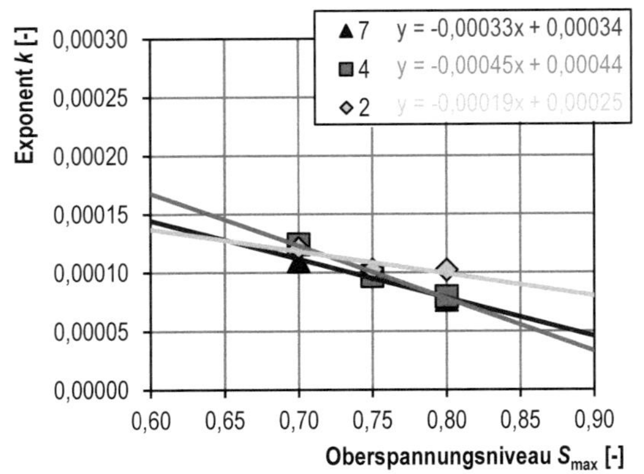

Bild 145: Mittlerer Exponent k in Abhängigkeit von S_{max}

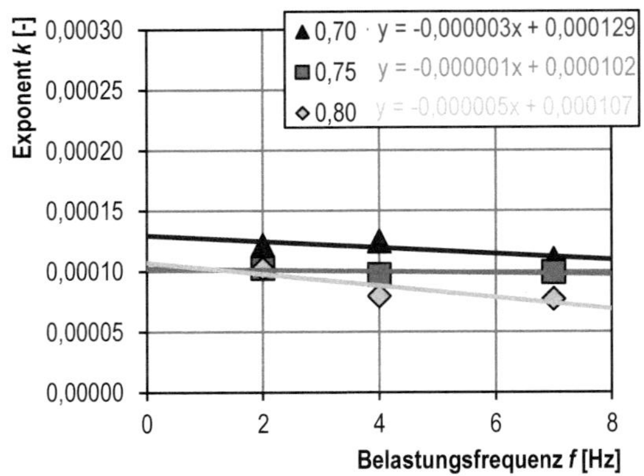

Bild 146: Mittlerer Exponent k in Abhängigkeit von f

$$k = a \cdot S_{max} + b \cdot f + c \tag{A-6}$$

mit: $a = -0{,}000334$

$b = -0{,}000002$

$c = 0{,}00036$

Tabelle A-7: Aufspannpunkte für Ebenengleichung (A-6)

S_{min} [-]	S_{max} [-]	f_P [Hz]	k_{mittel} [-]
0,05	0,70	2	0,00012125
	0,80	7	0,00007670
	0,70	7	0,00010963

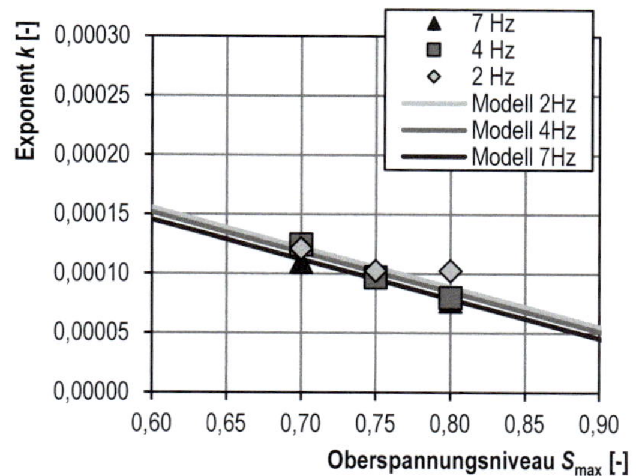

Bild 147: Vergleich des Modellgleichung (A-6) mit k_{mittel}

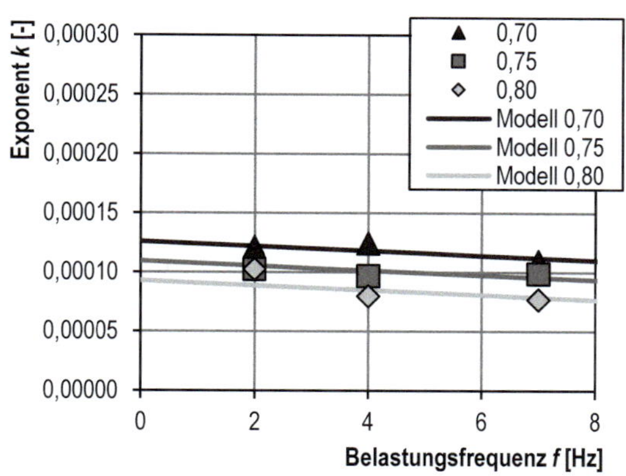

Bild 148: Vergleich des Modellgleichung (A-6) mit k_{mittel}

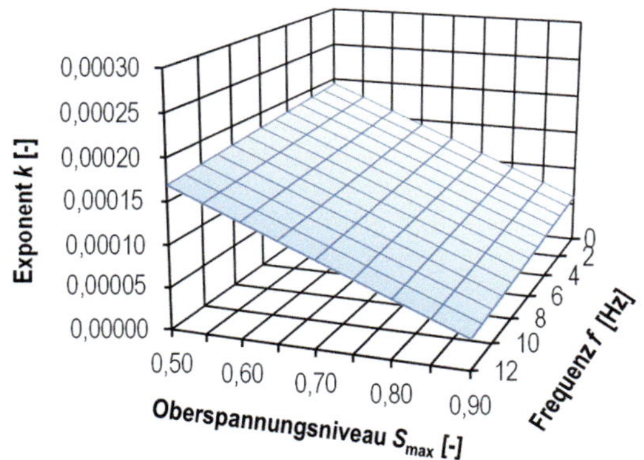

Bild 149: Anwendung der Gleichung (A-6) für verschiedene S_{max} und f

$$\Delta T(N) = 0{,}0618 \cdot f \cdot e^{7{,}4141 \cdot S_{max}} \cdot \left(1 - e^{-(-0{,}000334 \cdot S_{max} - 0{,}000002 \cdot f + 0{,}00036) \cdot \frac{N}{f}}\right) \qquad \text{(A-7)}$$

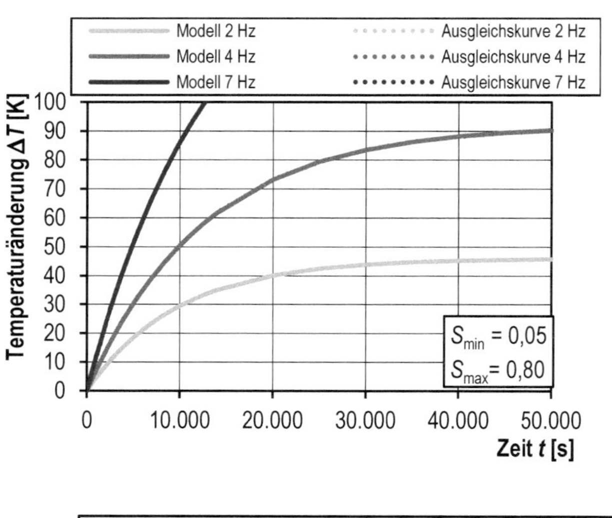

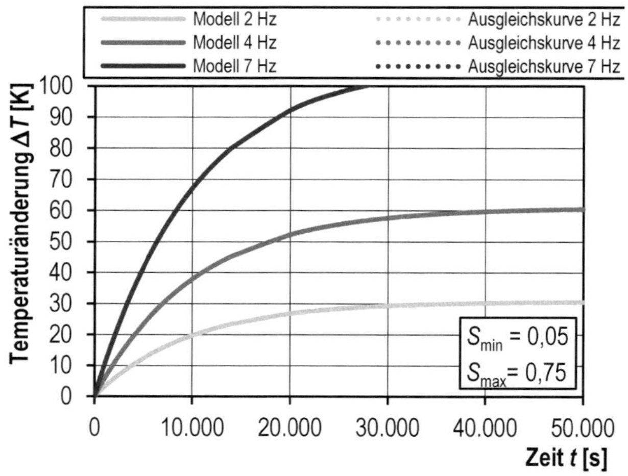

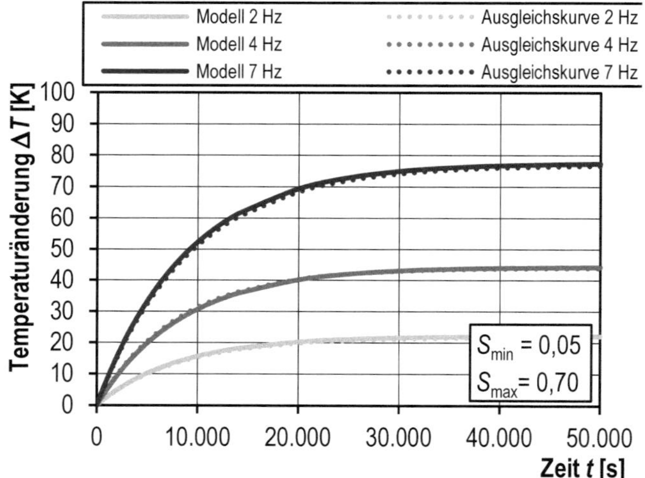

Bild 150: Vergleich der Gleichung (A-7) mit den Ausgleichskurven

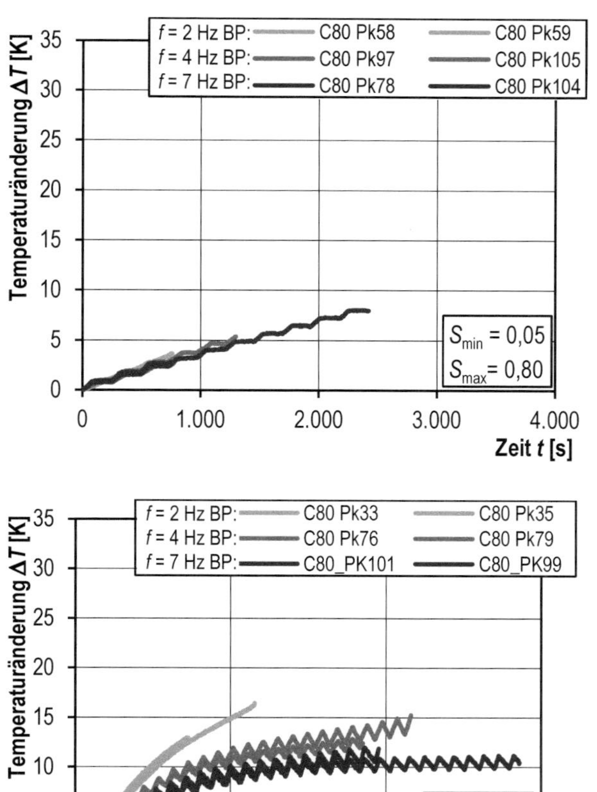

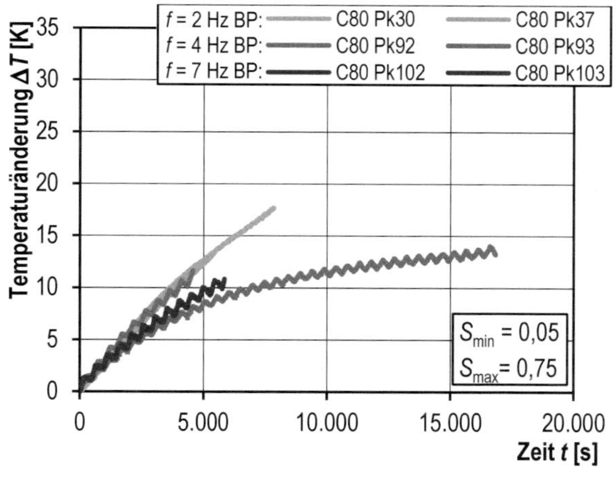

Bild 151: Temperaturerhöhungen der kontinuierlichen 2-Hz-Versuche im Vergleich mit den pausierten 4-Hz- und 7-Hz-Versuchen

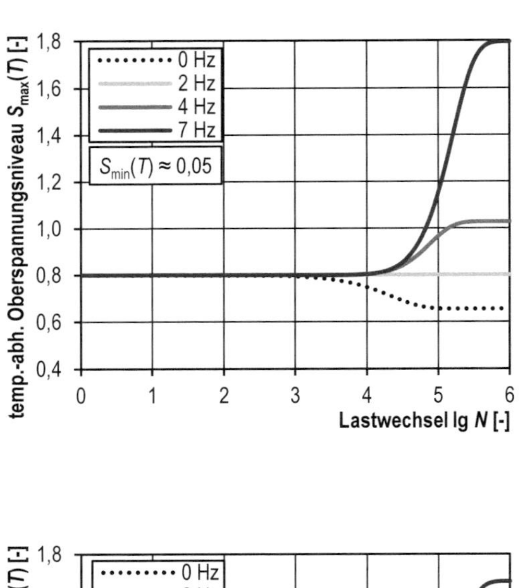

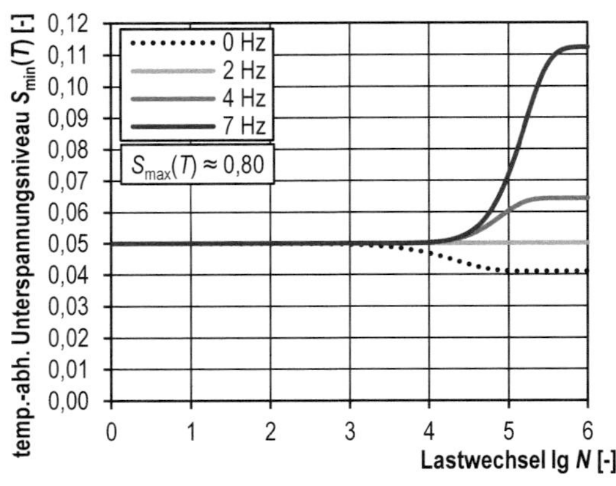

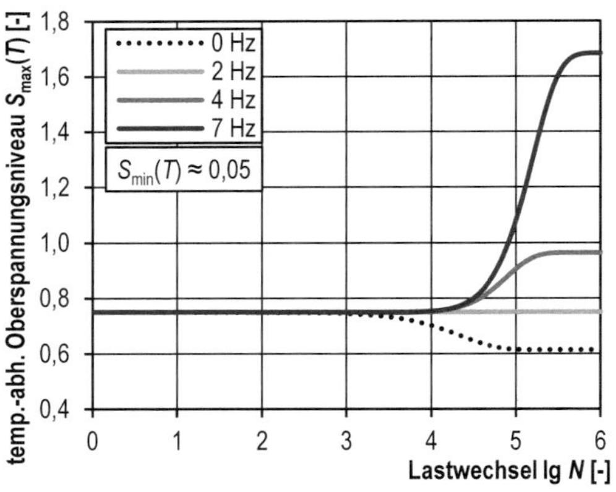

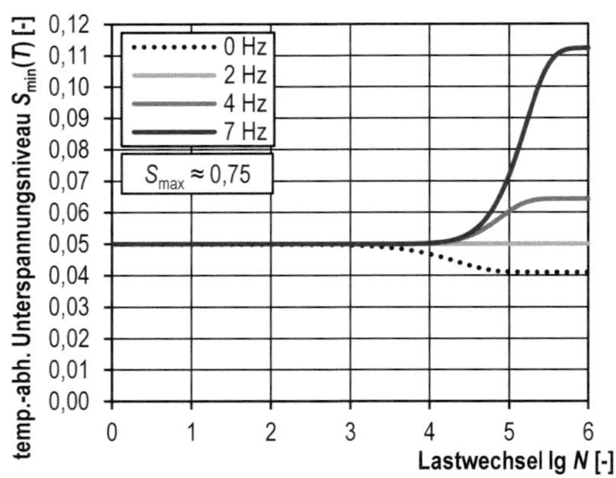

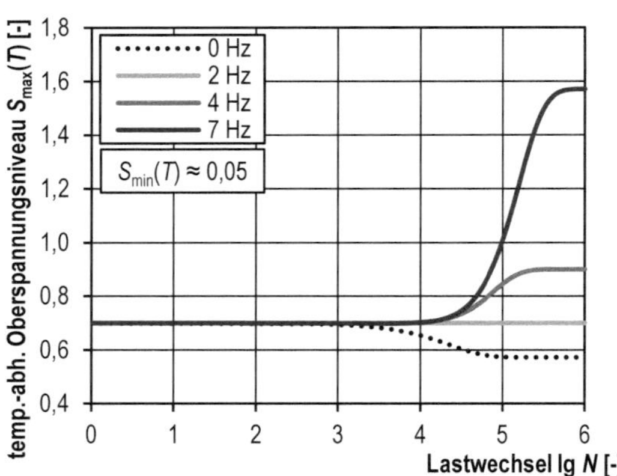

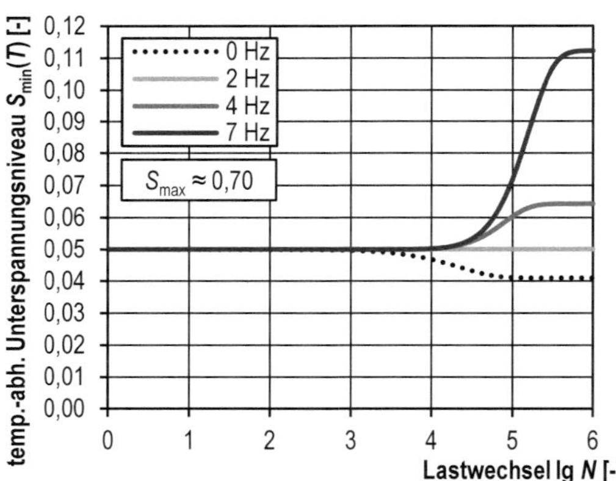

Bild 152: Temperaturabhängige Oberspannungsniveaus $S_{max}(T)$ (links) und Unterspannungsniveaus $S_{min}(T)$ (rechts)

$$N_f = 10^{(-16{,}8919 \cdot S_{max,eff,}(T) + 14{,}3682)} \tag{A-8}$$

mit: $S_{max,eff}(T)$ effektives, temperaturabhängiges Oberspannungsniveau

$$= S_{max,eff} \cdot \frac{(1{,}06 - 0{,}003 \cdot T_{2Hz})}{(1{,}06 - 0{,}003 \cdot T_f)}$$

$S_{max,eff}$ effektives, spannungsgeschwindigkeitsabhängiges Oberspannungsniveau

$$= S_{max} \cdot \left(\frac{0{,}5 \text{ MPa/s}}{2 \cdot f \cdot (S_{max}-S_{min}) \cdot f_{cm,0,5MPa/s}}\right)^{\alpha}$$

f Belastungsfrequenz in [Hz]

α Exponent für Druckfestigkeitssteigerung

$= 0{,}0292$

T innere Probekörpertemperatur

$= 20 + \eta \cdot \Delta T(N)$

η Umrechnungsfaktor zwischen innerer und äußerer Betonprobekörpertemperatur [-]

$= 1{,}3$

$\Delta T(N)$ äußere Temperaturerhöhung

$$= 0{,}01953 \cdot f \cdot e^{7{,}4141} \cdot S_{max} \cdot (1 - e^{-(-0{,}000334 \cdot S_{max} - 0{,}000002 \cdot f + 0{,}00036) \cdot \frac{N_i}{f}})$$

N_i aufgebrachte Lastwechselzahl

für: S_{min} $= 0{,}05$

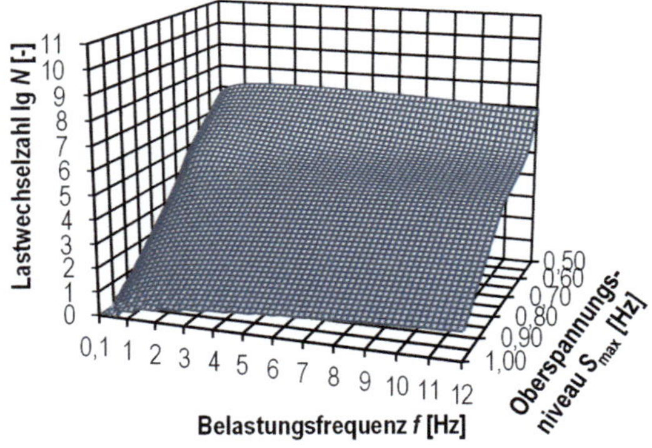

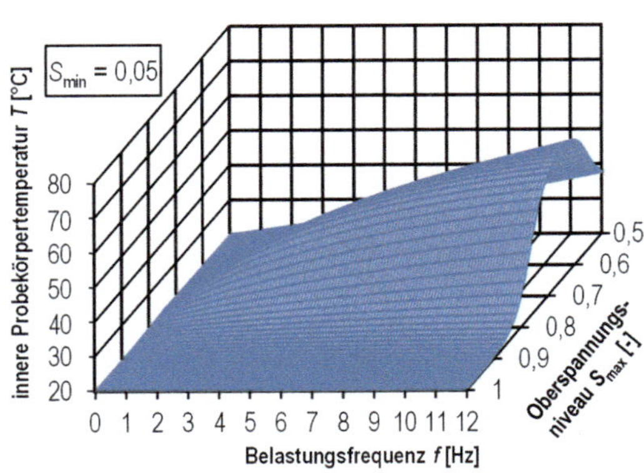

Bild 153: Darstellung der ertragbaren Lastwechselzahlen nach Gleichung (A-8) für verschiedene Belastungsfrequenzen und Oberspannungsniveaus

Bild 154: Berechnete innere Probekörpertemperaturen T beim Ermüdungsversagen

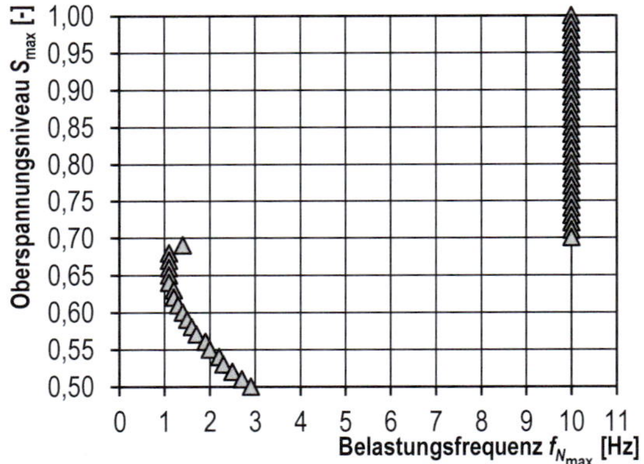

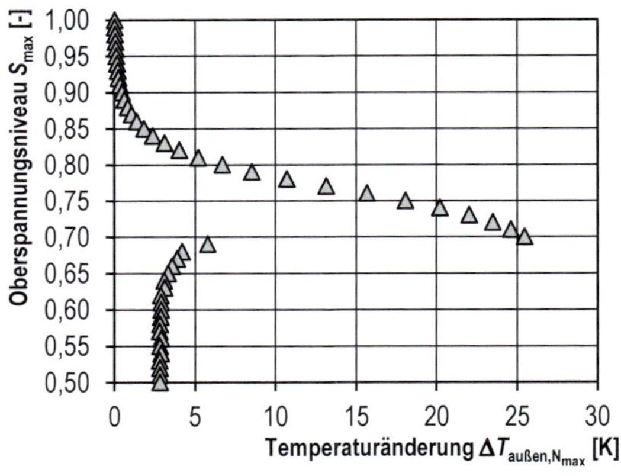

Bild 155: Zugehörige Belastungsfrequenzen f bei höchster Bruchlastwechselzahl

Bild 156: Maximale Temperaturänderungen $\Delta T_{max,außen}$ bei höchster Bruchlastwechselzahl

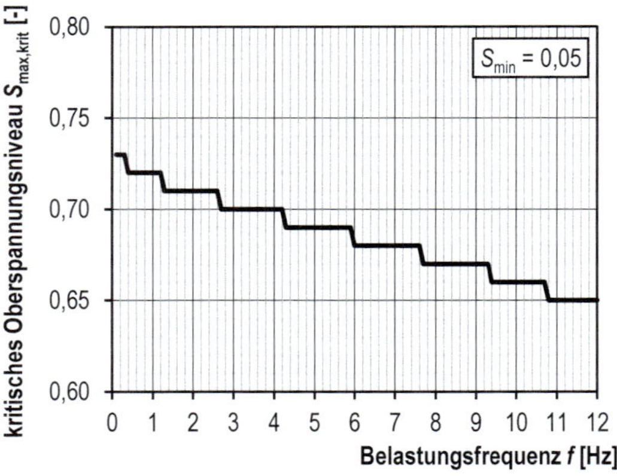

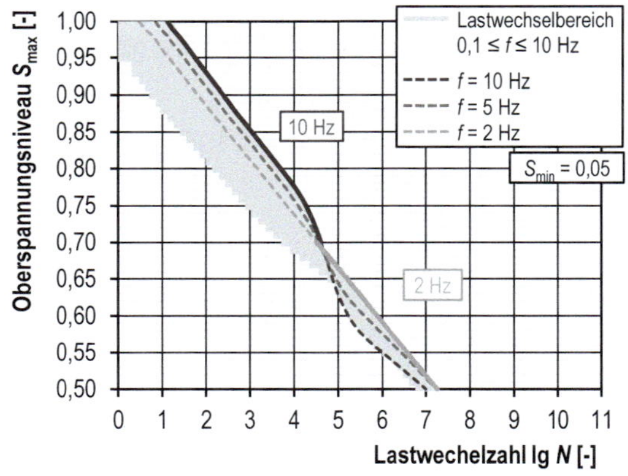

Bild 157: Kritisches Oberspannungsniveau $S_{max,krit}$ für verschiedene Belastungsfrequenzen

Bild 158: Bruchlastwechselzahlen infolge der in Tabelle A-8 empfohlenen Belastungsfrequenzen f

Tabelle A-8: Pragmatische Empfehlung für Belastungsfrequenzen zum Erreichen hoher Bruchlastwechselzahlen für den HPC 2

d/*h* [mm]	S_{min} [-]	S_{max} [-]	*f* [Hz]
100/300	0,05	0,98–0,70	10 Hz
		0,69–0,50	2 Hz
		< 0,50	5 Hz

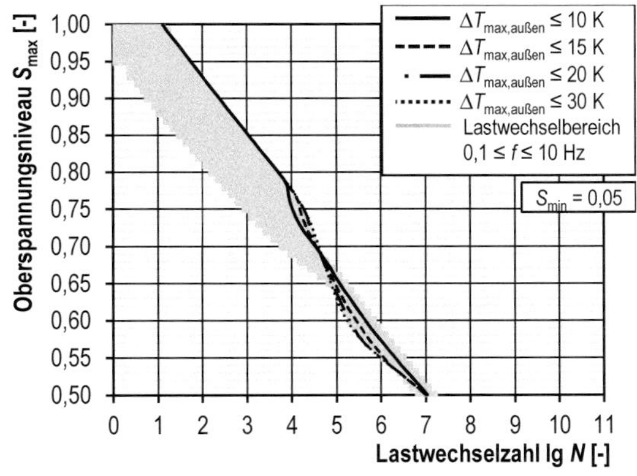

Bild 159: Wöhlerlinien für maximale Temperaturänderungen $\Delta T_{max,außen}$

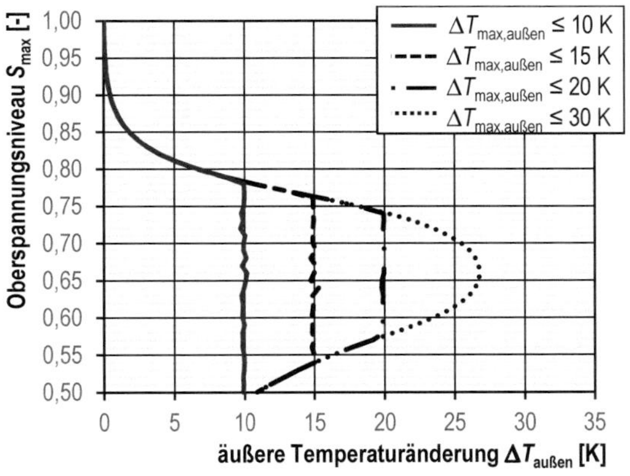

Bild 160: Äußere Temperaturänderungen $\Delta T_{außen}$

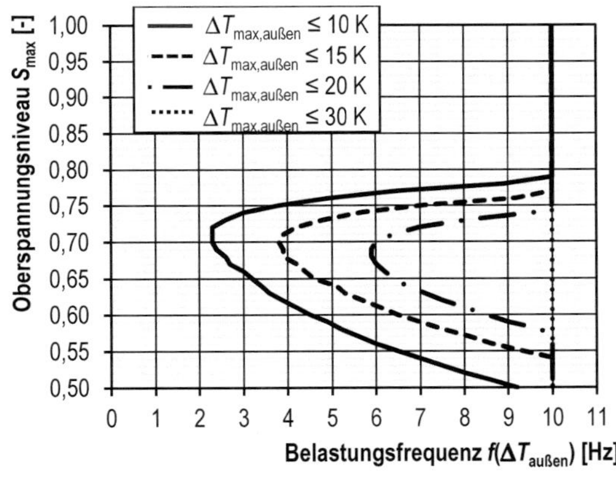

Bild 161: Zugehörige Belastungsfrequenzen *f* für maximale Temperaturänderungen $\Delta T_{max,außen}$

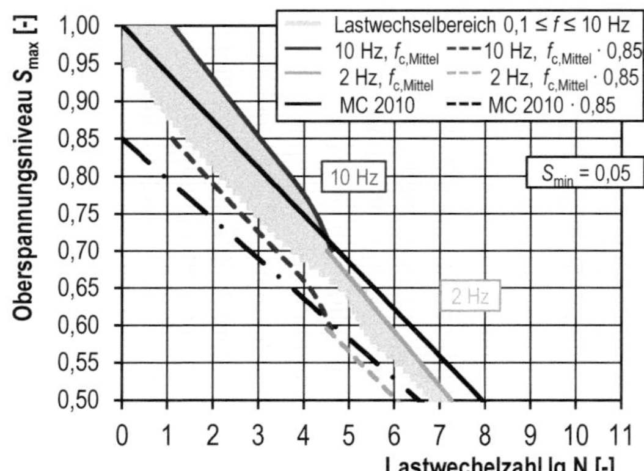

Bild 162: Frequenzbegrenzte Wöhlerlinie mit Frequenzbeiwert im Vergleich zur Wöhlerlinie gemäß Model Code 2010

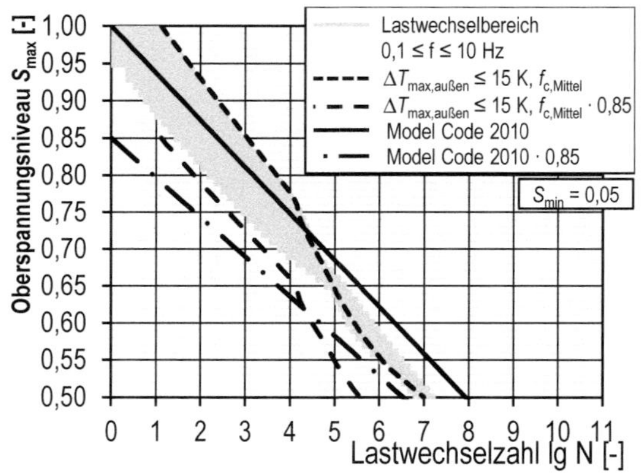

Bild 163: Temperaturbegrenzte Wöhlerlinie mit Frequenzbeiwert im Vergleich zur Wöhlerlinie gemäß Model Code 2010

Verzeichnis der in der Schriftenreihe des Deutschen Ausschusses für Stahlbeton – DAfStb – seit 1945 erschienenen Hefte

Heft

100: Versuche an Stahlbetonbalken zur Bestimmung der Bewehrungsgrenze.
Von *W. Gehler*, *H. Amos* und *E. Friedrich*.
Die Ergebnisse der Versuche und das Dresdener Rechenverfahren für den plastischen Betonbereich (1949).
Von *W. Gehler*. 9,70 EUR

101: Versuche zur Ermittlung der Rissbildung und der Widerstandsfähigkeit von Stahlbetonplatten mit verschiedenen Bewehrungsstählen bei stufenweise gesteigerter Last.
Von *O. Graf* und *K. Walz*.
Versuche über die Schwellzugfestigkeit von verdrillten Bewehrungsstählen.
Von *O. Graf* und *G. Weil*.
Versuche über das Verhalten von kalt verformten Baustählen beim Zurückbiegen nach verschiedener Behandlung der Proben.
Von *O. Graf* und *G. Weil*.
Versuche zur Ermittlung des Zusammenwirkens von Fertigbauteilen aus Stahlbeton für Decken (1948).
Von *H. Amos* und *W. Bochmann*. vergriffen

102: Beton und Zement im Seewasser (1950).
Von *A. Eckhardt* und *W. Kronsbein*. vergriffen

103: Die *n*-freien Berechnungsweisen des einfach bewehrten, rechteckigen Stahlbetonbalkens (1951).
Von *K. B. Haberstock*. vergriffen

104: Bindemittel für Massenbeton, Untersuchungen über hydraulische Bindemittel aus Zement, Kalk und Trass (1951).
Von *K. Walz*. vergriffen

105: Die Versuchsberichte des Deutschen Ausschusses für Stahlbeton (1951).
Von *O. Graf*. vergriffen

106: Berechnungstafeln für rechtwinklige Fahrbahnplatten von Straßenbrücken (1952). 7. neubearbeitete Auflage (1981).
Von *H. Rüsch*. vergriffen

107: Die Kugelschlagprüfung von Beton.
Von *K. Gaede*. vergriffen

108: Verdichten von Leichtbeton durch Rütteln (1952).
Von *K. Walz*. vergriffen

109: SO_3-Gehalt der Zuschlagstoffe (1952).
Von *K. Gaede*. 3,30 EUR

110: Ziegelsplittbeton (1952).
Von *K. Charisius*, *W. Drechsel* und *A. Hummel*. vergriffen

111: Modellversuche über den Einfluss der Torsionssteifigkeit bei einer Plattenbalkenbrücke (1952).
Von *G. Marten*. vergriffen

112: Eisenbahnbrücken aus Spannbeton (1953). 2. erweiterte Auflage (1961).
Von *R. Bührer*. 7,80 EUR

113: Knickversuche mit Stahlbetonsäulen.
Von *W. Gehler* und *A. Hütter*.
Festigkeit und Elastizität von Beton mit hoher Festigkeit (1954).
Von *O. Graf*. 9,10 EUR

Heft

114: Schüttbeton aus verschiedenen Zuschlagstoffen.
Von *A. Hummel* und *K. Wesche*.
Die Ermittlung der Kornfestigkeit von Ziegelsplitt und anderen Leichtbeton-Zuschlagstoffen (1954).
Von *A. Hummel*. vergriffen

115: Die Versuche der Bundesbahn an Spannbetonträgern in Kornwestheim (1954).
Von *U. Giehrach* und *C. Sättele*. 5,40 EUR

116: Verdichten von Beton mit Innenrüttlern und Rütteltischen, Güteprüfung von Deckensteinen (1954).
Von *K. Walz*. vergriffen

117: Gas- und Schaumbeton: Tragfähigkeit von Wänden und Schwinden.
Von *O. Graf* und *H. Schäffler*.
Kugelschlagprüfung von Porenbeton (1954).
Von *K. Gaede*. vergriffen

118: Schwefelverbindung in Schlackenbeton (1954).
Von *A. Stois*, *F. Rost*, *H. Zinnert* und *F. Henkel*. 6,90 EUR

119: Versuche über den Verbund zwischen Stahlbeton-Fertigbalken und Ortbeton.
Von *O. Graf* und *G. Weil*.
Versuche mit Stahlleichtträgern für Massivdecken (1955).
Von *G. Weil*. vergriffen

120: Versuche zur Festigkeit der Biegedruckzone (1955).
Von *H. Rüsch*. vergriffen

121: Gas- und Schaumbeton:
Versuche zur Schubsicherung bei Balken aus bewehrtem Gas- und Schaumbeton.
Von *H. Rüsch*.
Ausgleichsfeuchtigkeit von dampfgehärtetem Gas- und Schaumbeton.
Von *H. Schäffler*.
Versuche zur Prüfung der Größe des Schwindens und Quellens von Gas und Schaumbeton (1956).
Von *O. Graf* und *H. Schäffle*. vergriffen

122: Gestaltfestigkeit von Betonkörpern.
Von *K. Walz*.
Warmzerreißversuche mit Spannstählen.
Von *J. Dannenberg*, *H. Deutschmann* und *Melchior*.
Konzentrierte Lasteintragung in Beton (1957).
Von *W. Pohle*. 7,60 EUR

123: Luftporenbildende Betonzusatzmittel (1956).
Von *K. Walz*. vergriffen

124: Beton im Seewasser (Ergänzung zu Heft 102) (1956).
Von *A. Hummel* und *K. Wesche*. 2,70 EUR

125: Untersuchungen über Federgelenke (1957).
Von *K. Kammüller* und *O. Jeske*. vergriffen

126: SO_3-Gehalt der Zuschlagstoffe – Langzeitversuche (Ergänzung zu Heft 109). Eindringtiefe von Beton in Holzwolle-Leichtbauplatten (1957).
Von *K. Gaede*. 5,40 EUR

Heft

127: Witterungsbeständigkeit von Beton (1957)
Von *K. Walz*. 4,80 EUR

128: Kugelschlagprüfung von Beton (Einfluss des Betonalters) (1957).
Von *K. Gaede*. vergriffen

129: Stahlbetonsäulen unter Kurz- und Langzeitbelastung (1958).
Von *K. Gaede*. 12,90 EUR

130: Bruchsicherheit bei Vorspannung ohne Verbund (1959).
Von *H. Rüsch*, *K. Kordina* und *C. Zelger*. 5,40 EUR

131: Das Kriechen unbewehrten Betons (1958).
Von *O. Wagner*. vergriffen

132: Brandversuche mit starkbewehrten Stahlbetonsäulen.
Von *H. Seekamp*.
Widerstandsfähigkeit von Stahlbetonbauteilen und Stahlsteindecken bei Bränden (1959).
Von *M. Hannemann* und *H. Thoms*. vergriffen

133: Gas- und Schaumbeton:
Druckfestigkeit von dampfgehärtetem Gasbeton nach verschiedener Lagerung.
Von *H. Schäffler*.
Über die Tragfähigkeit von bewehrten Platten aus dampfgehärtetem Gas- und Schaumbeton.
Von *H. Schäffler*.
Untersuchung des Zusammenwirkens von Porenbeton mit Schwerbeton bei bewehrten Schwerbetonbalken mit seitlich angeordneten Porenbetonschalen (1959).
Von *H. Rüsch* und *E. Lassas*. 4,80 EUR

134: Über das Verhalten von Beton in chemisch angreifenden Wässern (1959).
Von *K. Seidel*. vergriffen

135: Versuche über die beim Betonieren an den Schalungen entstehenden Belastungen.
Von *O. Graf* und *K. Kaufmann*.
Druckfestigkeit von Beton in der oberen Zone nach dem Verdichten durch Innenrüttler.
Von *K. Walz* und *H. Schäffler*.
Versuche über die Verdichtung von Beton auf einem Rütteltisch in lose aufgesetzter und in aufgespannter Form (1960).
Von *J. Strey*. vergriffen

136: Gas- und Schaumbeton:
Versuche über die Verankerung der Bewehrung in Gasbeton.
Über das Kriechen von bewehrten Platten aus dampfgehärtetem Gas- und Schaumbeton (1960).
Von *H. Schäffler*. 11,20 EUR

137: Schubversuche an Spannbetonbalken ohne Schubbewehrung.
Von *H. Rüsch* und *G. Vigerust*.
Die Schubfestigkeit von Spannbetonbalken ohne Schubbewehrung (1960).
Von *G. Vigerust*. vergriffen

138: Über die Grundlagen des Verbundes zwischen Stahl und Beton (1961).
Von *G. Rehm*. vergriffen

139: Theoretische Auswertung von Heft 120 – Festigkeit der Biegedruckzone (1961).
Von *G. Scholz*. 5,80 EUR

Heft

140: Versuche mit Betonformstählen (1963). Von *H. Rüsch* und *G. Rehm.* 16,00 EUR

141: Das spiegeloptische Verfahren (1962). Von *H. Weidemann* und *W. Koepcke.* 9,90 EUR

142: Einpressmörtel für Spannbeton (1960). Von *W. Albrecht* und *H. Schmidt.* 7,30 EUR

143: Gas- und Schaumbeton: Rostschutz der Bewehrung. Von *W. Albrecht* und *H. Schäffler.* Festigkeit der Biegedruckzone (1961). Von *H. Rüsch* und *R. Sell.* 15,00 EUR

144: Versuche über die Festigkeit und die Verformung von Beton bei Druck-Schwellbeanspruchung. Über den Einfluss der Größe der Proben auf die Würfeldruckfestigkeit von Beton (1962). Von *K. Gaede.* 14,50 EUR

145: Schubversuche an Stahlbeton-Rechteckbalken mit gleichmäßig verteilter Belastung. Von *H. Rüsch, F. R. Haugli* und *H. Mayer.* Stahlbetonbalken bei gleichzeitiger Einwirkung von Querkraft und Moment (1962). Von *F. R. Haugli.* 15,50 EUR

146: Der Einfluss der Zementart, des Wasser-Zement-Verhältnisses und des Belastungsalters auf das Kriechen von Beton. Von *A. Hummel, K. Wesche* und *W. Brand.* Der Einfluss des mineralogischen Charakters der Zuschläge auf das Kriechen von Beton (1962). Von *H. Rüsch, K. Kordina* und *H. Hilsdorf.* 31,20 EUR

147: Versuche zur Bestimmung der Übertragungslänge von Spannstählen. Von *H. Rüsch* und *G. Rehm.* Ermittlung der Eigenspannungen und der Eintragungslänge bei Spannbetonfertigteilen (1963). Von *K. Gaede.* 12,20 EUR

148: Der Einfluss von Bügeln und Druckstäben auf das Verhalten der Biegedruckzone von Stahlbetonbalken (1963). Von *H. Rüsch* und *S. Stöckl.* 14,80 EUR

149: Über den Zusammenhang zwischen Qualität und Sicherheit im Betonbau (1962). Von *H. Blaut.* 10,00 EUR

150: Das Verhalten von Betongelenken bei oftmals wiederholter Druck- und Biegebeanspruchung (1962). Von *J. Dix.* 8,40 EUR

151: Versuche an einfeldrigen Stahlbetonbalken mit und ohne Schubbewehrung (1962). Von *F. Leonhardt* und *R. Walther.* 10,70 EUR

152: Versuche an Plattenbalken mit hoher Schubbeanspruchung (1962). Von *F. Leonhardt* und *R. Walther.* 14,80 EUR

153: Elastische und plastische Stauchungen von Beton infolge Druckschwell- und Standbelastung (1962). Von *A. Mehmel* und *E. Kern.* 13,40 EUR

154: Spannungs-Dehnungs-Linien des Betons und Spannungsverteilung in der Biegedruckzone bei konstanter Dehngeschwindigkeit (1962). Von *C. Rasch.* 14,10 EUR

155: Einfluss des Zementleimgehaltes und der Versuchsmethode auf die Kenngrößen der Biegedruckzone von Stahlbetonbalken. Von *H. Rüsch* und *S. Stöckl.* Einfluss der Zwischenlagen auf Streuung und Größe der Spaltzugfestigkeit von Beton (1963). Von *R. Sell.* 10,60 EUR

156: Schubversuche an Plattenbalken mit unterschiedlicher Schubbewehrung (1963). Von *F. Leonhardt* und *R. Walther.* 15,90 EUR

157: Verformungsverhalten von Beton bei zweiachsiger Beanspruchung (1963). Von *H. Weigler* und *G. Becker.* 11,10 EUR

158: Rückprallprüfung von Beton mit dichtem Gefüge. Von *K. Gaede* und *E. Schmidt.* Konsistenzmessung von Beton (1964). Von *W. Albrecht* und *H. Schäffler.* 11,00 EUR

159: Die Beanspruchung des Verbundes zwischen Spannglied und Beton (1964). Von *H. Kupfer.* 6,60 EUR

160: Versuche mit Betonformstählen; Teil II. (1963). Von *H. Rüsch* und *G. Rehm.* 11,70 EUR

161: Modellstatische Untersuchung punktförmig gestützter schiefwinkliger Platten unter besonderer Berücksichtigung der elastischen Auflagernachgiebigkeit (1964). Von *A. Mehmel* und *H. Weise.* vergriffen

162: Verhalten von Stahlbeton und Spannbeton beim Brand (1964). Von *H. Seekamp, W. Becker, W. Struck, K. Kordina* und *H.-J. Wierig.* vergriffen

163: Schubversuche an Durchlaufträgern (1964). Von *F. Leonhardt* und *R. Walther.* 20,70 EUR

164: Verhalten von Beton bei hohen Temperaturen (1964). Von *H. Weigler, R. Fischer* und *H. Dettling.* 13,20 EUR

165: Versuche mit Betonformstählen Teil III. (1964). Von *H. Rüsch* und *G. Rehm.* 12,20 EUR

166: Berechnungstafeln für schiefwinklige Fahrbahnplatten von Straßenbrücken (1967). Von *H. Rüsch, A. Hergenröder* und *I. Mungan.* vergriffen

167: Frostwiderstand und Porengefüge des Betons, Beziehungen und Prüfverfahren. Von *A. Schäfer.* Der Einfluss von mehlfeinen Zuschlagstoffen auf die Eigenschaften von Einpressmörteln für Spannkanäle, Einpressversuche an langen Spannkanälen (1965). Von *W. Albrecht.* 14,80 EUR

168: Versuche mit Ausfallkörnungen. Von *W. Albrecht* und *H. Schäffler.* Der Einfluss der Zementsteinporen auf die Widerstandsfähigkeit von Beton im Seewasser. Von *K. Wesche.* Das Verhalten von jungem Beton gegen Frost. Von *F. Henkel.* Zur Frage der Verwendung von Bolzensetzgeräten zur Ermittlung der Druckfestigkeit von Beton (1965). Von *K. Gaede.* 13,10 EUR

169: Versuche zum Studium des Einflusses der Rissbreite auf die Rostbildung an der Bewehrung von Stahlbetonbauteilen. Von *G. Rehm* und *H. Moll.* Über die Korrosion von Stahl im Beton (1965). Von *H. L. Moll.* vergriffen

170: Beobachtungen an alten Stahlbetonbauteilen hinsichtlich Carbonatisierung des Betons und Rostbildung an der Bewehrung. Von *G. Rehm* und *H. L. Moll.* Untersuchung über das Fortschreiten der Carbonatisierung an Betonbauwerken, durchgeführt im Auftrage der Abteilung Wasserstraßen des Bundesverkehrsministeriums, zusammengestellt von *H.-J. Kleinschmidt.* Tiefe der carbonatisierten Schicht alter Betonbauten, Untersuchungen an Betonproben, durchgeführt vom Forschungsinstitut für Hochofenschlacke, Rheinhausen, und vom Laboratorium der westfälischen Zementindustrie, Beckum, zusammengestellt im Forschungsinstitut der Zementindustrie des Vereins Deutscher Zementwerke e.V. Düsseldorf (1965). 15,70 EUR

171: Knickversuche mit Zweigelenkrahmen aus Stahlbeton (1965). Von *W. Hochmann* und *S. Röbert.* 10,30 EUR

172: Untersuchungen über den Stoßverlauf beim Aufprall von Kraftfahrzeugen auf Stützen und Rahmenstiele aus Stahlbeton (1965). Von *C. Popp.* 10,70 EUR

173: Die Bestimmung der zweiachsigen Festigkeit des Betons (1965). Zusammenfassung und Kritik früherer Versuche und Vorschlag für eine neue Prüfmethode. Von *H. Hilsdorf.* 8,40 EUR

174: Untersuchungen über die Tragfähigkeit netzbewehrter Betonsäulen (1965). Von *H. Weigler* und *J. Henzel.* 8,40 EUR

175: Betongelenke. Versuchsbericht, Vorschläge zur Bemessung und konstruktiven Ausbildung. Von *F. Leonhardt* und *H. Reimann.* Kritische Spannungszustände des Betons bei mehrachsiger ruhender Kurzzeitbelastung (1965). Von *H. Reimann.* vergriffen

176: Zur Frage der Dauerfestigkeit von Spannbetonbauteilen (1966). Von *M. Mayer.* 9,60 EUR

177: Umlagerung der Schnittkräfte in Stahlbetonkonstruktionen. Grundlagen der Berechnung bei statisch unbestimmten Tragwerken unter Berücksichtigung der plastischen Verformungen (1966). Von *P. S. Rao.* 12,00 EUR

Heft

178: Wandartige Träger (1966).
Von *F. Leonhardt und R. Walther.* vergriffen

179: Veränderlichkeit der Biege- und Schubsteifigkeit bei Stahlbetontragwerken und ihr Einfluss auf Schnittkraftverteilung und Traglast bei statisch unbestimmter Lagerung (1966).
Von *W. Dilger.* 13,10 EUR

180: Knicken von Stahlbetonstäben mit Rechteckquerschnitt unter Kurzzeitbelastung – Berechnung mit Hilfe von automatischen Digitalrechenanlagen (1966).
Von *A. Blaser.* 8,40 EUR

181: Brandverhalten von Stahlbetonplatten – Einflüsse von Schutzschichten.
Von *K. Kordina* und *P. Bornemann.*
Grundlagen für die Bemessung der Feuerwiderstandsdauer von Stahlbetonplatten (1966).
Von *P. Bornemann.* 10,70 EUR

182: Karbonatisierung von Schwerbeton.
Von *A. Meyer, H.-J. Wierig* und *K. Husmann.*
Einfluss von Luftkohlensäure und Feuchtigkeit auf die Beschaffenheit des Betons als Korrosionsschutz für Stahleinlagen (1967).
Von *F. Schröder, H.-G. Smolczyk, K. Grade, R. Vinkeloe* und *R. Roth.* 12,90 EUR

183: Das Kriechen des Zementsteins im Beton und seine Beeinflussung durch gleichzeitiges Schwinden (1966).
Von *W. Ruetz.* 8,40 EUR

184: Untersuchungen über den Einfluss einer Nachverdichtung und eines Anstriches auf Festigkeit, Kriechen und Schwinden von Beton (1966).
Von *H. Hilsdorf* und *K. Finsterwalder* 8,40 EUR

185: Das unterschiedliche Verformungsverhalten der Rand- und Kernzonen von Beton (1966).
Von *S. Stöckl.* 9,60 EUR

186: Betone aus Sulfathüttenzement in höherem Alter (1966).
Von *K. Wesche* und *W. Manns.* 8,40 EUR

187: Zur Frage des Einflusses der Ausbildung der Auflager auf die Querkrafttragfähigkeit von Stahlbetonbalken.
Von *K. Gaede.*
Schwingungsmessungen an Massivbrücken (1966).
Von *B. Brückmann.* 9,60 EUR

188: Verformungsversuche an Stahlbetonbalken mit hochfestem Bewehrungsstahl (1967).
Von *G. Franz* und *H. Brenker.* 12,00 EUR

189: Die Tragfähigkeit von Decken aus Glasstahlbeton (1967).
Von *C. Zelger.* 10,70 EUR

190: Festigkeit der Biegedruckzone – Vergleich von Prismen- und Balkenversuchen (1967).
Von *H. Rüsch, K. Kordina* und *S. Stöckl.* 8,40 EUR

191: Experimentelle Bestimmung der Spannungsverteilung in der Biegedruckzone.
Von *C. Rasch.*
Stützmomente kreuzweise bewehrter durchlaufender Rechteckbetonplatten (1967).
Von *H. Schwarz.* 9,60 EUR

Heft

192: Die mitwirkende Breite der Gurte von Plattenbalken (1967).
Von *W. Koepcke* und *G. Denecke.* vergriffen

193: Bauschäden als Folge der Durchbiegung von Stahlbeton-Bauteilen (1967).
Von *H. Mayer* und *H. Rüsch.* 13,10 EUR

194: Die Berechnung der Durchbiegung von Stahlbeton-Bauteilen (1967).
Von *H. Mayer.* vergriffen

195: 5 Versuche zum Studium der Verformungen im Querkraftbereich eines Stahlbetonbalkens (1967).
Von *H. Rüsch* und *H. Mayer.* 12,00 EUR

196: Tastversuche über den Einfluss von vorangegangenen Dauerlasten auf die Kurzzeitfestigkeit des Betons.
Von *S. Stöckl.*
Kennzahlen für das Verhalten einer rechteckigen Biegedruckzone von Stahlbetonbalken unter kurzzeitiger Belastung (1967).
Von *H. Rüsch* und *S. Stöckl.* 13,60 EUR

197: Brandverhalten durchlaufender Stahlbetonrippendecken.
Von *H. Seekamp* und *W. Becker.*
Brandverhalten kreuzweise bewehrter Stahlbetonrippendecken.
Von *J. Stanke.*
Vergrößerung der Betondeckung als Feuerschutz von Stahlbetonplatten, 1. und 2. Teil (1967).
Von *H. Seekamp* und *W. Becker.* 14,10 EUR

198: Festigkeit und Verformung von unbewehrtem Beton unter konstanter Dauerlast (1968).
Von *H. Rüsch, R. Sell, C. Rasch, E. Grasser, A. Hummel, K. Wesche* und *H. Flatten.* 13,30 EUR

199: Die Berechnung ebener Kontinua mittels der Stabwerkmethode – Anwendung auf Balken mit einer rechteckigen Öffnung (1968).
Von *A. Krebs* und *F. Haas.* 10,70 EUR

200: Dauerschwingfestigkeit von Betonstählen im einbetonierten Zustand.
Von *H. Wascheidt.*
Betongelenke unter wiederholten Gelenkverdrehungen (1968).
Von *G. Franz* und *H.-D. Fein.* 11,70 EUR

201: Schubversuche an indirekt gelagerten, einfeldrigen und durchlaufenden Stahlbetonbalken (1968).
Von *F. Leonhardt, R. Walther* und *W. Dilger.* 9,60 EUR

202: Torsions- und Schubversuche an vorgespannten Hohlkastenträgern.
Von *F. Leonhardt, R. Walther* und *O. Vogler.*
Torsionsversuche an einem Kunstharzmodell eines Hohlkastenträgers (1968).
Von *D. Feder.* 12,00 EUR

203: Festigkeit und Verformung von Beton unter Zugspannungen (1969).
Von *H. G. Heilmann, H. Hilsdorf* und *K. Finsterwalder.* 14,40 EUR

204: Tragverhalten ausmittig beanspruchter Stahlbetondruckglieder (1969).
Von *A. Mehmel, H. Schwarz, K. H. Kasparek* und *J. Makovi.* 12,00 EUR

Heft

205: Versuche an wendelbewehrten Stahlbetonsäulen unter kurz- und langzeitig wirkenden zentrischen Lasten (1969).
Von *H. Rüsch* und *S. Stöckl.* 12,00 EUR

206: Statistische Analyse der Betonfestigkeit (1969).
Von *H. Rüsch, R. Sell* und *R. Rackwitz.* 8,40 EUR

207: Versuche zur Dauerfestigkeit von Leichtbeton.
Von *R. Sell* und *C. Zelger.*
Versuche zur Festigkeit der Biegedruckzone. Einflüsse der Querschnittsform (1969).
Von *S. Stöckl* und *H. Rüsch.* 13,10 EUR

208: Zur Frage der Rissbildung durch Eigen- und Zwängspannungen infolge Temperatur in Stahlbetonbauteilen (1969).
Von *H. Falkner.* vergriffen

209: Festigkeit und Verformung von Gasbeton unter zweiaxialer Druck-Zug-Beanspruchung.
Von *R. Sell.*
Versuche über den Verbund bei bewehrtem Gasbeton (1970).
Von *R. Sell* und *C. Zelger.* 12,00 EUR

210: Schubversuche mit indirekter Krafteinleitung. Versuche zum Studium der Verdübelungswirkung der Biegezugbewehrung eines Stahlbetonbalkens (1970).
Von *T. Baumann* und *H. Rüsch.* 14,40 EUR

211: Elektronische Berechnung des in einem Stahlbetonbalken im gerissenen Zustand auftretenden Kräftezustandes unter besonderer Berücksichtigung des Querkraftbereiches (1970).
Von *D. Jungwirth.* 15,80 EUR

212: Einfluss der Krümmung von Spanngliedern auf den Spannweg.
Von *C. Zelger* und *H. Rüsch.*
Über den Erhaltungszustand 20 Jahre alter Spannbetonträger (1970).
Von *K. Kordina* und *N. V. Waubke.* 9,60 EUR

213: Vierseitig gelagerte Stahlbetonhohlplatten. Versuche, Berechnung und Bemessung (1970).
Von *H. Aster.* vergriffen

214: Verlängerung der Feuerwiderstandsdauer von Stahlbetonstützen durch Anwendung von Bekleidungen oder Ummantelungen.
Von *W. Becker* und *J. Stanke.*
Über das Verhalten von Zementmörtel und Beton bei höheren Temperaturen (1970).
Von *R. Fischer.* 15,30 EUR

215: Brandversuche an Stahlbetonfertigstützen, 2. und 3. Teil (1970).
Von *W. Becker* und *J. Stanke.* 15,30 EUR

216: Schnittkrafttafeln für den Entwurf kreiszylindrischer Tonnenkettendächer (1971).
Von *A. Mehmel, W. Kruse, S. Samaan* und *H. Schwarz.* 20,90 EUR

217: Tragwirkung orthogonaler Bewehrungsnetze beliebiger Richtung in Flächentragwerken aus Stahlbeton (1972).
Von *T. Baumann.* vergriffen

Heft

252: Beständigkeit verschiedener Betonarten in Meerwasser und in sulfathaltigem Wasser (1975).
Von *H. T. Schröder, O. Hallauer* und *W. Scholz.* 15,50 EUR

253: Spannbeton-Reaktordruckbehälter-Instrumentierung.
Von *J. Német* und *R. Angeli.*
Versuch zur Weiterentwicklung eines Setzdehnungsmessers (1975).
Von *C. Zelger.* 10,20 EUR

254: Festigkeit und Verformungsverhalten von Beton unter hohen zweiachsigen Dauerbelastungen und Dauerschwellbelastungen. Festigkeit und Verformungsverhalten von Leichtbeton, Gasbeton, Zementstein und Gips unter zweiachsiger Kurzzeitbeanspruchung (1976).
Von *D. Linse* und *A. Stegbauer.* 13,10 EUR

255: Zur Frage der zulässigen Rissbreite und der erforderlichen Betondeckung im Stahlbetonbau unter besonderer Berücksichtigung der Karbonatisierungstiefe des Betons (1976).
Von *P. Schiessl.* vergriffen

256: Wärme- und Feuchtigkeitsleitung in Beton unter Einwirkung eines Temperaturgefälles (1975).
Von *J. Hundt.* 15,80 EUR

257: Bruchsicherheitsberechnung von Spannbeton-Druckbehältern (1976).
Von *K. Schimmelpfennig.* 13,30 EUR

258: Hygrische Transportphänomene in Baustoffen (1976).
Von *K. Gertis, K. Kiesl, H. Werner* und *V. Wolfseher.* 13,10 EUR

259: Entwicklung eines integrierten Spannbetondruckbehälters für wassergekühlte Reaktoren (SBB Typ „Stern" mit Stützkessel) (1976).
Von *G. Jüptner, H. Kumpf, G. Molz, B. Neunert* und *O. Seidl.* 11,50 EUR

260: Studie zum Trag- und Verformungsverhalten von Stahlbeton (1976).
Von *J. Eibl* und *G. Ivànyi.* 26,80 EUR

261: Der Einfluss radioaktiver Strahlung auf die mechanischen Eigenschaften von Beton (1976).
Von *H. Hilsdorf, J. Kropp* und *H.-J. Koch.* 8,40 EUR

262: Experimentelle Bestimmung des räumlichen Spannungszustandes eines Reaktordruckbehältermodells (1976).
Von *R. Stöver.* 13,10 EUR

263: Bruchfestigkeit und Bruchverformung von Beton unter mehraxialer Belastung bei Raumtemperatur (1976).
Von *F. Bremer* und *F. Steinsdörfer.* 7,60 EUR

264 Spannbeton-Reaktordruckbehälter mit heißer Dichthaut für Druckwasserreaktoren (1976).
Von *A. Jungmann, H. Kopp, M. Gangl, J. Német, A. Nesitka, W. Walluschek-Wallfeld* und *J. Mutzl.* 10,70 EUR

265: Traglast von Stahlbetondruckgliedern unter schiefer Biegung (1976).
Von *K. Kordina, K. Rafla* und *O. Hjorth†.* 11,80 EUR

266: Das Trag- und Verformungsverhalten von Stahlbetonbrückenpfeilern mit Rollenlagern (1976).
Von *K. Liermann.* 12,90 EUR

Heft

267: Zur Mindestbewehrung für Zwang von Außenwänden aus Stahlleichtbeton.
Von *F. S. Rostásy, R. Koch* und *F. Leonhardt.*
Versuche zum Tragverhalten von Druckübergreifungsstößen in Stahlbetonwänden (1976).
Von *F. Leonhardt, F. S. Rostásy* und *M. Patzak.* 15,00 EUR

268: Einfluss der Belastungsdauer auf das Verbundverhalten von Stahl in Beton (Verbundkriechen) (1976).
Von *L. Franke.* 8,60 EUR

269: Zugspannung und Dehnung in unbewehrten Betonquerschnitten bei exzentrischer Belastung (1976).
Von *H. G. Heilmann.* 15,50 EUR

270: Eine Formulierung des zweiaxialen Verformungs- und Bruchverhaltens von Beton und deren Anwendung auf die wirklichkeitsnahe Berechnung von Stahlbetonplatten (1976).
Von *J. Link.* 14,40 EUR

271: Untersuchungen an 20 Jahre alten Spannbetonträgern (1976).
Von *R. Bührer, K.-F. Müller, H. Martin* und *J. Ruhnau.* 13,10 EUR

272: Die Dynamische Relaxation und ihre Anwendung auf Spannbeton-Reaktordruckbehälter (1976).
Von *W. Zerna.* 13,70 EUR

273: Schubversuche an Balken mit veränderlicher Trägerhöhe (1977).
Von *F. S. Rostásy, K. Roeder* und *F. Leonhardt.* 9,70 EUR

274: Witterungsbeständigkeit von Beton, 2. Bericht (1977).
Von *K. Walz* und *E. Hartmann.* 8,40 EUR

275: Schubversuche an Balken und Platten bei gleichzeitigem Längszug (1977).
Von *F. Leonhardt, F. S. Rostásy, J. MacGregor* und *M. Patzak.* 11,00 EUR

276: Versuche an zugbeanspruchten Übergreifungsstößen von Rippenstählen (1977).
Von *S. Stöckl, B. Menne* und *H. Kupfer.* 15,50 EUR

277: Versuchsergebnisse zur Festigkeit und Verformung von Beton bei mehraxialer Druckbeanspruchung – Results of Test Concerning Strength and Strain of Concrete Subjected to Multiaxial Compressive Stresses (1977).
Von *G. Schickert* und *H. Winkler.* 17,20 EUR

278: Berechnungen von Temperatur- und Feuchtefeldern in Massivbauten nach der Methode der Finiten Elemente (1977).
Von *J. H. Argyris, E. P. Warnke* und *K. J. Willam.* 10,10 EUR

279: Finite Elementberechnung von Spannbeton-Reaktordruckbehältern.
Von *J. H. Argyris, G. Faust, J. Szimmat, E. P. Warnke* und *K. J. Willam.*
Zur Konvertierung von SMART I (1977).
Von *J. H. Argyris, J. Szimmat* und *K. J. Willam.* 11,50 EUR

Heft

280: Nichtisothermer Feuchtetransport in dickwandigen Betonteilen von Reaktordruckbehältern.
Von *K. Kiessl* und *K. Gertis.*
Zur Wärme- und Feuchtigkeitsleitung in Beton.
Von *J. Hundt.*
Einfluss des Wassergehalts auf die Eigenschaften des erhärteten Betons (1977).
Von *M. J. Setzer.* 14,40 EUR

281: Untersuchungen über das Verhalten von Beton bei schlagartiger Beanspruchung (1977).
Von *C. Popp.* 7,90 EUR

282: Vorausbestimmung der Spannkraftverluste infolge Dehnungsbehinderung (1977).
Von *R. Walther, U. Utescher* und *D. Schreck.* 8,90 EUR

283: Technische Möglichkeiten zur Erhöhung der Zugfestigkeit von Beton (1977).
Von *G. Rehm, P. Diem* und *R. Zimbelmann.* 13,10 EUR

284: Experimentelle und theoretische Untersuchungen zur Lasteintragung in die Bewehrung von Stahlbetondruckgliedern (1977).
Von *F. P. Müller* und *W. Eisenbiegler.* 8,20 EUR

285: Zur Traglast der ausmittig gedrückten Stahlbetonstütze mit Umschnürungsbewehrung (1977).
Von *B. Menne.* 8,60 EUR

286: Versuche über Teilflächenbelastung von Normalbeton (1977).
Von *P. Wurm* und *F. Daschner.* 10,70 EUR

287: Spannbetonbehälter für Siedewasserreaktoren mit einer Leistung von 1600 MWe (1977).
Von *F. Bremer* und *W. Spandick.* 6,80 EUR

288: Tragverhalten von aus Fertigteilen zusammengesetzten Scheiben.
Von *G. Mehlhorn* und *H. Schwing.*
Versuche zur Schubtragfähigkeit verzahnter Fugen (1977).
Von *G. Mehlhorn, H. Schwing* und *K.-R. Berg.* vergriffen

289: Prüfverfahren zur Beurteilung von Rostschutzmitteln für die Bewehrung von Gasbeton.
Von *W. Manns, H. Schneider, R. Schönfelder.*
Frostwiderstand von Beton.
Von *W. Manns* und *E. Hartmann.*
Zum Einfluss von Mineralölen auf die Festigkeit von Beton (1977).
Von *W. Manns* und *E. Hartmann.* 8,60 EUR

290: Studie über den Abbruch von Spannbeton-Reaktordruckbehältern.
Von *K. Kleiser, K. Essig, K. Cerff* und *H. K. Hilsdorf.*
Grundlagen eines Modells zur Beschreibung charakteristischer Eigenschaften des Betons (1977).
Von *F. H. Wittmann.* 14,40 EUR

291: Übergreifungsstöße von Rippenstäben unter schwellender Belastung.
Von *G. Rehm* und *R. Eligehausen.*
Übergreifungsstöße geschweißter Betonstahlmatten (1977).
Von *G. Rehm, R. Tewes* und *R. Eligehausen.* 10,70 EUR

Heft

292: Lösung versuchstechnischer Fragen bei der Ermittlung des Festigkeits- und Verformungsverhaltens von Beton unter dreiachsiger Belastung (1978).
Von *D. Linse.* 8,40 EUR

293: Zur Messtechnik für die Sicherheitsbeurteilung und -überwachung von Spannbeton-Reaktordruckbehältern (1978).
Von *N. Czaika, N. Mayer, C. Amberg, G. Magiera, G. Andreae* und *W. Markowski.* 11,50 EUR

294: Studien zur Auslegung von Spannbetondruckbehältern für wassergekühlte Reaktoren (1978).
Von *K. Schimmelpfennig, G. Bäätjer, U. Eckstein, U. Ick* und *S. Wrage.* 10,70 EUR

295: Kriech- und Relaxationsversuche an sehr altem Beton.
Von *H. Trost, H. Cordes* und *G. Abele.*
Kriechen und Rückkriechen von Beton nach langer Lasteinwirkung.
Von *P. Probst und S. Stöckl.*
Versuche zum Einfluss des Belastungsalters auf das Kriechen von Beton (1978).
Von *K. Wesche, I. Schrage* und *W. vom Berg.* 14,40 EUR

296: Die Bewehrung von Stahlbetonbauteilen bei Zwangsbeanspruchung infolge Temperatur (1978).
Von *P. Noakowski.* vergriffen

297: Einfluss des Feuchtigkeitsgehaltes und des Reifegrades auf die Wärmeleitfähigkeit von Beton.
Von *J. Hundt* und *A. Wagner.*
Sorptionsuntersuchungen am Zementstein, Zementmörtel und Beton (1978).
Von *J. Hundt* und *H. Kantelberg.* 8,60 EUR

298: Erfahrungen bei der Prüfung von temporären Korrosionsschutzmitteln für Spannstähle.
Von *G. Rieche* und *J. Delille.*
Untersuchungen über den Korrosionsschutz von Spannstählen unter Spritzbeton (1978).
Von *G. Rehm, U. Nürnberger* und *R. Zimbelmann.* 8,10 EUR

299: Versuche an dickwandigen, unbewehrten Betonringen mit Innendruckbeanspruchung (1978).
Von *J. Neuner, S. Stöckl* und *E. Grasser.* 8,60 EUR

300: Hinweise zu DIN 1045, Ausgabe Dezember 1978. Bearbeitet von *D. Bertram* und *H. Deutschmann.*
Erläuterung der Bewehrungsrichtlinien (1979).
Von *G. Rehm, R. Eligehausen* und *B. Neubert.* vergriffen

301: Übergreifungsstöße zugbeanspruchter Rippenstäbe mit geraden Stabenden (1979).
Von *R. Eligehausen.* 12,90 EUR

302: Einfluss von Zusatzmitteln auf den Widerstand von jungem Beton gegen Rissbildung bei scharfem Austrocknen.
Von *W. Manns* und *K. Zeus.*
Spannungsoptische Untersuchungen zum Tragverhalten von zugbeanspruchten Übergreifungsstößen (1979).
Von *M. Betzle.* 8,60 EUR

303: Querkraftschlüssige Verbindung von Stahlbetondeckenplatten (1979).
Von *H. Paschen* und *V. C. Zillich.* 10,70 EUR

304: Kunstharzgebundene Glasfaserstäbe als Bewehrung im Betonbau.
Von *G. Rehm* und *L. Franke.*
Zur Frage der Krafteinleitung in kunstharzgebundene Glasfaserstäbe (1979).
Von *G. Rehm, L. Franke* und *M. Patzak.* 9,40 EUR

305: Vorherbestimmung und Kontrolle des thermischen Ausdehnungskoeffizienten von Beton (1979).
Von *S. Ziegeldorf K. Kleiser* und *H. K. Hilsdorf.* 7,30 EUR

306: Dreidimensionale Berechnung eines Spannbetonbehälters mit heißer Dichthaut für einen 1500 MWe Druckwasserreaktor (1979).
Von *E. Ettel, H. Hinterleitner, J. Német, A. Jungmann* und *H. Kopp.* 8,10 EUR

307: Zur Bemessung der Schubbewehrung von Stahlbetonbalken mit möglichst gleichmäßiger Zuverlässigkeit (1979).
Von *W. Moosecker.* 8,10 EUR

308: Tragfähigkeit auf schrägen Druck von Brückenstegen, die durch Hüllrohre geschwächt sind.
Von *R. Koch* und *F. S. Rostásy.*
Spannungszustand aus Vorspannung im Bereich gekrümmter Spannglieder (1979).
Von *V. Cornelius* und *G. Mehlhorn.* 10,10 EUR

309: Kunstharzmörtel und Kunstharzbetone unter Kurzzeit- und Dauerstandbelastung.
Von *G. Rehm, L. Franke* und *K. Zeus.*
Langzeituntersuchungen an epoxidharzverklebten Zementmörtelprismen (1980).
Von *P. Jagfeld.* 10,00 EUR

310: Teilweise Vorspannung – Verbundfestigkeit von Spanngliedern und ihre Bedeutung für Rissbildung und Rissbreitenbeschränkung (1980).
Von *H. Trost, H. Cordes, U. Thormaehlen* und *H. Hagen.* 19,90 EUR

311: Segmentäre Spannbetonträger im Brückenbau (1980).
Von *K. Guckenberger, F. Daschner* und *H. Kupfer.* 18,00 EUR

312: Schwellenwerte beim Betondruckversuch (1980).
Von *G. Schickert.* 18,00 EUR

313: Spannungs-Dehnungs-Linien von Leichtbeton.
Von *H. Herrmann.*
Versuche zum Kriechen und Schwinden von hochfestem Leichtbeton (1980).
Von *P. Probst* und *S. Stöckl.* 14,50 EUR

314: Kurzzeitverhalten von extrem leichten Betonen, Druckfestigkeit und Formänderungen.
Von *K. Bastgen* und *K. Wesche.*
Die Schubtragfähigkeit bewehrter Platten und Balken aus dampfgehärtetem Gasbeton nach Versuchen (1980).
Von *D. Briesemann.* 22,30 EUR

315: Bestimmung der Beulsicherheit von Schalen aus Stahlbeton unter Berücksichtigung der physikalisch-nicht-linearen Materialeigenschaften (1980).
Von *W. Zerna, I. Mungan* und *W. Steffen.* 7,60 EUR

316: Versuche zur Bestimmung der Tragfähigkeit stumpf gestoßener Stahlbetonfertigteilstützen (1980).
Von *H. Paschen* und *V. C. Zillich.* vergriffen

317: Untersuchungen über die Schwingfestigkeit geschweißter Betonstahlverbindungen (1981).
Teil 1: Schwingfestigkeitsversuche.
Von *G. Rehm, W. Harre* und *D. Russwurm.*
Teil 2: Werkstoffkundliche Untersuchungen.
Von *G. Rehm* und *U. Nürnberger.* 17,20 EUR

318: Eigenschaften von feuerverzinkten Überzügen auf kaltumgeformten Betonrippenstählen und Betonstahlmatten aus kaltgewälztem Betonrippenstahl.
Technologische Eigenschaften von kaltgeformten Betonrippenstählen und Betonstahlmatten aus kaltgewalztem Betonrippenstahl nach einer Feuerverzinkung (1981).
Von *U. Nürnberger.* 9,40 EUR

319: Vollstöße durch Übergreifung von zugbeanspruchten Rippenstählen in Normalbeton.
Von *M. Betzle, S. Stöckl* und *H. Kupfer.*
Vollstöße durch Übergreifung von zugbeanspruchten Rippenstählen in Leichtbeton.
Von *S. Stöckl, M. Betzle* und *G. Schmidt-Thrö.*
Verbundverhalten von Betonstählen, Untersuchung auf der Grundlage von Ausziehversuchen.
Von *H. Martin* und *P. Noakowski.*
Ermittlung der Verbundspannungen an gedrückten einbetonierten Betonstählen (1981).
Von *F. P. Müller* und *W. Eisenbiegler.* 25,20 EUR

320: Erläuterungen zu DIN 4227 Spannbeton.
Teil 1: Bauteile aus Normalbeton mit beschränkter oder voller Vorspannung, Ausgabe 07.88
Teil 2: Bauteile mit teilweiser Vorspannung, Ausgabe 05.84
Teil 3: Bauteile in Segmentbauart; Bemessung und Ausführung der Fugen, Ausgabe 12.83
Teil 4: Bauteile aus Spannleichtbeton, Ausgabe 02.86
Teil 5: Einpressen von Zementmörtel in Spannkanäle, Ausgabe 12.79
Teil 6: Bauteile mit Vorspannung ohne Verbund, Ausgabe 05.82 (1989).
Zusammengestellt von *D. Bertram.* 34,30 EUR

321: Leichtzuschlag-Beton mit hohem Gehalt an Mörtelporen (1981).
Von *H. Weigler, S. Karl* und *C. Jaegermann.* 6,20 EUR

322: Biegebemessung von Stahlleichtbeton, Ableitung der Spannungsverteilung in der Biegedruckzone aus Prismenversuchen als Grundlage für DIN 4219.
Von *E. Grasser* und *P. Probst.*
Versuche zur Aufnahme der Umlenkkräfte von gekrümmten Bewehrungsstäben durch Betondeckung und Bügel (1981).
Von *J. Neuner* und *S. Stöckl.* 14,50 EUR

323: Zum Schubtragverhalten stabförmiger Stahlbetonelemente (1981).
Von *R. Mallée.* 10,70 EUR

Heft

324: Wärmeausdehnung, Elastizitätsmodul, Schwinden, Kriechen und Restfestigkeit von Reaktorbeton unter einachsiger Belastung und erhöhten Temperaturen.
Von *H. Aschl* und *S. Stöckl*.
Versuche zum Einfluss der Belastungshöhe auf das Kriechen des Betons (1981).
Von *S. Stöckl*. 15,90 EUR

325: Großmodellversuche zur Spanngliedreibung (1981).
Von *H. Cordes*, *K. Schütt* und *H. Trost*. 10,70 EUR

326: Blockfundamente für Stahlbetonfertigstützen (1981).
Von *H. Dieterle* und *A. Steinle*. vergriffen

327: Versuche zur Knicksicherung von druckbeanspruchten Bewehrungsstäben (1981).
Von *J. Neuner* und *S. Stöckl*. 8,60 EUR

328: Zum Tragfähigkeitsnachweis für Wand-Decken-Knoten im Großtafelbau (1982).
Von *E. Hasse*. 14,50 EUR

329: Sachstandbericht Massenbeton.
Von *Deutscher Beton-Verein e.V.*
Untersuchungen an einem über 20 Jahre alten Spannbetonträger der Pliensaubrücke Esslingen am Neckar (1982).
Von *K. Schäfer* und *H. Scheef*. 8,60 EUR

330: Zusammenstellung und Beurteilung von Messverfahren zur Ermittlung der Beanspruchungen in Stahlbetonbauteilen (1982).
Von *H. Twelmeier* und *J. Schneefuß*. 12,10 EUR

331: Kleben im konstruktiven Betonbau (1982).
Von *G. Rehm* und *L. Franke*. 12,40 EUR

332: Anwendungsgrenzen von vereinfachten Bemessungsverfahren für schlanke, zweiachsig ausmittig beanspruchte Stahlbetondruckglieder.
Von *P. C. Olsen* und *U. Quast*.
Traglast von Druckgliedern mit vereinfachter Bügelbewehrung unter Feuerangriff.
Von *A. Haksever* und *R. Hass*.
Traglast von Druckgliedern mit vereinfachter Bügelbewehrung unter Normaltemperatur und Kurzzeitbeanspruchung (1982).
Von *K. Kordina* und *R. Mester*. 15,00 EUR

333. Festschrift „75 Jahre Deutscher Ausschuß für Stahlbeton" (1982).
Von *D. Bertram*, *E. Bornemann*, *N. Bunke*, *H. Goffin*, *D. Jungwirth*, *K. Kordina*, *H. Kupfer*, *J. Schlaich*, *B. Wedler†* und *W. Zerna*. 22,60 EUR

334: Versuche an Spannbetonbalken unter kombinierter Beanspruchung aus Biegung, Querkraft und Torsion (1982).
Von *M. Teutsch* und *K. Kordina*. 10,20 EUR

335: Versuche zum Tragverhalten von segmentären Spannbetonträgern – Vergleichende Auswertung für Epoxidharz- und Zementmörtelfugen (1982).
Von *H. Kupfer*, *K. Guckenberger* und *F. Daschner*. 10,70 EUR

Heft

336: Tragfähigkeit und Verformung von Stahlbetonbalken unter Biegung und gleichzeitigem Zwang infolge Auflagerverschiebung (1982).
Von *K. Kordina*, *F. S. Rostásy* und *B. Svensvik*. 10,70 EUR

337: Verhalten von Beton bei hohen Temperaturen – Behaviour of Concrete at High Temperatures (1982).
Von *U. Schneider*. 15,50 EUR

338: Berechnung des zeitabhängigen Verhaltens von Stahlbetonplatten unter Last- und Zwangsbeanspruchung im ungerissenen und gerissenen Zustand (1982).
Von *G. Schaper*. 13,40 EUR

339: Stützenstöße im Stahlbeton-Fertigteilbau mit unbewehrten Elastomerlagern (1982).
Von *F. Müller*, *H. R. Sasse* und *U. Thormählen*. vergriffen

340: Durchlaufende Deckenkonstruktionen aus Spannbetonfertigteilplatten mit ergänzender Ortbetonschicht – Continuous Skin Stressed Slabs (1982).
Behaviour in Bending (Biegetragverhalten).
Von *J. Rosenthal* und *E. Bljuger*.
Schubtragverhalten (Behaviour in Shear).
Von *F. Daschner* und *H. Kupfer*. 11,60 EUR

341: Zum Ansatz der Betonzugfestigkeit bei den Nachweisen zur Trag- und Gebrauchsfähigkeit von unbewehrten und bewehrten Betonbauteilen (1983).
Von *M. Jahn*. 8,60 EUR

342: Dynamische Probleme im Stahlbetonbau –
Teil I: Der Baustoff Stahlbeton unter dynamischer Beanspruchung (1983).
Von *F. P. Müller†*, *E. Keintzel* und *H. Charlier*. 18,80 EUR

343: Versuche zum Kriechen und Schwinden von hochfestem Leichtbeton. Versuche zum Rückkriechen von hochfestem Leichtbeton (1983).
Von *P. Hofmann* und *S. Stöckl*. 8,10 EUR

344: Versuche zur Teilflächenbelastung von Leichtbeton für tragende Konstruktionen.
Von *H. G. Heilmann*.
Teilflächenbelastung von Normalbeton – Versuche an bewehrten Scheiben (1983).
Von *P. Wurm* und *F. Daschner*. 12,60 EUR

345: Experimentelle Ermittlung der Steifigkeiten von Stahlbetonplatten (1983).
Von *H. Schäfer*, *K. Schneider* und *H. G. Schäfer*. 11,60 EUR

346: Tragfähigkeit geschweißter Verbindungen im Betonfertigteilbau.
Von *E. Cziesielski* und *M. Friedmann*.
Versuche zur Ermittlung der Tragfähigkeit in Beton eingespannter Rundstahldollen aus nichtrostendem austenitischem Stahl.
Von *G. Utescher* und *H. Herrmann*.
Untersuchungen über in Beton eingelassene Scherbolzen aus Betonstahl (1983).
Von *H. Paschen* und *T. Schönhoff*. vergriffen

Heft

347: Wirkung der Endhaken bei Vollstößen durch Übergreifung von zugbeanspruchten Rippenstählen.
Von *G. Schmidt-Thrö*, *S. Stöckl* und *M. Betzle*
Übergreifungs-Halbstoß mit kurzem Längsversatz ($l_v = 0{,}5\ l_ü$) bei zugbeanspruchten Rippenstählen in Leichtbeton.
Von *M. Betzle*, *S. Stöckl* und *H. Kupfer*.
Rissflächen im Beton im Bereich von Übergreifungsstößen zugbeanspruchter Rippenstähle (1983).
Von *M. Betzle*, *S. Stöckl* und *H. Kupfer*. 17,40 EUR

348: Tragfähigkeit querkraftschlüssiger Fugen zwischen Stahlbeton-Fertigteildeckenelementen (1983).
Von *H. Paschen* und *V. C. Zillich*. vergriffen

349: Bestimmung des Wasserzementwertes von Frischbeton (1984).
Von *H. K. Hilsdorf*. 10,70 EUR

350: Spannbetonbauteile in Segmentbauart unter kombinierter Beanspruchung aus Torsion, Biegung und Querkraft.
Von *K. Kordina*, *M. Teutsch* und *V. Weber*.
Rissbildung von Segmentbauteilen in Abhängigkeit von Querschnittsausbildung und Spannstahlverbundeigenschaften.
Von *K. Kordina* und *V. Weber*.
Einfluss der Ausbildung unbewehrter Pressfugen auf die Tragfähigkeit von schrägen Druckstreben in den Stegen von Segmentbauteilen (1984).
Von *K. Kordina* und *V. Weber*. 16,70 EUR

351: Belastungs- und Korrosionsversuche an teilweise vorgespannten Balken.
Von *Günter Schelling* und *Ferdinand S. Rostásy*.
Teilweise Vorspannung – Plattenversuche (1984).
Von *Kassian Janovic* und *Herbert Kupfer*. 23,90 EUR

352: Empfehlungen für brandschutztechnisch richtiges Konstruieren von Betonbauwerken.
Von *K. Kordina* und *L. Krampf*.
Möglichkeiten, nachträglich die in einem Betonbauteil während eines Schadenfeuers aufgetretenen Temperaturen abzuschätzen.
Von *A. Haksever* und *L. Krampf*.
Brandverhalten von Decken aus Glasstahlbeton nach DIN 1045 (Ausg. 12.78), Abschn. 20.3.
Von *C. Meyer-Ottens*.
Eindringen von Chlorid-Ionen aus PVC-Abbrand in Stahlbetonbauteile – Literaturauswertung (1984).
Von *K. Wesche*, *G. Neroth* und *J. W. Weber*. vergriffen

353: Einpressmörtel mit langer Verarbeitungszeit.
Von *W. Manns* und *R. Zimbelmann*.
Auswirkung von Fehlstellen im Einpressmörtel auf die Korrosion des Spannstahls.
Von *G. Rehm*, *R. Frey* und *D. Funk*.
Korrosionsverhalten verzinkter Spannstähle in gerissenem Beton (1984).
Von *U. Nürnberger*. 30,60 EUR

354: Bewehrungsführung in Ecken und Rahmenendknoten.
Von *Karl Kordina*.
Vorschläge zur Bemessung rechteckiger und kranzförmiger Konsolen insbesondere unter exzentrischer Belastung aufgrund neuer Versuche (1984).
Von *Heinrich Paschen* und *Hermann Malonn*. vergriffen

Heft

355: Untersuchungen zur Vorspannung ohne Verbund.
Von *Heinrich Trost, Heiner Cordes* und *Bernhard Weller.*
Anwendung der Vorspannung ohne Verbund.
Von *Karl Kordina, Josef Hegger* und *Manfred Teutsch.*
Ermittlung der wirtschaftlichen Bewehrung von Flachdecken mit Vorspannung ohne Verbund (1984).
Von *Karl Kordina, Manfred Teutsch* und *Josef Hegger.* 20,90 EUR

356: Korrosionsschutz von Bauwerken, die im Gleitschalungsbau errichtet wurden (1984).
Von *Karl Kordina* und *Siegfried Droese.* 16,70 EUR

357: Konstruktion, Bemessung und Sicherheit gegen Durchstanzen von balkenlosen Stahlbetondecken im Bereich der Innenstützen (1984).
Von *Udo Schaefers.* vergriffen

358: Kriechen von Beton unter hoher zentrischer und exzentrischer Druckbeanspruchung (1985).
Von *Emil Grasser* und *Udo Kraemer.* 15,30 EUR

359: Versuche zur Ermüdungsbeanspruchung der Schubbewehrung von Stahlbetonträgern.
Von *Klaus Guckenberger, Herbert Kupfer* und *Ferdinand Daschner.*
Vorgespannte Schubbewehrung (1985).
Von *Jürgen Ruhnau* und *Herbert Kupfer.* 25,20 EUR

360: Festigkeitsverhalten und Strukturveränderungen von Beton bei Temperaturbeanspruchung bis 250 °C (1985).
Von *Jürgen Seeberger, Jörg Kropp* und *Hubert K. Hilsdorf.* 18,80 EUR

361: Beitrag zur Bemessung von schlanken Stahlbetonstützen für schiefe Biegung mit Achsdruck unter Kurzzeit- und Dauerbelastung – Contribution to the Design of Slender Reinforced Concrete Columns Subjected to Biaxial Bending and Axial Compression Considering Short and Long Term Loadings (1985).
Von *Nelson Szilard Galgoul.* 21,50 EUR

362: Versuche an Konstruktionsleichtbetonbauteilen unter kombinierter Beanspruchung aus Torsion, Biegung und Querkraft (1985).
Von *Karl Kordina* und *Manfred Teutsch.* 13,40 EUR

363: Versuche zur Mitwirkung des Betons in der Zugzone von Stahlbetonröhren (1985).
Von *Jörg Schlaich* und *Hans Schober.* 14,50 EUR

364: Empirische Zusammenhänge zur Ermittlung der Schubtragfähigkeit stabförmiger Stahlbetonelemente (1985).
Von *Karl Kordina* und *Franz Blume.* 11,80 EUR

365: Experimentelle Untersuchungen bewehrter und hohler Prüfkörper aus Normalbeton mittels eines zwängungsarmen Krafteinleitungssystems (1985).
Von *Manfred Specht, Rita Schmidt* und *Hartmut Kappes.* 16,10 EUR

366: Grundsätzliche Untersuchungen zum Geräteeinfluss bei der mehraxialen Druckprüfung von Beton (1985).
Von *Helmut Winkler.* 29,00 EUR

Heft

367: Verbundverhalten von Bewehrungsstählen unter Dauerbelastung in Normal- und Leichtbeton.
Von *Kassian Janovic.*
Übergreifungsstöße geschweißter Betonstahlmatten.
Von *Gallus Rehm* und *Rüdiger Tewes.*
Übergreifungsstöße geschweißter Betonstahlmatten in Stahlleichtbeton (1986).
Von *Gallus Rehm* und *Rüdiger Tewes.* 14,50 EUR

368: Fugen und Aussteifungen in Stahlbetonskelettbauten (1986).
Von *Bernd Hock, Kurt Schäfer* und *Jörg Schlaich.* vergriffen

369: Versuche zum Verhalten unterschiedlicher Stahlsorten in stoßbeanspruchten Platten (1986).
Von *Josef Eibl* und *Klaus Kreuser.* 13,40 EUR

370: Einfluss von Rissen auf die Dauerhaftigkeit von Stahlbeton- und Spannbetonbauteilen.
Von *Peter Schießl.*
Dauerhaftigkeit von Spanngliedern unter zyklischen Beanspruchungen.
Von *Heiner Cordes.*
Beurteilung der Betriebsfestigkeit von Spannbetonbrücken im Koppelfugenbereich unter besonderer Berücksichtigung einer möglichen Rissbildung.
Von *Gert König* und *Hans-Christian Gerhardt.*
Nachweis zur Beschränkung der Rissbreite in den Normen des Deutschen Ausschusses für Stahlbeton (1986).
Von *Eilhard Wölfel.* vergriffen

371: Tragfähigkeit durchstanzgefährdeter Stahlbetonplatten-Entwicklung von Bemessungsvorschlägen (1986).
Von *Karl Kordina* und *Diedrich Nölting.* vergriffen

372: Literaturstudie zur Schubsicherung bei nachträglich ergänzten Querschnitten.
Von *Ferdinand Daschner* und *Herbert Kupfer.*
Versuche zur notwendigen Schubbewehrung zwischen Betonfertigteilen und Ortbeton.
Von *Ferdinand Daschner.*
Verminderte Schubdeckung in Stahlbeton- und Spannbetonträgern mit Fugen parallel zur Tragrichtung unter Berücksichtigung nicht vorwiegend ruhender Lasten.
Von *Ingo Nissen, Ferdinand Daschner* und *Herbert Kupfer.*
Literaturstudie über Versuche mit sehr hohen Schubspannungen (1986).
Von *Herbert Kupfer* und *Ferdinand Daschner.* vergriffen

373: Empfehlungen für die Bewehrungsführung in Rahmenecken und -knoten.
Von *Karl Kordina, Ehrenfried Schaaff* und *Thomas Westphal.*
Das Übertragungs- und Weggrößenverfahren für ebene Stahlbetonstabtragwerke unter Verwendung von Tangentensteifigkeiten (1986).
Von *Poul Colberg Olsen.* vergriffen

374: Schwingfestigkeitsverhalten von Betonstählen unter wirklichkeitsnahen Beanspruchungs- und Umgebungsbedingungen (1986).
Von *Gallus Rehm, Wolfgang Harre* und *Willibald Beul.* 14,50 EUR

Heft

375: Grundlagen und Verfahren für den Knicksicherheitsnachweis von Druckgliedern aus Konstruktionsleichtbeton.
Von *Roland Molzahn.*
Einfluss des Kriechens auf Ausbiegung und Tragfähigkeit schlanker Stützen aus Konstruktionsleichtbeton (1986).
Von *Roland Molzahn.* 13,40 EUR

376: Trag- und Verformungsfähigkeit von Stützen bei großen Zwangsverschiebungen der Decken.
Von *Peter Steidle* und *Kurt Schäfer.*
Versuche an Stützen mit Normalkraft und Zwangsverschiebungen (1986).
Von *Rolf Wohlfahrt* und *Rainer Koch.* 22,60 EUR

377: Versuche zur Schubtragwirkung von profilierten Stahlbeton- und Spannbetonträgern mit überdrückten Gurtplatten (1986).
Von *Herbert Kupfer* und *Klaus Guckenberger.* 14,00 EUR

378: Versuche über das Verbundverhalten von Rippenstählen bei Anwendung des Gleitbauverfahrens.
Teilbericht I:
Ausziehversuche, Proben in Utting hergestellt.
Von *Gerfried Schmidt-Thrö* und *Siegfried Stöckl.*
Teilbericht II:
Versuche zur Bestimmung charakteristischer Betoneigenschaften bei Anwendung des Gleitbauverfahrens.
Von *Gerfried Schmidt-Thrö, Siegfried Stöckl* und *Herbert Kupfer.*
Teilbericht III:
Ausziehversuche und Versuche an Übergreifungsstößen, Proben in Berlin bzw. Köln hergestellt.
Von *Klaus Kluge, Gerfried Schmidt-Thrö, Siegfried Stöckl* und *Herbert Kupfer.*
Einfluss der Probekörperform und der Messpunktanordnung auf die Ergebnisse von Ausziehversuchen (1986).
Von *Gerfried Schmidt-Thrö, Siegfried Stöckl* und *Herbert Kupfer.* 27,40 EUR

379: Experimentelle und analytische Untersuchungen zur wirklichkeitsnahen Bestimmung der Bruchschnittgrößen unbewehrter Betonbauteile unter Zugbeanspruchung, (1987).
Von *Dietmar Scheidler.* 16,70 EUR

380: Eigenspannungszustand in Stahl- und Spannbetonkörpern infolge unterschiedlichen thermischen Dehnverhaltens von Beton und Stahl bei tiefen Temperaturen.
Von *Ferdinand S. Rostásy* und *Jochen Scheuermann.*
Verbundverhalten einbetonierten Betonrippenstahls bei extrem tiefer Temperatur.
Von *Ferdinand S. Rostásy* und *Jochen Scheuermann.*
Versuche zur Biegetragfähigkeit von Stahlbetonplattenstreifen bei extrem tiefer Temperatur (1987).
Von *Günter Wiedemann, Jochen Scheuermann, Karl Kordina* und *Ferdinand S. Rostásy.* 19,90 EUR

381: Schubtragverhalten von Spannbetonbauteilen mit Vorspannung ohne Verbund.
Von *Karl Kordina* und *Josef Hegger.*
Systematische Auswertung von Schubversuchen an Spannbetonbalken (1987).
Von *Karl Kordina* und *Josef Hegger.* 21,50 EUR

Heft

382: Berechnen und Bemessen von Verbundprofilstäben bei Raumtemperatur und unter Brandeinwirkung (1987).
Von *Otto Jungbluth* und *Werner Gradwohl.* 16,70 EUR

383: Unbewehrter und bewehrter Beton unter Wechselbeanspruchung (1987).
Von *Helmut Weigler* und *Karl-Heinz-Rings.* 12,10 EUR

384: Einwirkung von Streusalzen auf Betone unter gezielt praxisnahen Bedingungen (1987).
Von *Reinhard Frey.* 7,80 EUR

385: Das Schubtragverhalten schlanker Stahlbetonbalken – Theoretische und experimentelle Untersuchungen für Leicht- und Normalbeton.
Von *Helmut Kirmair.*
Rissverhalten im Schubbereich von Stahlleichtbetonträgern (1987).
Von *Kassian Janovic.* 18,80 EUR

386: Das Tragverhalten von Beton– Einfluss der Festigkeit und der Erhärtungsbedingungen (1987).
Von *Helmut Weigler* und *Eike Bielak.* 13,40 EUR

387: Tragverhalten quadratischer Einzelfundamente aus Stahlbeton.
Von *Hannes Dieterle* und *Ferdinand S. Rostásy.*
Zur Bemessung quadratischer Stützenfundamente aus Stahlbeton unter zentrischer Belastung mit Hilfe von Bemessungsdiagrammen (1987).
Von *Hannes Dieterle.* 23,10 EUR

388: Wandartige Träger mit Auflagerverstärkungen und vertikalen Arbeitsfugen (1987).
Von *Jens Götsche* und *Heinrich Twelmeier†.* 17,80 EUR

389: Verankerung der Bewehrung am Endauflager bei einachsiger Querpressung.
Von *Gerfried Schmidt-Thrö, Siegfried Stöckl* und *Herbert Kupfer.*
Einfluss einer einachsigen Querpressung und der Verankerungslänge auf das Verbundverhalten von Rippenstählen im Beton.
Von *Gerfried Schmidt-Thrö, Siegfried Stöckl* und *Herbert Kupfer.*
Rissflächen im Beton im Bereich einer auf Zug beanspruchten Stabverankerung (1988).
Von *Gerfried Schmidt-Thrö.* 27,90 EUR

390: Einfluss von Betongüte, Wasserhaushalt und Zeit auf das Eindringen von Chloriden in Beton.
Von *Gallus Rehm, Ulf Nürnberger; Bernd Neubert* und *Frank Nenninger.*
Chloridkorrosion von Stahl in gerissenem Beton.
A – Bisheriger Kenntnisstand.
B – Untersuchungen an der 30 Jahre alten Westmole in Helgoland.
C – Auslagerung gerissener, mit unverzinkten und feuerverzinkten Stählen bewehrten Stahlbetonbalken auf Helgoland (1988).
Von *Gallus Rehm, Ulf Nürnberger* und *Bernd Neubert.* vergriffen

391: Biegetragverhalten und Bemessung von Trägern mit Vorspannung ohne Verbund.
Von *Josef Zimmermann.*
Experimentelle Untersuchung zum Biegetragverhalten von Durchlaufträgern mit Vorspannung ohne Verbund (1988).
Von *Bernhard Weller.* 25,70 EUR

392: Dynamische Probleme im Stahlbetonbau – Teil II: Stahlbetonbauteile und -bauwerke unter dynamischer Beanspruchung (1988).
Von *Josef Eibl, Einar Keintzel* und *Hermann Charlier.* vergriffen

393: Querschnittsbericht zur Rissbildung in Stahl- und Spannbetonkonstruktionen.
Von *Rolf Eligehausen* und *Helmut Kreller.*
Korrosion von Stahl in Beton – einschließlich Spannbeton (1988).
Von *Ulf Nürnberger, Klaus Menzel Armin Löhr* und *Reinhard Frey.* vergriffen

394: Nachweisverfahren für Verankerung, Verformung, Zwangbeanspruchung und Rissbreite. Kontinuierliche Theorie der Mitwirkung des Betons auf Zug. Rechenhilfen für die Praxis (1988).
Von *Piotr Noakowski.* vergriffen

395: Berechnung von Temperatur-, Feuchte- und Verschiebungsfeldern in erhärtenden Betonbauteilen nach der Methode der finiten Elemente (1988).
Von *Holger Hamfler.* 30,00 EUR

396: Rissbreitenbeschränkung und Mindestbewehrung bei Eigenspannungen und Zwang (1988).
Von *Manfred Puche.* 31,20 EUR

397: Spezielle Fragen beim Schweißen von Betonstählen.
Gleichmaßdehnung von Betonstählen (1989).
Von *Dieter Rußwurm.* 16,10 EUR

398: Zur Faltwerkwirkung der Stahlbetontreppen (1989).
Von *Hans-Heinrich Osteroth.* vergriffen

399: Das Bewehren von Stahlbetonbauteilen – Erläuterungen zu verschiedenen gebräuchlichen Bauteilen (1993).
Von *Rolf Eligehausen* und *Roland Gerster.* 25,70 EUR

400: Erläuterungen zu DIN 1045, Beton und Stahlbeton, Ausgabe 07.88.
Zusammengestellt von *Dieter Bertram* und *Norbert Bunke.*
Hinweise für die Verwendung von Zement zu Beton.
Von *Justus Bonzel* und *Karsten Rendchen.*
Grundlagen der Neuregelung zur Beschränkung der Rissbreite.
Von *Peter Schießl.*
Erläuterungen zur Richtlinie für Beton mit Fließmitteln und für Fließbeton.
Von *Justus Bonzel* und *Eberhard Siebel.*
Erläuterungen zur Richtlinie Alkali-Reaktion im Beton (1989). 4. Auflage 1994 (3. berichtigter Nachdruck).
Von *Justus Bonzel, Jürgen Dahms* und *Jürgen Krell.* 38,60 EUR

401: Anleitung zur Bestimmung des Chloridgehaltes von Beton.
Arbeitskreis: Prüfverfahren – Chlorideindringtiefe.
Leitung: *Rupert Springenschmid.*
Schnellbestimmung des Chloridgehaltes von Beton.
Von *Horst Dorner, Günter Kleiner.*
Bestimmung des Chloridgehaltes von Beton durch Direktpotentiometrie. (1989).
Von *Horst Dorner.* vergriffen

402: Kunststoffbeschichtete Betonstähle (1989).
Von *Gallus Rehm, Rainer Blum, Elke Fielker, Reinhard Frey, Dieter Junginger, Bernhard Kipp, Peter Langer Klaus Menzel* und *Ferdinand Nagel.* 29,00 EUR

403: Wassergehalt von Beton bei Temperaturen von 100 °C bis 500 °C im Bereich des Wasserdampfpartialdruckes von 0 bis 5,0 MPa.
Von *Wilhelm Manns* und *Bernd Neubert.*
Permeabilität und Porosität von Beton bei hohen Temperaturen (1989).
Von *Ulrich Schneider* und *Hans Joachim Herbst.* 14,00 EUR

404: Verhalten von Beton bei mäßig erhöhten Betriebstemperaturen (1989).
Von *Harald Budelmann.* 24,70 EUR

405: Korrosion und Korrosionsschutz der Bewehrung im Massivbau
– neuere Forschungsergebnisse
– Folgerungen für die Praxis
– Hinweise für das Regelwerk (1990).
Von *Ulf Nürnberger.* vergriffen

406: Die Berechnung von ebenen, in ihrer Ebene belasteten Stahlbetonbauteilen mit der Methode der Finiten Elemente (1990).
Von *Günter Borg.* vergriffen

407: Zwang und Rissbildung in Wänden auf Fundamenten (1990).
Von *Ferdinand S. Rostásy* und *Wolfgang Henning.* 25,70 EUR

408: Druck und Querzug in bewehrten Betonelementen.
Von *Kurt Schäfer, Günther Schelling* und *Thomas Kuchler.*
Altersabhängige Beziehung zwischen der Druck- und Zugfestigkeit von Beton im Bauwerk – Bauwerkszugfestigkeit – (1990).
Von *Ferdinand S. Rostásy* und *Ernst-Holger Ranisch.* 25,70 EUR

409: Zum nichtlinearen Trag- und Verformungsverhalten von Stahlbetonstabtragwerken unter Last- und Zwangeinwirkung (1990).
Von *Helmut Kreller.* 21,50 EUR

410: Kunststoffbeschichtungen auf ständig durchfeuchtetem Beton – Adhäsionseigenschaften, Eignungsprüfkriterien, Beschichtungsgrundsätze (1990).
Von *Michael Fiebrich.* 20,40 EUR

411: Untersuchungen über das Tragverhalten von Köcherfundamenten (1990).
Von *Georg-Wilhelm Mainka* und *Heinrich Paschen.* 22,60 EUR

412: Mindestbewehrung zwangbeanspruchter dicker Stahlbetonbauteile (1990).
Von *Manfred Helmus.* 24,70 EUR

413: Experimentelle Untersuchungen zur Bestimmung der Druckfestigkeit des gerissenen Stahlbetons bei einer Querzugbeanspruchung (1990).
Von *Johann Kollegger* und *Gerhard Mehlhorn.* 27,90 EUR

414: Versuche zur Ermittlung von Schalungsdruck und Schalungsreibung im Gleitbau (1990).
Von *Karl Kordina* und *Siegfried Droese.* 19,30 EUR

Heft

415: Programmgesteuerte Berechnung beliebiger Massivbauquerschnitte unter zweiachsiger Biegung mit Längskraft (Programm MASQUE) (1990).
Von *Dirk Busjaeger* und *Ulrich Quast.* 31,20 EUR

416: Betonbau beim Umgang mit wassergefährdenden Stoffen – Sachstandsbericht (1991).
Von *Thomas Fehlhaber, Gert König, Siegfried Mängel, Hermann Poll, Hans-Wolf Reinhardt, Carola Reuter, Peter Schießl, Bernd Schnütgen, Gerhard Spanka Friedhelm Stangenberg, Gerd Thielen* und *Johann-Dietrich Wörner.* 37,60 EUR

417: Stahlbeton- und Spannbetonbauteile bei extrem tiefer Temperatur– Versuche und Berechnungsansätze für Lasten und Zwang (1991).
Von *Uwe Pusch* und *Ferdinand S. Rostásy.* 22,60 EUR

418: Warmbehandlung von Beton durch Mikrowellen (1991).
Von *Ulrich Schneider* und *Frank Dumat.* 30,00 EUR

419: Bruchmechanisches Verhalten von Beton unter monotoner und zyklischer Zugbeanspruchung (1991).
Von *Herbert Duda.* 17,20 EUR

420: Versuche zum Kriechen und zur Restfestigkeit von Beton bei mehrachsiger Beanspruchung.
Von *Norbert Lanig, Siegfried Stöckl* und *Herbert Kupfer.*
Kriechen von Beton nach langer Lasteinwirkung.
Von *Norbert Lanig* und *Siegfried Stöckl.*
Frühe Kriechverformungen des Betons (1991).
Von *Heinrich Trost* und *Hans Paschmann.* 24,70 EUR

421: Entwicklung radiographischer Untersuchungsmethoden des Verbundverhaltens von Stahl und Beton (1991).
Von *Andrea Steinwedel.* 22,60 EUR

422: Prüfung von Beton-Empfehlungen und Hinweise als Ergänzung zu DIN 1048 (1991).
Zusammengestellt von *Norbert Bunke.* 33,30 EUR

423: Experimentelle Untersuchungen des Trag- und Verformungsverhaltens schlanker Stahlbetondruckglieder mit zweiachsiger Ausmitte.
Von *Rainer Grzeschkowitz, Karl Kordina* und *Manfred Teutsch.*
Erweiterung von Traglastprogrammen für schlanke Stahlbetondruckglieder (1992).
Von *Rainer Grzeschkowitz* und *Ulrich Quast.* 23,60 EUR

424: Tragverhalten von Befestigungen unter Querlasten in ungerissenem Beton (1992).
Von *Werner Fuchs.* 29,00 EUR

425: Bemessungshilfsmittel zu Eurocode 2 Teil 1 (DIN V ENV 1992 Teil 1-1, Ausgabe 06.92).
Planung von Stahlbeton- und Spannbetontragwerken (1992).
3. ergänzte Auflage 1997.
Von *Karl Kordina* u. a. 40,90 EUR

426: Einfluss der Probekörperform auf die Ergebnisse von Ausziehversuchen– Finite-Element-Berechnung– (1992).
Von *Jürgen Mainz* und *Siegfried Stöckl.* 19,30 EUR

Heft

427: Verminderte Schubdeckung in Betonträgern mit Fugen parallel zur Tragrichtung bei sehr hohen Schubspannungen und nicht vorwiegend ruhenden Lasten (1992).
Von *Ferdinand Daschner* und *Herbert Kupfer.* 14,00 EUR

428: Entwicklung eines Expertensystems zur Beurteilung, Beseitigung und Vorbeugung von Oberflächenschäden an Betonbauteilen (1992).
Von *Michael Sohni.* 20,40 EUR

429: Der Einfluss mechanischer Spannungen auf den Korrosionswiderstand zementgebundener Baustoffe (1992).
Von *Ulrich Schneider, Erich Nägele Frank Dumat* und *Steffen Holst.* 20,40 EUR

430: Standardisierte Nachweise von häufigen D-Bereichen (1992).
Von *Mattias Jennewein* und *Kurt Schäfer.* 20,40 EUR

431: Spannungsumlagerungen in Verbundquerschnitten aus Fertigteilen und Ortbeton statisch bestimmter Träger infolge Kriechen und Schwinden unter Berücksichtigung der Rissbildung (1992).
Von *Günther Ackermann, Erich Raue, Lutz Ebel* und *Gerhard Setzpfandt.* vergriffen

432: Lineare und nichtlineare Theorie des Kriechens und der Relaxation von Beton unter Druckbeanspruchung (1992).
Von *Jing-Hua Shen.* 12,90 EUR

433: Zur chloridinduzierten Makroelementkorrosion von Stahl in Beton (1992).
Von *Michael Raupach.* 23,60 EUR

434: Beurteilung der Wirksamkeit von Steinkohlenflugaschen als Betonzusatzstoff (1993).
Von *Franz Sybertz.* 23,60 EUR

435: Zur Spannungsumlagerung im Spannbeton bei der Rissbildung unter statischer und wiederholter Belastung (1993).
Von *Nguyen Viet Tue.* 18,30 EUR

436: Zum karbonatisierungsbedingten Verlust der Dauerhaftigkeit von Außenbauteilen aus Stahlbeton (1993).
Von *Dieter Bunte.* 27,90 EUR

437: Festigkeit und Verformung von Beton bei hoher Temperatur und biaxialer Beanspruchung – Versuche und Modellbildung– (1994).
Von *Karl-Christian Thienel.* 22,60 EUR

438: Hochfester Beton, Sachstandsbericht, Teil 1: Betontechnologie und Betoneigenschaften.
Von *Ingo Schrage.*
Teil 2: Bemessung und Konstruktion (1994).
Von *Gert König, Harald Bergner, Rainer Grimm, Markus Held, Gerd Remmel* und *Gerd Simsch.* 19,30 EUR

439: Ermüdungsfestigkeit von Stahlbeton und Spannbetonbauteilen mit Erläuterungen zu den Nachweisen gemäß CEB-FIP. Model Code 1990 (1994).
Von *Gert König* und *Ireneusz Danielewicz.* 21,50 EUR

Heft

440: Untersuchung zur Durchlässigkeit von faserfreien und faserverstärkten Betonbauteilen mit Trennrissen.
Von *Masaaki Tsukamoto.*
Gitterschnittkennwert als Kriterium für die Adhäsionsgüte von Oberflächenschutzsystemen auf Beton (1994).
Von *Michael Fiebrich.* 18,30 EUR

441: Physikalisch nichtlineare Berechnung von Stahlbetonplatten im Vergleich zur Bruchlinientheorie (1994).
Von *Andreas Pardey.* 36,50 EUR

442: Versuche zum Kriechen von Beton bei mehrachsiger Beanspruchung–Auswertung auf der Basis von errechneten elastischen Anfangsverformungen.
Von *Henric Bierwirth, Siegfried Stöckl* und *Herbert Kupfer.*
Kriechen, Rückkriechen und Dauerstandfestigkeit von Beton bei unterschiedlichem Feuchtegehalt und Verwendung von Portlandzement bzw. Portlandkalksteinzement (1994).
Von *Dirk Nechvatal, Siegfried Stöckl* und *Herbert Kupfer.* 20,40 EUR

443: Schutz und Instandsetzung von Betonbauteilen unter Verwendung von Kunststoffen – Sachstandsbericht – (1994).
Von *H. Rainer Sasse* u. a. 51,60 EUR

444: Zum Zug- und Schubtragverhalten von Bauteilen aus hochfestem Beton (1994).
Von *Gerd Remmel.* 23,60 EUR

445: Zum Eindringverhalten von Flüssigkeiten und Gasen in ungerissenen Beton.
Von *Thomas Fehlhaber.*
Eindringverhalten von Flüssigkeiten in Beton in Abhängigkeit von der Feuchte der Probekörper und der Temperatur.
Von *Massimo Sosoro* und *Hans-Wolf Reinhardt.*
Untersuchung der Dichtheit von Vakumbeton gegenüber wassergefährdenden Flüssigkeiten (1994).
Von *Reinhard Frey* und *Hans-Wolf Reinhardt.* 27,90 EUR

446: Modell zur Vorhersage des Eindringverhaltens von organischen Flüssigkeiten in Beton (1995).
Von *Massimo Sosoro.* 17,20 EUR

447: Versuche zum Verhalten von Beton unter dreiachsiger Kurzzeitbeanspruchung.
Tests on the Behaviour of Concrete under Triaxial Shorttime Loading.
Von *Ulrich Scholz, Dirk Nechvatal, Helmut Aschl, Diethelm Linse, Emil Grasser* und *Herbert Kupfer.*
Auswertung von Versuchen zur mehrachsigen Betonfestigkeit, die an der Technischen Universität München durchgeführt wurden.
Evaluation of the Multiaxial Strength of Concrete Tested at Technische Universität München.
Von *Zhenhai Guo, Yunlong Zhou* und *Dirk Nechvatal.*
Versuche zur Methode der Verformungsmessung an dreiachsig beanspruchten Betonwürfeln.
Tests on Methods for Strain Measurements on Cubic Specimen of Concrete under Triaxial Loading (1995).
Von *Christian Dialer, Norbert Lanig, Siegfried Stöckl* und *Cölestin Zelger.* 25,70 EUR

Heft

448: Veränderung des Betongefüges durch die Wirkung von Steinkohlenflugasche und ihr Einfluss auf die Betoneigenschaften (1995).
Von *Reiner Härdtl.* 18,30 EUR

449: Wirksame Betonzugfestigkeit im Bauwerk bei früh einsetzendem Temperaturzwang (1995).
Von *Peter Onken* und *Ferdinand S. Rostásy.* 20,40 EUR

450: Prüfverfahren und Untersuchungen zum Eindringen von Flüssigkeiten und Gasen in Beton sowie zum chemischen Widerstand von Beton.
Von *Hans Paschmann, Horst Grube* und *Gerd Thielen.*
Untersuchungen zum Eindringen von Flüssigkeiten in Beton sowie zur Verbesserung der Dichtheit des Betons (1995).
Von *Hans Paschmann, Horst Grube* und *Gerd Thielen.* 23,60 EUR

451: Beton als sekundäre Dichtbarriere gegenüber umweltgefährdenden Flüssigkeiten (1995).
Von *Michael Aufrecht.* vergriffen

452: Wöhlerlinien für einbetonierte Spanngliedkopplungen.
– Dauerschwingversuche an Spanngliedkopplungen des Litzenspannverfahrens D & W.
Von *Gert König* und *Roland Sturm.*
– Dauerschwingversuche an Spanngliedkopplungen des Bündelspanngliedes BBRV-SUSPA II (1995).
Von *Gert König* und *Ireneusz Danielewicz.* 16,10 EUR

453: Ein durchgängiges Ingenieurmodell zur Bestimmung der Querkrafttragfähigkeit im Bruchzustand von Bauteilen aus Stahlbeton mit und ohne Vorspannung der Festigkeitsklassen C 12 bis C 115 (1995).
Von *Manfred Specht* und *Hans Scholz.* 23,60 EUR

454: Tragverhalten von randfernen Kopfbolzenverankerungen bei Betonbruch (1995).
Von *Guochen Zhao.* 20,40 EUR

455: Wasserdurchlässigkeit und Selbstheilung von Trennrissen in Beton (1996).
Von *Carola Katharina Edvardsen.* 23,60 EUR

456: Zum Schubtragverhalten von Fertigplatten mit Ortbetonergänzung.
Von *Horst Georg Schäfer* und *Wolfgang Schmidt-Kehle.*
Oberflächenrauheit und Haftverbund.
Von *Horst Georg Schäfer, Klaus Block* und *Rita Drell.*
Zur Oberflächenrauheit von Fertigplatten mit Ortbetonergänzung.
Von *Horst Georg Schäfer* und *Wolfgang Schmidt-Kehle.*
Ortbetonergänzte Fertigteilbalken mit profilierter Anschlussfuge unter hoher Querkraftbeanspruchung (1996).
Von *Horst Georg Schäfer* und *Wolfgang Schmidt-Kehle.* 30,00 EUR

457: Verbesserung der Undurchlässigkeit, Beständigkeit und Verformungsfähigkeit von Beton.
Von *Udo Wiens, Fritz Grahn* und *Peter Schießl.*
Durchlässigkeit von überdrückten Trennrissen im Beton bei Beaufschlagung mit wassergefährdenden Flüssigkeiten.
Von *Norbert Brauer* und *Peter Schießl.*
Untersuchungen zum Eindringen von Flüssigkeiten in Beton, zur Dekontamination von Beton sowie zur Dichtheit von Arbeitsfugen (1996).
Von *Hans Paschmann* und *Horst Grube.* vergriffen

458: Umweltverträglichkeit zementgebundener Baustoffe – Sachstandsbericht – (1996).
Von *Inga Hohberg, Christoph Müller, Peter Schießl* und *Gerhard Volland.* 20,40 EUR

459: Bemessen von Stahlbetonbalken und -wandscheiben mit Öffnungen (1996).
Von *Hermann Ulrich Hottmann* und *Kurt Schäfer.* 26,90 EUR

460: Fließverhalten von Flüssigkeiten in durchgehend gerissenen Betonkonstruktionen (1996).
Von *Christiane Imhof-Zeitler.* 32,20 EUR

461: Grundlagen für den Entwurf, die Berechnung und konstruktive Durchbildung lager- und fugenloser Brücken (1996).
Von *Michael Pötzl, Jörg Schlaich* und *Kurt Schäfer.* 21,50 EUR

462: Umweltgerechter Rückbau und Wiederverwertung mineralischer Baustoffe – Sachstandsbericht (1996).
Von *Peter Grübl* u. a. 32,20 EUR

463: Contec ES – Computer Aided Consulting für Betonoberflächenschäden (1996).
Von *Gabriele Funk.* vergriffen

464: Sicherheitserhöhung durch Fugenverminderung – Spannbeton im Umweltbereich.
Von *Jens Schütte, Manfred Teutsch* und *Horst Falkner.*
Fugen in chemisch belasteten Betonbauteilen.
Von *Hans-Werner Nordhues* und *Johann-Dietrich Wörner.*
Durchlässigkeit und konstruktive Konzeption von Fugen (Fertigteilverbindungen) (1996).
Von *Marko Bida* und *Klaus-Peter Grote.* 31,20 EUR

465: Dichtschichten aus hochfestem Faserbeton.
Von *Martina Lemberg.*
Dichtheit von Faserbetonbauteilen (synthetische Fasern) (1996).
Von *Johann-Dietrich Wörner, Christiane Imhof-Zeitler* und *Martina Lemberg.* 29,00 EUR

466: Grundlagen und Bemessungshilfen für die Rissbreitenbeschränkung im Stahlbeton und Spannbeton sowie Kom-mentare, Hintergrundinformationen und Anwendungsbeispiele zu den Regelungen nach DIN 1045. EC2 und Model Code 90 (1996).
Von *Gert König* und *Nguyen Viet Tue.* 21,50 EUR

467: Verstärken von Betonbauteilen – Sachstandsbericht – (1996).
Von *Horst Georg Schäfer* u. a. 18,30 EUR

468: Stahlfaserbeton für Dicht- und Verschleißschichten auf Betonkonstruktionen.
Von *Burkhard Wienke.*
Einfluss von Stahlfasern auf das Verschleißverhalten von Betonen unter extremen Betriebsbedingungen in Bunkern von Abfallbehandlungsanlagen (1996).
Von *Thomas Höcker.* 26,90 EUR

469: Schadensablauf bei Korrosion der Spannbewehrung (1996).
Von *Gert König, Nguyen Viet Tue, Thomas Bauer* und *Dieter Pommerening.* 16,10 EUR

470: Anforderungen an Stahlbetonlager thermischer Behandlungsanlagen für feste Siedlungsabfälle.
Von *Georg Zimmermann.*
Temperaturbeanspruchungen in Stahlbetonlagern für feste Siedlungsabfälle (1996).
Von *Ralf Brüning.* 36,50 EUR

471: Zum Bruchverhalten von hochfestem Beton bei einer Zugbeanspruchung durch formschlüssige Verankerungen (1997).
Von *Ralf Zeitler.* 17,20 EUR

472: Segmentbalken mit Vorspannung ohne Verbund unter kombinierter Beanspruchung aus Torsion, Biegung und Querkraft.
Von *Horst Falkner, Manfred Teutsch* und *Zhen Huang.*
Eurocode 8: Tragwerksplanung von Bauten in Erdbebengebieten Grundlagen, Anforderungen. Vergleich mit DIN 4149 (1997).
Von *Dan Constantinescu.* 16,10 EUR

473: Zum Verbundtragverhalten laschenverstärkter Betonbauteile unter nicht vorwiegend ruhender Beanspruchung.
Von *Christoph Hankers.*
Ingenieurmodelle des Verbunds geklebter Bewehrung für Betonbauteile (1997).
Von *Peter Holzenkämpfer.* 30,00 EUR

474: Injizierte Risse unter Medien- und Lasteinfluss.
Teil I: Grundlagenversuche.
Von *Horst Falkner, Manfred Teutsch, Thies Claußen, Jürgen Günther* und *Sabine Rohde.*
Teil 2: Bauteiluntersuchungen.
Von *Hans-Wolf Reinhardt, Massimo Sosoro, Friedrich Paul* und *Xiao-feng Zhu.*
Oberflächenschutzmaßnahmen zur Erhöhung der chemischen Dichtungswirkung.
Von *Klaus Littmann.*
Korrosionsschutz der Bewehrung bei Einwirkung umweltgefährdender Flüssigkeiten (1997).
Von *Romain Weydert* und *Peter Schießl.* 27,90 EUR

475: Transport organischer Flüssigkeiten in Betonbauteilen mit Mikro- und Biegerissen.
Von *Xiao-feng Zhu.*
Eindring- und Durchströmungsvorgänge umweltgefährdender Stoffe an feinen Trennrissen in Beton (1997).
Von *Detlef Bick, Heiner Cordes* und *Heinrich Trost.* vergriffen

Heft

476: Zuverlässigkeit des Verpressens von Spannkanälen unter Berücksichtigung der Unsicherheiten auf der Baustelle (1997).
Von *Ferdinand S. Rostásy* und *Alex-W. Gutsch.* 25,70 EUR

477: Einfluss bruchmechanischer Kenngrößen auf das Biege- und Schubtragverhalten hochfester Betone (1997).
Von *Rainer Grimm.* 27,90 EUR

478: Tragfähigkeit von Druckstreben und Knoten in D-Bereichen (1997).
Von *Wolfgang Sundermann* und *Kurt Schäfer.* 29,00 EUR

479: Über das Brandverhalten punktgestützter Stahlbetonplatten (1997).
Von *Karl Kordina.* 25,70 EUR

480: Versagensmodell für schubschlanke Balken (1997).
Von *Jürgen Fischer.* 19,30 EUR

481: Sicherheitskonzept für Bauten des Umweltschutzes.
Von *Daniela Kiefer.*
Erfahrungen mit Bauten des Umweltschutzes.
Von *Johann-Dietrich Wörner, Daniela Kiefer* und *Hans-Werner Nordhues.*
Qualitätskontrollmaßnahmen bei Betonkonstruktionen (1997).
Von *Otto Kroggel.* 21,50 EUR

482: Rissbreitenbeschränkung zwangbeanspruchter Bauteile aus hochfestem Normalbeton (1997).
Von *Harald Bergner.* 25,70 EUR

483: Durchlässigkeitsgesetze für Flüssigkeiten mit Feinstoffanteilen bei Betonbunkern von Abfallbehandlungsanlagen.
Von *Klaus-Peter Grote.*
Einfluss von Stahlfasern auf die Durchlässigkeit von Beton (1997).
Von *Ralf Winterberg.* 22,60 EUR

484: Grenzen der Anwendung nichtlinearer Rechenverfahren bei Stabtragwerken und einachsig gespannten Platten.
Von *Rolf Eligehausen* und *Eckhart Fabritius.*
Rotationsfähigkeit von plastischen Gelenken im Stahl- und Spannbetonbau.
Von *Longfei Li.*
Verdrehfähigkeit plastizierter Trag--werksbereiche im Stahlbetonbau (1998).
Von *Peter Langer.* 37,60 EUR

485: Verwendung von Bitumen als Gleitschicht im Massivbau.
Von *Manfred Curbach* und *Thomas Bösche.*
Versuche zur Eignung industriell gefertigter Bitumenbahnen als Bitumengleitschicht (1998).
Von *Manfred Curbach* und *Thomas Bösche.* 21,50 EUR

486: Trag- und Verformungsverhalten von Rahmenknoten (1998).
Von *Karl Kordina, Manfred Teutsch* und *Erhard Wegener.* 34,30 EUR

487: Dauerhaftigkeit hochfester Betone (1998).
Von *Ulf Guse* und *Hubert K. Hilsdorf.* 19,30 EUR

488: Sachstandsbericht zum Einsatz von Textilien im Massivbau (1998).
Von *Manfred Curbach* u. a. 22,60 EUR

489: Mindestbewehrung für verformungsbehinderte Betonbauteile im jungen Alter (1998).
Von *Udo Paas.* 23,60 EUR

490: Beschichtete Bewehrung. Ergebnisse sechsjähriger Auslagerungsversuche.
Von *Klaus Menzel, Frank Schulze* und *Hans-Wolf Reinhardt.*
Kontinuierliche Ultraschallmessung während des Erstarrens und Erhärtens von Beton als Werkzeug des Qualitätsmanagements (1998).
Von *Hans-Wolf Reinhardt, Christian U. Große* und *Alexander Herb.* 18,30 EUR

491: Der Einfluss der freien Schwingungen auf ausgewählte dynamische Parameter von Stahlbetonbiegeträgern (1999).
Von *Manfred Specht* und *Michael Kramp.* 31,20 EUR

492: Nichtlineares Last-Verformungs-Verhalten von Stahlbeton- und Spannbetonbauteilen, Verformungsvermögen und Schnittgrößenermittlung (1999).
Von *Gert König, Dieter Pommerening* und *Nguyen Viet Tue.* 26,90 EUR

493: Leitfaden für die Erfassung und Bewertung der Materialien eines Abbruchobjektes (1999).
Von *Theo Rommel, Wolfgang Katzer, Gerhard Tauchert* und *Jie Huang.* 18,80 EUR

494: Tragverhalten von Stahlfaserbeton (1999).
Von *Yong-zhi Lin.* 23,60 EUR

495: Stoffeigenschaften jungen Betons; Versuche und Modelle (1999).
Von *Alex-W. Gutsch.* 29,50 EUR

496: Entwerfen und Bemessen von Betonbrücken ohne Fugen und Lager (1999).
Von *Stephan Engelsmann, Jörg Schlaich* und *Kurt Schäfer.* 25,70 EUR

497: Entwicklung von Verfahren zur Beurteilung der Kontaminierung der Baustoffe vor dem Abbruch (Schnellprüfverfahren) (2000).
Von *Jochen Stark* und *Peter Nobst.* 20,90 EUR

498: Kriechen von Beton unter Zugbeanspruchung (2000).
Von *Karl Kordina, Lothar Schubert* und *Uwe Troitzsch.* 16,70 EUR

499: Tragverhalten von stumpf gestoßenen Fertigteilstützen aus hochfestem Beton (2000).
Von *Jens Minnert.* 29,00 EUR

500: BiM-Online – Das interaktive Informationssystem zu „Baustoffkreislauf im Massivbau" (2000).
Von *Hans-Wolf Reinhardt, Marcus Schreyer* und *Joachim Schwarte.* 21,50 EUR

501: Tragverhalten und Sicherheit betonstahlbewehrter Stahlfaserbetonbauteile (2000).
Von *Ulrich Gossla.* 20,40 EUR

502: Witterungsbeständigkeit von Beton. 3. Bericht (2000).
Von *Wilhelm Manns* und *Kurt Zeus.* 17,80 EUR

503: Untersuchungen zum Einfluss der bezogenen Rippenfläche von Bewehrungsstäben auf das Tragverhalten von Stahlbetonbauteilen im Gebrauchs- und Bruchzustand (2000).
Von *Rolf Eligehausen* und *Utz Mayer.* 20,90 EUR

504: Schubtragverhalten von Stahlbetonbauteilen mit rezyklierten Zuschlägen (2000).
Von *Sufang Lü.* 24,70 EUR

505: Biegetragverhalten von Stahlbetonbauteilen mit rezyklierten Zuschlägen (2000).
Von *Matthias Meißner.* 29,00 EUR

506: Verwertung von Brechsand aus Bauschutt (2000).
Von *Christoph Müller* und *Bernd Dora.* 24,70 EUR

507: Betonkennwerte für die Bemessung und Verbundverhalten von Beton mit rezykliertem Zuschlag (2000).
Von *Konrad Zilch* und *Frank Roos.* 19,30 EUR

508: Zulässige Toleranzen für die Abweichungen der mechanischen Kennwerte von Beton mit rezykliertem Zuschlag (2000).
Von *Johann-Dietrich Wörner, Pieter Moerland, Sabine Giebenhain, Harald Kloft* und *Klaus Leiblein.* 16,70 EUR

509: Bruchmechanisches Verhalten jungen Betons (2000).
Von *Karim Hariri.* 24,70 EUR

510: Probabilistische Lebensdauerbemessung von Stahlbetonbauwerken – Zuverlässigkeitsbetrachtungen zur wirksamen Vermeidung von Bewehrungskorrosion (2000).
Von *Christoph Gehlen.* 24,20 EUR

511: Hydroabrasionsverschleiß von Betonoberflächen.
Beton und Mörtel für die Instandsetzung verschleißgeschädigter Betonbauteile im Wasserbau (2000).
Von *Gesa Haroske, Jan Vala* und *Ulrich Diederichs.* 27,40 EUR

512: Zwang und Rissbildung infolge Hydratationswärme – Grundlagen Berechnungsmodelle und Tragverhalten (2000).
Von *Benno Eierle* und *Karl Schikora.* 27,40 EUR

513: Beton als kreislaufgerechter Baustoff (2001).
Von *Christoph Müller.* 65,50 EUR

514: Einfluss von rezykliertem Zuschlag aus Betonbruch auf die Dauerhaftigkeit von Beton.
Von *Beatrix Kerkhoff* und *Eberhard Siebel.*
Einfluss von Feinstoffen aus Betonbruch auf den Hydratationsfortschritt.
Von *Walter Wassing.*
Recycling von Beton, der durch eine Alkalireaktion gefährdet oder bereits geschädigt ist.
Von *Wolfgang Aue.*
Frostwiderstand von rezykliertem Zuschlag aus Altbeton und mineralischen Baustoffgemischen (Bauschutt) (2001).
Von *Stefan Wies* und *Wilhelm Manns.* 48,60 EUR

Heft

515: Analytische und numerische Untersuchungen des Durchstanzverhaltens punktgestützter Stahlbetonplatten (2001).
Von *Markus Anton Staller.* 43,50 EUR

516: Sachstandbericht Selbstverdichtender Beton (SVB) (2001).
Von *Hans-Wolf Reinhardt, Wolfgang Brameshuber, Geraldine Buchenau, Frank Dehn, Horst Grube, Peter Grübl, Bernd Hillemeier, Martin Jooß, Bert Kilanowski, Thomas Krüger, Christoph Lemmer, Viktor Mechterine, Harald Müller, Thomas Müller, Markus Plannerer, Andreas Rogge, Andreas Schaab, Angelika Schießl* und *Stephan Uebachs.* 33,80 EUR

517: Verformungsverhalten und Tragfähigkeit dünner Stege von Stahlbeton- und Spannbetonträgern mit hoher Betongüte (2001).
Von *Karl-Heinz Reineck, Rolf Wohlfahrt* und *Harianto Hardjasaputra.* 54,20 EUR

518: Schubtragfähigkeit längsbewehrter Porenbetonbauteile ohne Schubbewehrung.
Thermische Vorspannung bewehrter Porenbetonbauteile.
Kriechen von unbewehrtem Porenbeton.
Kriechen des Porenbetons im Bereich der zur Verankerung der Längsbewehrung dienenden Querstäbe und Tragfähigkeit der Verankerung (2001).
Von *Ferdinand Daschner* und *Konrad Zilch.* 55,90 EUR

519: Betonbau beim Umgang mit wassergefährdenden Stoffen. Zweiter Sachstandsbericht mit Beispielsammlung (2001).
Von *Rolf Breitenbücher, Franz-Josef Frey, Horst Grube, Wilhelm Kanning, Klaus Lehmann, Hans-Wolf Reinhardt, Bernd Schnütgen, Manfred Teutsch, Günter Timm* und *Johann-Dietrich Wörner.* 52,10 EUR

520: Frühe Risse in massigen Betonbauteilen – Ingenieurmodelle für die Planung von Gegenmaßnahmen (2001).
Von *Ferdinand S. Rostásy* und *Matias Krauß.* 39,20 EUR

521: Sachstandbericht Nachhaltig Bauen mit Beton (2001).
Von *Hans-Wolf Reinhardt, Wolfgang Brameshuber, Carl-Alexander Graubner, Peter Grübl, Bruno Hauer, Katja Hüske, Julian Kümmel, Hans-Ulrich Litzner, Heiko Lünser, Dieter Rußwurm.* 31,10 EUR

522: Anwendung von hochfestem Beton im Brückenbau.
Von *Konrad Zilch* und *Markus Hennecke.*
Erfahrungen mit Entwurf, Ausschreibung, Vergabe und Tragwerksplanung.
Von *André Müller, Hans Pfisterer, Jürgen Weber* und *Konrad Zilch.*
Erfahrungen mit der Bauausführung und Maßnahmen zur Gewährleistung der geforderten Qualität.
Von *Markus Hennecke, Gert Leonhardt* und *Rolf Stahl.*
Betontechnologie (2002).
Von *Volker Hartmann* und *Werner Schrub.* 37,60 EUR

Heft

523: Beständigkeit verschiedener Betonarten im Meerwasser und in sulfathaltigem Wasser (2003).
Von *Ottokar Hallauer.* 96,10 EUR

524: Mehraxiale Festigkeit von duktilem Hochleistungsbeton (2002).
Von *Manfred Curbach* und *Kerstin Speck.* 68,30 EUR

525: Erläuterungen zu DIN 1045-1; 2. überarbeitete Auflage (2010) 64,30 EUR

526: Erläuterungen zu den Normen DIN EN 206-1, DIN 1045-2, DIN 1045-3, DIN 1045-4 und DIN EN 12620; 2. überarbeitete Auflage (2011). 88,40 EUR

527: Füllen von Rissen und Hohlräumen in Betonbauteilen (2006).
Von *Angelika Eßer.* 58,40 EUR

528: Schubtragfähigkeit von Betonergänzungen an nachträglich aufgerauten Betonoberflächen bei Sanierungs- und Ertüchtigungsmaßnahmen (2002).
Von *Konrad Zilch* und *Jürgen Mainz.* 20,80 EUR

529: Betonwaren mit Recyclingzuschlägen.
Von *Christoph Müller* und *Peter Schießl.*
Rezyklieren von Leichtbeton (2002).
Von *Hans-Wolf Reinhardt* und *Julian Kümmel.* 32,20 EUR

530: Nachweise zur Sicherheit beim Abbruch von Stahlbetonbauwerken durch Sprengen.
Von *Josef Eibl, Andreas Plotzitza, Nico Herrmann.*
Sprengtechnischer Abbruch, Erprobung und Optimierung (2000).
Von *Hans-Ulrich Freund, Gerhard Duseberg, Steffen Schumann, Helmut Roller, Walter Werner.* 36,50 EUR

531: Großtechnische Versuche zur Nassaufbereitung von Recycling-Baustoffen mit der Setzmaschine.
Von *Harald Kurkowski* und *Klaus Mesters.*
Einflüsse der Aufbereitung von Bauschutt für eine Verwendung als Betonzuschlag (2003).
Von *Werner Reichel* und *Petra Heldt.* 42,80 EUR

532: Die Bemessung und Konstruktion von Rahmenknoten. Grundlagen und Beispiele gemäß DIN 1045-1(2002).
Von *Josef Hegger* und *Wolfgang Roeser.* 62,80 EUR

533: Rechnerische Untersuchung der Durchbiegung von Stahlbetonplatten unter Ansatz wirklichkeitsnaher Steifigkeiten und Lagerungsbedingungen und unter Berücksichtigung zeitabhängiger Verformungen (2006).
Von *Konrad Zilch* und *Uli Donaubauer.*
Zum Trag- und Verformungsverhalten bewehrter Betonquerschnitte im Grenzzustand der Gebrauchstauglichkeit.
Von *Wolfgang Krüger* und *Olaf Mertzsch.* 67,70 EUR

534: Sicherheitskonzept für nichtlineare Traglastverfahren im Betonbau (2003).
Von *Michael Six.* 51,90 EUR

535: Rotationsfähigkeit von Rahmenecken (2002).
Von *Jan Akkermann* und *Josef Eibl.* 43,70 EUR

Heft

537: Zum Einfluss der Oberflächengestalt von Rippenstählen auf das Trag- und Verformungsverhalten von Stahlbetonbauteilen (2003).
Von *Utz Mayer.* 44,20 EUR

538: Analyse der Transportmechanismen für wassergefährdende Flüssigkeiten in Beton zur Berechnung des Medientransportes in ungerissene und gerissene Betondruckzonen (2002).
Von *Norbert Brauer.* 45,40 EUR

539: Alkalireaktion im Bauwerksbeton. Ein Erfahrungsbericht (2003).
Von *Wilfried Bödeker.* 26,30 EUR

540: Trag- und Verformungsverhalten von Stahlbetontragwerken unter Betriebsbelastung (2003).
Von *Thomas M. Sippel.* 27,30 EUR

541: Das Ermüdungsverhalten von Dübelbefestigungen (2003).
Von *Klaus Block und Friedrich Dreier.* 38,80 EUR

542: Charakterisierung, Modellierung und Bewertung des Auslaugverhaltens umweltrelevanter, anorganischer Stoffe aus zementgebundenen Baustoffen (2003).
Von *Inga Hohberg.* 52,40 EUR

543: Mikrostrukturuntersuchungen zum Sulfatangriff bei Beton (2003).
Von *Winfried Malorny.* 19,60 EUR

544: Hochfester Beton unter Dauerzuglast (2003).
Von *Tassilo Rinder.* 37,70 EUR

545: Gebrauchsverhalten von Bodenplatten aus Beton unter Einwirkungen infolge Last und Zwang (2004).
Von *Peter Niemann.* 65,00 EUR

546: Zu Deckenscheiben zusammengespannte Stahlbetonfertigteile für demontable Gebäude (2003).
Von *Georg Christian Weiß.* 39,90 EUR

547: Durchstanzen von Bodenplatten unter rotationssymmetrischer Belastung (2004).
Von *Maike Timm.* 49,10 EUR

548: Die Druckfestigkeit von gerissenen Scheiben aus Hochleistungsbeton und selbstverdichtendem Beton unter Berücksichtigung des Einflusses der Rissneigung (2005).
Von *Angelika Schießl.* 56,30 EUR

549: Zum Gebrauchs- und Tragverhalten von Tunnelschalen aus Stahlfaserbeton und stahlfaserverstärktem Stahlbeton (2004).
Von *Olaf Hemmy.* 74,20 EUR

550: Zur Querkrafttragfähigkeit von Balken aus stahlfaserverstärktem Stahlbeton (2004).
Von *Joachim Rosenbusch.* 47,60 EUR

551: Zur Wirkung von Steinkohlenflugasche auf die chloridinduzierte Korrosion von Stahl in Beton (2005).
Von *Udo Wiens.* 63,30 EUR

552: Randbedingungen bei der Instandsetzung nach dem Schutzprinzip W bei Bewehrungskorrosion im karbonatisierten Beton (2005).
Von *Romain Weydert.* 38,50 EUR

Heft

553: Traglast unbewehrter Beton- und Mauerwerkswände – Nichtlineares Berechnungsmodell und konsistentes Bemessungskonzept für schlanke Wände unter Druckbeanspruchung (2005).
Von *Christian Glock.* 67,70 EUR

554: Sachstandbericht Sulfatangriff auf Beton (2006).
Von *R. Breitenbücher, D. Heinz, K. Lipus, J. Paschke, G. Thielen, L. Urbanos, F. Wisotzky.* 50,80 EUR

555: Erläuterungen zur DAfStb-Richtlinie „Wasserundurchlässige Bauwerke aus Beton" (2006). 18,10 EUR

556: Probabilistischer Nachweis der Wirksamkeit von Maßnahmen gegen frühe Trennrisse in massigen Betonbauteilen (2006).
Von *Matias Krauß.* 52,40 EUR

557: Querkrafttragfähigkeit von Stahlbeton- und Spannbetonbalken aus Normal- und Hochleistungsbeton (2007).
Von *Josef Hegger, Stephan Görtz.* 35,50 EUR

558: Zur Dauerhaftigkeit von AR-Glasbewehrung in Textilbeton (2005).
Von *Jeanette Orlowsky.* 35,50 EUR

559: Herstellungszustand verformungsbehinderter Bodenplatten aus Beton (2006).
Von *Silke Agatz.* 36,00 EUR

560: Sachstandbericht Übertragbarkeit von Frost-Laborprüfungen auf Praxisverhältnisse (2005).
Von *E. Siebel, W. Brameshuber, Ch. Brandes, U. Dahme, F. Dehn, K. Dombrowski, V. Feldrappe, U. Frohburg, U. Guse, A. Huß, E. Lang, L. Lohaus, Ch. Müller, H. S. Müller, S. Palecki, L. Petersen, P. Schröder, M. J. Setzer, F. Weise, A. Westendarp, U. Wiens.* 36,00 EUR

561: Sachstandbericht Ultrahochfester Beton (2008).
Von *M. Schmidt, R. Bornemann, K. Bunje, F. Dehn, K. Droll, E. Fehling, S. Greiner, J. Horvath, E. Kleen, Ch. Müller, K.-H. Reineck, I. Schachinger, T. Teichmann, M. Teutsch, R. Thiel, N. V. Tue.* 39,30 EUR

562: Eigenschaften von wärmebehandeltem Selbstverdichtendem Beton (2006).
Von *Michael Stegmaier.* 54,60 EUR

563: Zur wasserstoffinduzierten Spannungsrisskorrosion von hochfesten Spannstählen – Untersuchungen zur Dauerhaftigkeit von Spannbetonbauteilen (2005).
Von *Jörg Moersch.* 38,80 EUR

564: Experimentelle und theoretische Untersuchungen der Frischbetoneigenschaften von Selbstverdichtendem Beton (2006).
Von *Timo Wüstholz.* 45,40 EUR

565: Zerstörungsfreie Prüfverfahren und Bauwerksdiagnose im Betonbau – Beiträge zur Fachtagung des Deutschen Ausschusses für Stahlbeton in Zusammenarbeit mit der Bundesanstalt für Materialforschung und -prüfung, 11.03.2005 Berlin (2006). 27,80 EUR

566: Untersuchung des Trag- und Verformungsverhaltens von Stahlbetonbalken mit großen Öffnungen (2007).
Von *Martina Schnellenbach-Held, Stefan Ehmann, Carina Neff.* 36,20 EUR

567: Sachstandbericht Frischbetondruck fließfähiger Betone (2006).
Von *C.-A. Graubner, H. Beitzel, M. Beitzel, W. Brameshuber, M. Brunner, F. Dehn, S. Glowienka, R. Hertle, J. Huth, O. Leitzbach, L. Meyer, Ch. Motzko, H. S. Müller, H. Schuon, T. Proske, M. Rathfelder, S. Uebachs.* 24,60 EUR

568: Abschätzung der Wahrscheinlichkeit tausalzinduzierter Bewehrungskorrosion – Baustein eines Systems zum Lebenszyklusmanagement von Stahlbetonbauwerken (2007).
Von *Sascha Lay.* 47,30 EUR

569: Sachstandbericht Hüttensandmehl als Betonzusatzstoff – Sachstand und Szenarien für die Anwendung in Deutschland (2007).
Von *O. Aßbrock, W. Brameshuber, A. Ehrenberg, D. Heinz, E. Lang, Ch. Müller, R. Pierkes, E. Siebel.* 33,30 EUR

570: Einfluss der Mischungszusammensetzung auf die frühen autogenen Verformungen der Bindemittelmatrix von Hochleistungsbetonen (2007).
Von *Patrick Fontana.* 38,20 EUR

571: Konzentrierte Lasteinleitung in dünnwandige Bauteile aus textilbewehrtem Beton (2008).
Von *Manfred Curbach, Kerstin Speck.* 36,50 EUR

572: Schlussberichte zur ersten Phase des DAfStb/BMBF-Verbundforschungsvorhabens „Nachhaltig Bauen mit Beton" (2007). 97,80 EUR

573: Korrosionsmonitoring und Bruchortung vorgespannter Zugglieder in Bauwerken (2008).
Von *Alexander Holst.* 66,60 EUR

574: Zur Validierung quantitativer zerstörungsfreier Prüfverfahren im Stahlbetonbau am Beispiel der Laufzeitmessung (2008).
Von *Alexander Taffe.* 52,90 EUR

575: Verbundverhalten von Klebebewehrung unter Betriebsbedingungen (2009).
Von *Kurt Borchert.* 60,10 EUR

576: Mechanismen der Blasenbildung bei Reaktionsharzbeschichtungen auf Beton (2009).
Von *Lars Wolff.* 52,50 EUR

577: Zusammenfassender Bericht zum Verbundforschungsvorhaben „Übertragbarkeit von Frost-Laborprüfungen auf Praxisverhältnisse" (2010).
Von *Harald S. Müller, Ulf Guse.* 27,40 EUR

578: Experimentelle Analyse des Tragverhaltens von Hochleistungsbeton unter mehraxialer Beanspruchung (2011).
Von *Manfred Curbach, Silke Scheerer, Kerstin Speck, Torsten Hampel.* 126,00 EUR

579: Modellierung des Feuchte- und Salztransports unter Berücksichtigung der Selbstabdichtung in zementgebundenen Baustoffen (2010).
Von *Petra Rucker-Gramm.* 69,00 EUR

580: Zur Korrosion von Stahlschalungen in Fertigteilwerken (2011).
Von *Till F. Mayer.* 51,90 EUR

581: Verwendung von Steinkohlenflugasche zur Vermeidung einer schädigenden Alkali-Kieselsäure-Reaktion im Beton (2010).
Von Karl Schmidt. 65,00 EUR

582: Betonbauteile mit Bewehrung aus Faserverbundkunststoff (FVK) (2010).
Von *Jörg Niewels, Josef Hegger.* 64,30 EUR

583: Beitrag zu den Schädigungsmechanismen in Betonen mit langsam reagierender alkaliempfindlicher Gesteinskörnung (2010).
Von *Oliver Mielich.* 65,30 EUR

584: Verbundforschungsvorhaben „Nachhaltig Bauen mit Beton"
Potenziale des Sekundärstoffeinsatzes im Betonbau – Teilprojekt B.
Von *Bruno Hauer, Roland Pierkes, Stefan Schäfer, Maik Seidel, Tristan Herbst, Katrin Rübner, Birgit Meng.*
Effiziente Sicherstellung der Umweltverträglichkeit von Beton – Teilprojekt E (2011).
Von *Wolfgang Brameshuber, Anya Vollpracht, Joachim Hannawald, Holger Nebel.* 87,70 EUR

585: Verbundforschungsvorhaben „Nachhaltig Bauen mit Beton"
Ressourcen- und energieeffiziente, adaptive Gebäudekonzepte im Geschossbau – Teilprojekt C (2011).
Von *Josef Hegger, Tobias Dreßen, Norbert Will, Hartwig N. Schneider, Christian Fensterer, Norbert Hanenberg, Marten F. Brunk, Thorsten Bleyer, Konrad Zilch , Christian Mühlbauer, Roland Niedermeier, André Müller, Andreas Haas, Ingo Heusler, Herbert Sinnesbichler.* 69,40 EUR

586: Verbundforschungsvorhaben „Nachhaltig Bauen mit Beton"
Lebenszyklusmanagementsystem zur Nachhaltigkeitsbeurteilung – Teilprojekt D (2011).
Von *Peter Schießl, Christoph Gehlen, Marc Zintel, Ernst Rank, André Borrmann, Katharina Lukas, Harald Budelmann, Martin Empelmann, Gunnar Heumann, Tilman W. Starck, Sylvia Keßler.* 50,00 EUR

587: Verbundforschungsvorhaben „Nachhaltig Bauen mit Beton"
Informationssystem „NBB-Info" – Teilprojekt F (2011).
Von *Hans-Wolf Reinhardt, Joachim Schwarte, Christian Piehl.* 38,80 EUR

588: Der Stadtbaustein im DAfStb/BMBF-Verbundforschungsvorhaben „Nachhaltig Bauen mit Beton" – Dossier zu Nachhaltigkeitsuntersuchungen – Teilprojekt A.
Von *Carl-Alexander Graubner, Thorsten Bleyer, Marten F. Brunk, Tobias Dreßen, Christian Fensterer, Christoph Gehlen, Andreas Haas, Norbert Hanenberg, Bruno Hauer, Josef Hegger, Ingo Heusler, Sylvia Keßler, Torsten Mielecke, Christian Piehl, Hans-Wolf Reinhardt, Carolin Roth, Peter Schießl, Hartwig N. Schneider, Joachim Schwarte, Herbert Sinnesbichler, Udo Wiens, Konrad Zilch.* 56,20 EUR

Heft

589: Zerstörungsfreie Ortung von Gefügestörungen in Betonbodenplatten (2010). Von *Harald S. Müller, Martin Fenchel, Herbert Wiggenhauser, Christiane Maierhofer, Martin Krause, Andre Gardei, Frank Mielentz, Boris Milman, Mathias Röllig, Jens Wöstmann.* 84,60 EUR

590: Materialverhalten von hochfestem Beton unter thermomechanischer Beanspruchung (2010). Von *Sven Huismann.* 65,00 EUR

591: Sachstandbericht Verstärken von Betonbauteilen mit geklebter Bewehrung (2011). Von *Konrad Zilch, Roland Niedermeier, Wolfgang Finckh.* 77,50 EUR

592: Praxisgerechte Bemessungsansätze für das wirtschaftliche Verstärken von Betonbauteilen mit geklebter Bewehrung – Verbundtragfähigkeit unter statischer Belastung Von *Konrad Zilch, Roland Niedermeier, Wolfgang Finckh.* 71,20 EUR

593: Praxisgerechte Bemessungsansätze für das wirtschaftliche Verstärken von Betonbauteilen mit geklebter Bewehrung – Verbundtragfähigkeit unter nicht ruhender Belastung (2013) Von *Harald Budelmann, Thorsten Leusmann.* 44,50 EUR

594: Praxisgerechte Bemessungsansätze für das wirtschaftliche Verstärken von Betonbauteilen mit geklebter Bewehrung – Querkrafttragfähigkeit Von *Konrad Zilch, Roland Niedermeier, Wolfgang Finckh.* 50,40 EUR

595: Erläuterungen und Beispiele zur DAfStb-Richtlinie „Verstärken von Betonbauteilen mit geklebter Bewehrung" (2013) Von *Konrad Zilch.* 50,80 EUR

595 (en): Commentary on the DAfStb Guideline "Strengthening of concrete members with adhesively bonded reinforcement" with Examples (2014) 63,50 EUR

596: Vereinfachtes Rechenverfahren zum Nachweis des konstruktiven Brandschutzes bei Stahlbeton-Kragstützen (2013). Von *Dietmar Hosser, Ekkehard Richter.* 25,60 EUR

597: Erweiterte Datenbanken zur Überprüfung der Querkraftbemessung für Konstruktionsbetonbauteile mit und ohne Bügel (2012). Von *Karl-Heinz Reineck, Daniel A. Kuchma, Birol Fitik.* 192,40 EUR

598: Mischungsentwurf und Fließeigenschaften von Selbstverdichtendem Beton (SVB) vom Mehlkorntyp unter Berücksichtigung der granulometrischen Eigenschaften der Gesteinskörnung (2012). Von *Andreas Huß.* 57,30 EUR

599: Bewehren nach Eurocode 2 (2013). Von *Josef Hegger, Martin Empelmann, Jürgen Schnell, Jörg Moersch, Christian Albrecht, Guido Bertram, Norbert Brauer, Thomas Sippel, Marco Wichers.* 98,80 EUR

600: Teil 1: Erläuterungen zu DIN EN 1992-1-1 und DIN EN 1992-1-1/NA 2. überarbeitete Auflage (2020). 98,80 EUR

Heft

601: Dauerhaftigkeitsbemessung von Stahlbetonbauteilen auf Bewehrungskorrosion – Teil 1: Systemparameter der Bewehrungskorrosion (2012). Von *Peter Schießl, Kai Osterminski, Bernd Isecke, Matthias Beck, Andreas Burkert, Jens Lehmann, Armin Faulhaber, Michael Raupach, Jörg Harnisch, Jürgen Warkus, Wei Tian, Christoph Gehlen.* 50,80 EUR

602: Dauerhaftigkeitsbemessung von Stahlbetonbauteilen auf Bewehrungskorrosion – Teil 2: Dauerhaftigkeitsbemessung (2012). Von *Harald S. Müller, Edgar Bohner, Christian Fischer, Joško Ožbolt, Christoph Gehlen, Kai Osterminski, Peter Schießl, Stefanie von Greve-Dierfeld.* 68,60 EUR

603: Gütebewertung qualitativer Prüfaufgaben in der zerstörungsfreien Prüfung im Bauwesen am Beispiel des Impulsradarverfahrens (2012). Von *Sascha Feistkorn.* 70,80 EUR

604: Frostbeanspruchung und Feuchtehaushalt in Betonbauwerken (2013). Von *Frank Spörel.* 158,40 EUR

605: Zur Rheologie und den physikalischen Wechselwirkungen bei Zementsuspensionen (2012). Von *Michael Haist.* 78,50 EUR

606: Unbewehrte Betonfahrbahnplatten unter witterungsbedingten Beanspruchungen (2014). Von *Sam Foos.* 111,40 EUR

607: Modell zur Beschreibung des Eindringens von Chlorid in Beton von Verkehrsbauten (2013). Von *Gesa Kapteina.* 63,90 EUR

608: Auswirkungen der Bewehrungskorrosion auf den Verbund zwischen Stahl und Beton (2013). Von *Christian Fischer.* 58,20 EUR

609: Untersuchungen zum Verbundverhalten von Bewehrungsstäben mittels vereinfachter Versuchskörper (2013). Von *Anke Wildermuth.* 132,60 EUR

610: Einfluss der Bauteilgeometrie auf die Korrosionsgeschwindigkeit von Stahl in Beton bei Makroelementbildung (2014). Von *Jürgen Warkus.* 113,60 EUR

611: Sedimentationsverhalten und Robustheit Selbstverdichtender Betone (2014). Von *Dirk Lowke.* 93,60 EUR

612: Bestimmung und Bewertung des elektrischen Widerstands von Beton mit geophysikalischen Verfahren (2014). Von *Kenji Reichling.* 94,00 EUR

613: Untersuchungen zur Leistungsfähigkeit von nationalen und europäischen Instandsetzungsmörteln (2015). Von *Wolfgang Breit, Joachim Schulze* und *Delphine Schwab* 49,30 EUR

614: Erläuterungen zur DAfStb-Richtlinie Stahlfaserbeton (2015). 38,30 EUR

614: (en): Commentary on the DAfStb Guideline „Steel Fibre Reinforced Concrete"(2015) 47,90 EUR

615: Erläuterungen zu DIN EN 1992-4 – Bemessung der Verankerung von Befestigungen in Beton. 149,80 EUR

Heft

615 (en): Commentary to EN 1992-4 – Design of Fastenings for use in Concrete 149,80 EUR

616: Sachstandbericht Bauen im Bestand – Teil I: Mechanische Kennwerte historischer Betone, Betonstähle und Spannstähle für die Nachrechnung von bestehenden Bauwerken. Von *Jürgen Schnell, Konrad Zilch, Daniel Dunkelberg und Michael Weber.* 98,80 EUR

617 (en): ACI-DAfStb databases 2015 with shear tests for evaluating relationships for the shear design of structural concrete members without and with stirrups. Von *Karl-Heinz Reineck, Daniel Dunkelberg.* 292,90 EUR

618: Sachstandbericht - Grenzzustände der Ermüdung von dynamisch hoch beanspruchten Tragwerken aus Beton. Von *Jürgen Grünberg, Michael Hansen, Steffen Marx, Sebastian Schneider.* 72,40 EUR

619: Sachstandsbericht Bauen im Bestand – Teil II: Bestimmung charakteristischer Betondruckfestigkeiten und abgeleiteter Kenngrößen im Bestand Von *Jürgen Schnell, Konrad Zilch, Daniel Dunkelberg und Michael Weber.* 61,65 EUR

620: Sachstandbericht Verfahren zur Prüfung des Säurewiderstands von Beton. Von *Jesko Gerlach und Ludger Lohaus.* 51,60 EUR

621: Zur Verwertbarkeit von Potentialfeldmessungen für die Zustandserfassung und -prognose von Stahlbetonbauteilen – Validierung und Einsatz im Lebensdauermanagement. Von *Sylvia Keßler.* 82,40 EUR

622: Bemessungsregeln zur Sicherstellung der Dauerhaftigkeit XC-exponierter Stahlbetonbauteile. Von *Stefanie Marilies von Greve-Dierfeld.* 113,40 EUR

623: Untersuchungen an 43 Jahre im Nordseeklima ausgelagerten Betonbalken. Von *Kai Osterminski und Christoph Gehlen.* Bemessung auf Dauerhaftigkeit mit Teilsicherheitsbeiwerten und mit qualifiziert abgesicherten deskriptiven Regeln. Von *Stefanie Marilies von Greve-Dierfeld und Christoph Gehlen.* 74,85 EUR

624: Stoffgesetz zur Beschreibung des Kriech- und Relaxationsverhaltens junger normal- und hochfester Betone. Von *Isabel Anders.* 81,70 EUR

625: Zum Querkrafttragverhalten von einachsig gespannten Stahlbetonplatten ohne Querkraftbewehrung unter Einzellasten. Von *Karin Reißen.* 112,90 EUR

626: Semiprobabilistisches Nachweiskonzept zur Dauerhaftigkeitsbemessung und -bewertung von Stahlbetonbauteilen unter Chlorideinwirkung. Von *Amir Rahimi.* 116,20 EUR

627 (en): Shear Strength Models for Reinforced and Prestressed Concrete Members. Von *Martin Herbrand.* 72,30 EUR

Heft

628: Zur Eignung und Wirkungsweise calcinierter Tone als reaktive Bindemittelkomponente im Zement.
Von *Nancy Beuntner.* 61,60 EUR

629: Zur einheitlichen Bemessung gegen Durchstanzen in Flachdecken und Fundamenten.
Von *Carsten Siburg.* 132,20 EUR

630: Bemessung nach DIN EN 1992 in den Grenzzuständen der Tragfähigkeit und der Gebrauchstauglichkeit.
98,80 EUR

631: Hilfsmittel zur Schnittgrößenermittlung und zu besonderen Detailnachweisen bei Stahlbetontragwerken. 89,90 EUR

632: Experimentelle Ermittlung der Korrelation der Druckfestigkeiten von Bohrkernen aus Bauwerksbeton und genormten Probekörpern.
Von *Jürgen Schnell und Michael Weber.* 62,37 EUR

633: (en): Steel Fiber Reinforced Concrete Under Concentrated Load.
Von *Fanbing Song.* 120,15 EUR

634: Vergleichende Untersuchungen zur Rückprallhammerprüfung bezogen auf R- und Q-Werte.
Von *Wolfgang Breit und Melanie Merkel.* 27,50 EUR

635-1 (en): ACI-DAfStb databases 2020 with shear tests on structural concrete members without stirrups Volume 1: Part 1 to Part 2.5.
Von *Karl-Heinz Reineck und Birol Fitik.* 190,40 EUR

635-2 (en): ACI-DAfStb databases 2020 with shear tests on structural concrete members without stirrups Volume 2: Part 2.6 to Part 7.
von *Karl-Heinz Reineck Birol Fitik.* 237,30 EUR

637: Sachstandbericht Frischbeton – Eigenschaften, Einflüsse und Prüfungen.
Von *Christoph Alfes, Olaf Aßbrock, Christoph Begemann, Rolf Breitenbücher, Amela Cokovik, Dario Cotardo, Eberhard Eickschen, Petra Fischer, Eugen Kleen, Hannes Krüger, Ludger Lohaus, Viktor Mechtcherine, Lars Meyer, Matthias Middel, Christoph Müller, Harald S. Müller, Tobias Schack, Patrick Schäffel, Egor Secrieru, Frank Spörel, Katja Voland, Andreas Westendarp und Bou-Young Youn-Ĉale*
86,40 EUR

638: Anwendungshilfe zur Technischen Regel Instandhaltung von Betonbauwerken des DIBt (TR IH) in Verbindung mit der DAfStb Richtlinie Schutz und Instandsetzung von Betonbauteilen (RL SIB). 115,00 EUR

Heft

639: Schlussberichte zum BMBF-Verbundforschungsvorhaben „R-Beton – Ressourcenschonender Beton – Werkstoff der nächsten Generation" Schwerpunkt 1: Konzeptionierung der neuen Werkstoffe.
Von *Florian Knappe, Joachim Reinhardt, Stefanie Theis, Stephan Kresser, Julia Scheidt, Wolfgang Breit, Bernard Sachsenhauser, Klaus Lorenz, Christoph Müller, Katrin Severins, Johannes Haufe und Anya Vollpracht*
103,30 EUR

640: Schlussberichte zum BMBF-Verbundforschungsvorhaben „R-Beton – Ressourcenschonender Beton – Werkstoff der nächsten Generation" Schwerpunkt 2: Praxisanforderungen an die neuen Werkstoffe.
Von *Aleksandar Pančić, Jürgen Schnell, Christoph Müller, Ingmar Borchers, Maik Seidel und Anya Vollpracht, Lia Weiler* 95,00 EUR

641: Schlussberichte zum BMBF-Verbundforschungs vorhaben „R-Beton – Ressourcenschonender Beton – Werkstoff der nächsten Generation" Schwerpunkt 3: Ökobilanz, Praxistest und Transfer.
Von *Florian Knappe, Joachim Reinhardt, Stefanie Theis, Christoph Müller, Jochen Reiners und Raymund Böing*
75,80 EUR

642 (en): Influence of elevated temperatures up to 100 °C on the mechanical properties of concrete.
Von *Fernando Acosta Urrea*
88,00 EUR

644: Ermüdungsverhalten von Beton für unterschiedliche Probekörpergeometrien.
Von *Vivian Frei, Stephan Pirskawetz, Marc Thiele, Andreas Rogge*
68,80 EUR

645: Modellhafte Beschreibung des Ermüdungswiderstands von druckschwellbeanspruchtem Beton unter Berücksichtigung von energetischen und frequenzbedingten Materialeffekten.
Von *Sebastian Schneider, Matthias Bode, Steffen Marx* 63,20 EUR

646: Wasserinduzierte Ermüdungsschädigung von Beton
Von *Christoph Tomann, Ludger Lohaus*
84,40 EUR

647: Untersuchungen zum Ermüdungswiderstand von Beton im Bereich sehr hoher Lastwechselzahlen.
Von *Kerstin Willers, Lutz Gerlach, Nico Herrmann* 53,30 EUR

648: Zum festigkeitsabhängigen Ermüdungswiderstand von Beton. Teil 1: Koordinierte experimentelle Untersuchungen und Bewertung des Ermüdungswiderstands von normal- und hochfesten Betonen.
Von *Sebastian Schneider, Boso Schmidt, Steffen Marx*

Heft

Teil 2: Statistische Auswertungen zum Druckfestigkeitseinfluss auf den Ermüdungswiderstand von Beton.
Von *Marco Basaldella, Bianca Kern, Nadja Oneschkow, Ludger Lohaus*
52,80 EUR

649: Numerische Modellierung des Ermüdungsverhaltens von normal- und hochfestem Beton.
Von *Dennis Birkner, Steffen Marx, Abedulgader Baktheer, Josef Hegger, Rostislav Chudoba* 58,40 EUR

650: Ermüdung von biegebeanspruchten Betonbauteilen aus normal- und hochfesten Betonen.
Von *Dennis Birkner, Steffen Marx, David Ov, Rolf Breitenbücher*
40,50 EUR

651: Ultraschallprüfungen zur Erfassung der Schädigungsentwicklung unter verschiedenen Umweltbedingungen und unter zyklischer Druckschwellbelastung.
Von *Raúl Beltrán, Vivian Frei, Steffen Marx* 56,60 EUR

652: Ermüdungsverhalten von Betonstahl im Langzeitfestigkeitsbereich, bei Variation der Prüfmethodik sowie unter kombinierter Einwirkung von Korrosion.
Von *Stefan Rappl, Kai Osterminski, Christoph Gehlen* 37,70 EUR

653: Verbundverhalten unter Druck- und Zugschwellbeanspruchung von normal- und hochfesten Betonen
Von *Marc Koschemann, Manfred Curbach, Homam Spartali, Abedulgader Baktheer, Rostislav Chudoba, Josef Hegger* 54,20 EUR

Hinweis auf überarbeitete und ergänzte Hefte der Schriftenreihe des DAfStb:

Heft 220: 2. überarbeitete Auflage 1991
Heft 240: 3. überarbeitete Auflage 1991 (vergriffen)
Heft 400: 4. Auflage 1994 (3. berichtigter Nachdruck) vergriffen
Heft 425: 3. ergänzte Auflage 1997
Heft 525: 2. überarbeitete Auflage 2010
Heft 600: 2. überarbeitete Auflage 2020

DAfStb-Heft 645

Jetzt diesen Titel zusätzlich als E-Book downloaden und 70 % sparen!

Als Käufer dieses Buchtitels haben Sie Anspruch auf ein besonderes Kombi-Angebot: Sie können den Titel zusätzlich zum Ihnen vorliegenden gedruckten Exemplar für nur 30 % des Normalpreises als E-Book beziehen.

Der BESONDERE VORTEIL: Im E-Book recherchieren Sie in Sekundenschnelle die gewünschten Themen und Textpassagen. Denn die E-Book-Variante ist mit einer komfortablen Volltextsuche ausgestattet!

Deshalb: Zögern Sie nicht. Laden Sie sich am besten gleich Ihre persönliche E-Book-Ausgabe dieses Titels herunter.

In 3 einfachen Schritten zum E-Book:

❶ Rufen Sie die Website **www.dinmedia.de/e-book** auf.

❷ Geben Sie hier Ihren persönlichen, nur einmal verwendbaren E-Book-Code ein:

65892B673F2B5C3

❸ Klicken Sie das „Download-Feld“ an und gehen dann weiter zum Warenkorb. Führen Sie den normalen Bestellprozess aus.

Hinweis: Der E-Book-Code wurde individuell für Sie als Erwerber dieses Buches erzeugt und darf nicht an Dritte weitergegeben werden. Mit Zurückziehung dieses Buches wird auch der damit verbundene E-Book-Code für den Download ungültig.